KB112054

개정판

대학생을 위한

공학윤리

Engineering Ethics

개정판

대학생을 위한

공학 윤리

Engineering Ethics

김문정 지음

아카넷

머리말

고등학교 시절 도덕 · 윤리 교과를 거의 접해보지 않고(세상에 윤리교과가 필수과목이 아니라니!) 대학을 입학하는 요즘 학생들에게 윤리를 가르치다 보면, 곧잘 딜레마에 빠지곤 한다. 그들에게 윤리는 어렵고, 여전히 애매모호하며 그 존재의 이유마저 의심스러운 것이다. 그럼에도 나는 잘 가르치고 싶었다. 단순히 학점 채우기 식으로 수업을 듣는 것이 아니라, 학생들 스스로 윤리의 필요성을 깨달아 지속적인 관심을 갖게 되길 바랐다.

학생들의 이해를 돕고, 흥미를 끌기 위해서 여러 자료들이 총동원되었다. 국내외 생생한 이슈거리를 소개하거나 영화 또는 신화 이야기를 들려주면서, 때로는 다큐멘터리를 함께 감상하면서 학생들과 공감을 나누었다. 그 과정을 통해 조금씩 변해가는 그들의 태도를 목격할 수 있었다. 이 책은 이런 시도와 변화의 결과물이며, 당연히 학생들의 적극적인 참여가 없었다면 애당초 시작할 수 없었을 것이다. 그들에게 무한한 감사를 보낸다. 그리고 이상목 교수님을 비롯한 철학윤리문화학과 교수님들께도 감사의 말씀을 전한다. 그분들의 관심과 도움으로 비로소 이 책을 끝낼 수 있었다.

개정판을 내는 지금 이 시점에서도 책의 내용이 여전히 충실하지 못하여 아쉬움이 남지만, 부족한 부분들은 앞으로 계속 보완하고 다듬어 나갈 것을 약속드린다. 그리고 언제나 필자의 편의를 충분히 배려해준 아카넷에도 감사를 드린다. 끝으로 필자를 늘 지지하고 응원해주는 우리 가족(일흔셋의 아버지부터 어린 조카 정준이와 정윤이까지)에게 고개 숙여 깊이 감사드린다. 그들이 나의 든든한 배경임을 고백하지 않을 수 없다.

2014년 8월

김문정

차례

읽기 자료 차례

개념 읽기

사건사고 읽기

생각 읽기

영화 읽기

인물 읽기

1

기술과 윤리의 만남

1강

기술, 야누스의 얼굴로 태어나다

학습목표

- 영화나 신화 속 이야기를 통해 기술의 양면성을 확인한다.
- 우리의 현실을 돌아보고, 현대 과학기술의 진정한 가치와 의미를 숙고한다.

1. 영화 속으로, 현실 속으로

현대 과학기술의 돌이킬 수 없는 팽창과 지칠 줄 모르는 인간의 욕망은 점점 더 새롭고 더 희망찬 목표를 지향하면서 세상을 획기적으로 변화시켜 왔다. 이전 세대에는 꿈도 꾸지 못했던 풍요의 정점에 도달했고, 이제 우리가 원하기만 하면 무슨 일이든 이룰 수 있을 것 같은 시대에 살고 있다. 지금 우리는 장밋빛 희망으로 넘쳐나는 미래를 꿈꾼다. 그런데 현실은 과연 우리에게 희망의 내일을 약속해주는가? 드디어 희망의 세기가 도래하는가?

유감스럽게도 모든 기술적 진척은 그 대가를 요구하기 마련이다. 과학기술의 '과도한 성공'으로 인한 그 이면의 폐해 또한 적지 않음을 부인할 수 없는 것이 바로 오늘의 현실이다. 과거에는 우리에게 전혀 알려지지 않았던 문제들, 특히 인간의 삶과 생존에 지속적인 위협을 가져옴으로써 그 내용이나 정도에서 심각한 도덕적 갈등을 야기하는 문제들이 등장하게 되었다. 그렇다면 오늘날 우리가 처한 상황과 심각하게 고려해야 할 문제점들은 무엇인지, 이제 몇몇 영화 속 장면을 통해 확인해보자.

1) 다가오는 〈투모로우〉, 사라져가는 투발루

영화 〈투모로우(Tomorrow)〉(2004)는 급격한 지구온난화로 극지방의 빙하가 녹아 바다로 유입되면서 해류의 순환이 중단되어 결국 지구 전체가 빙하로 덮이는 재앙을 생생하게 보여준다. 점점 파국으로 치닫는 영화 속 상황은 지구온난화의 징후를 충분히 실감하고 있는 오늘날 우리의 모습과 어딘가 닮은 듯하다.

영화 〈투모로우〉에서의 파국이 유감스럽게도 현실의 투발루에서 그 징후를 보이고 있다.

투발루(Tuvalu)는 남태평양 호주 북동부 4,000km 지점에 위치한 작은 섬나라다. 원래는 9개의 산호섬으로 이루어졌는데, 지금은 두 곳이 바다에 가라앉아 7개의 섬만 남아 있다. 유감스럽게도 남은 섬들마저 가라앉는 중이다. 더 안타까운 소식은 50~100년 후에 투발루는 지구상에서 영원히 사라질 운명이라는 것이다. 꾸준한 해수면의 상승과 잦은 사이클론으로 해마다 2월, 3월이면 국토의 대부분이 물에 잠긴다. 다행히 바닷물에 잠기지 않은 마을이라 해도 지하수의 염도가 높아져서 식수로 마시기 힘들고, 토양의 염분화가 진행되면서 농사도 거의 포기 지경에 이르렀다. 툭하면 물에 잠기는 나라지만 정작 필요한 물은 턱없이 부족한 실정이다. 이런 열악한 상황에서도 투발루 국민들은 지구온난화를 막기 위한 절박한 노력을 하고 있다. 투발루 지도자들 역시 각종 국제환경회의에 참석해서 자신들의 처지와 지구온난화의 현실에 대한 국제적인 관심을 호소하고 있다. 그러나 그들의 노력만으로는 상황이 근본적으로 해결될 수 없다. 현실이 이런데도 〈투모로우〉가 그저 영화 속 이야기라고 치부해버릴 것인가?

2) 세상을 조종하는 또 하나의 눈, 〈이글 아이〉

높은 곳에서 멀리까지 내다보는 독수리의 눈을 뜻하는 영화 〈이글 아이(Eagle Eye)〉(2008)에서는 언제 어디서나 주인공 제리의 일거수일투족을 훤히 꿰뚫어보는 '절대 능력자'가 등장한다. 그는 결코 자신의 모습을 드러내지 않으면서 핸드폰, 현금인출기, 거리의 CCTV와 신호등, 교통안내 LED 사인보드 등 주변의 각종 전자장치와 시스템을 이용해서 제리의 모든 행동을 조종한다. 정작 제리는 자신이 왜 감시당하고 지시를 받아야 하는지 알 길이 없다. 그의 명령은 무조건이며, 복종만이 살 길이다. 도대체 그는 누구이며, 무엇 때문에 감시하고 있는 것일까? 과연 우리의 주인공은 그의

수많은 감시 카메라들이 우리의 생활공간을 채우고 있다. 영화 〈이글 아이〉 주인공들처럼 이제 그것들의 시선을 피하는 일이 결코 쉽지가 않다.

시선을 피할 수 있을 것인가? 아니면 영영 그의 시선 속에 갇혀버릴 것인가? 자, 이쯤에서 우리의 현실을 돌아보자.

세계에서 CCTV가 가장 많이 설치된 도시로 알려진 런던에서는 한 사람이 하루 평균 300회 정도 감시 카메라에 노출된다고 한다.[1] 하루 종일 CCTV가 따라다닌다고 해도 과언이 아닐 정도다. 어디 그뿐인가! 직장의 출퇴근 시스템, 교통카드 · 신용카드 · 휴대전화 등의 사용 내역, 위성항법장치(Global Positioning System, GPS), 이메일, SNS 등 첨단 기술로 무장한

1 영국은 한마디로 'CCTV의 천국'이다. 2013년 7월 기준으로 영국 전체에 약 600만 대의 CCTV가 설치되어 있다고 한다. 특히 런던의 경우 2012년 영국의 NGO 'Big Brother Watch'가 발표한 자료에 따르면 대략 50만 대의 CCTV가 설치되어 있으며, 런던 시민은 하루에 평균 300회 정도 CCTV에 포착된다.

세상에서 우리 자신과 관련된 정보는 상상을 뛰어넘는 수준으로 기록 · 저장되고 있다. 그렇다면 국내의 상황은 어떠한가?

2010년 12월 어느 일간지 보도에 따르면, 수도권 주민은 하루 평균 83차례 CCTV에 찍히고 거리를 지날 때에는 9초마다 CCTV에 포착된다는 조사 결과가 나왔다. 개인정보 유출사고 역시 심심찮게 언론에서 접할 수 있는 소식이다. 이제 이런 사건들쯤이야 무덤덤하게 받아들일 만큼 흔한 일이 되어버렸다. 물론 스마트한 디지털 기술이 우리의 안전을 약속하고, 편의를 보장하는 것은 분명한 사실이다. 예를 들어 늦은 밤 지하주차장을 홀로 걸어가는 상황을 상상해보라. 이때 CCTV라도 발견한다면 상당히 마음이 놓일 것이다. 범죄 현장에 설치되어 있는 CCTV가 용의자를 검거하는데 결정적인 역할을 하는 경우도 많다. 그렇지만 언제 어디서든 시시각각 우리의 움직임이 포착되어 관찰된다는 사실 또한 쉽게 간과할 수 없는 문제다. 자신의 편의나 안전을 위해 자진해서 사적인 정보를 기꺼이 공유하거나 노출시키는 셈이다. 그런데 이렇게 무분별하게 자행되는 개인정보의 공개가 과연 '자발적'인 것일까? 이렇게 쉽게 노출된 개인정보의 이면에 어떤 위험들이 도사리고 있는지 정작 당사자는 알기나 할까?

3) 유전자를 쇼핑하라!

카메론 디아즈(Cameron Diaz, 1972~) 주연의 영화 〈마이 시스터즈 키퍼(My Sister's Keeper)〉(2009)는 화목했던 한 가족의 두 살배기 딸이 백혈병 진단을 받은 후 닥치게 되는 절망적인 상황을 그리고 있다. 부모는 아픈 딸을 위해 골수 기증자를 백방으로 찾아다녔으나 결코 쉽지 않다. 급기야 의사는 조심스럽게 '맞춤아기(designed baby)'를 제안한다. 아픈 딸과 유전자가 일치하는 아이에게서 치료에 필요한 혈액과 조직을 얻기 위해 부모는

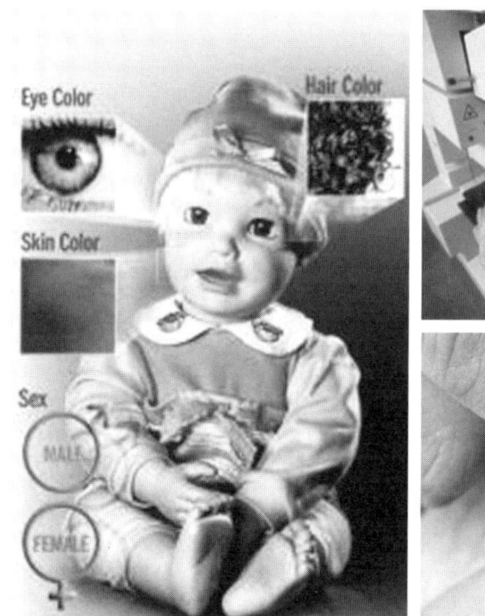

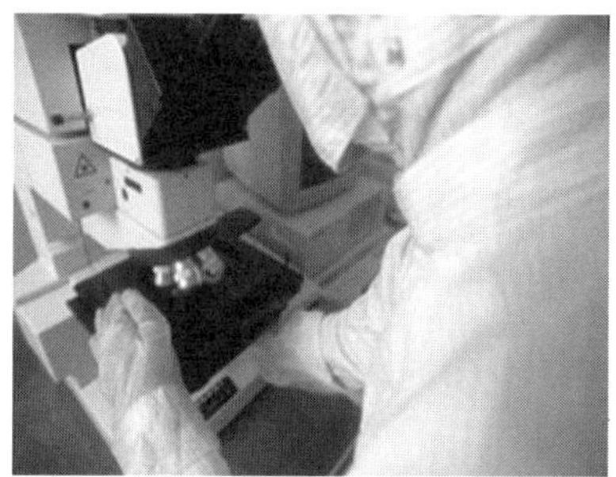

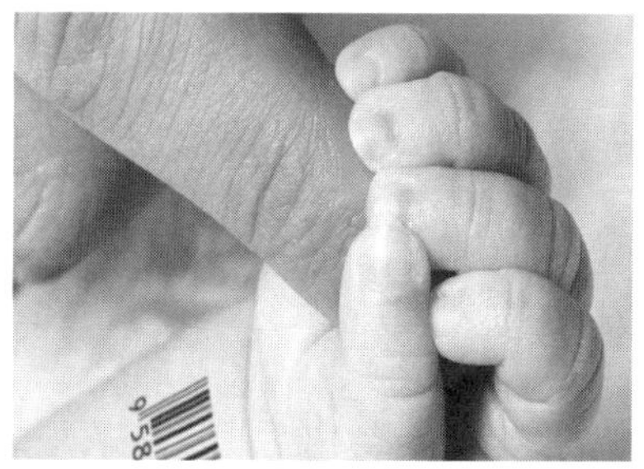

이제 부모의 취향이나 선호대로 자녀의 유전자를 '쇼핑'할 수 있는 그런 시대가 도래하는 것일까? 과연 공상과학 소설이나 영화에 나올 법한 이야기들이 우리에게 현실로 다가오는 것일까?

둘째 딸 안나를 낳고, 안나는 태어나자마자 본래의 목적대로 자신의 몸의 일부를 언니에게 끊임없이 제공한다. 어느덧 열한 살이 된 우리의 주인공 안나는 불현듯 "내 몸의 권리를 찾겠다"며 자신의 엄마를 고소하기로 결심한다. 과연 안나에게는 무슨 일이 있었던 것일까? 왜 갑자기 그녀는 자기 몸의 권리를 찾으려 하는 것일까? 그런데 이런 이야기는 영화 속에서만 가능한 것일까?

이미 2000년 미국에서 최초의 맞춤아기가 태어났다. 희귀 유전질환을 앓고 있는 딸의 치료를 위해 딸과 동일한 유전형질을 가진 건강한 배아를 선택해서 임신·출산한 사례가 있다. 이렇게 태어난 맞춤아기 '아담' 역시 영화 속 안나처럼 본래의 목적대로 누나의 생명을 구한다. 이처럼 맞춤아기는 원래 희귀 유전질환이나 혈액질환을 앓고 있는 자녀를 치료할 목적으로 부모의 유전자 선별에 의해 태어난다. 그런데 이제는 여기에 만족하지 않고 부모가 원하는 성별, 더 나아가 이런저런 외모적 특성을 가진 아기까지 골라 낳을 수 있다는 발언들이 쏟아져 나오면서 논란이 일기 시작했다. 물론 여전히 많은 기술적 제약들로 인해 당장의 현실이 되기에는 쉽지 않다. 우선 인간 유전자에 대한 완벽한 분석과 이해가 선행되어야 하기 때문이다. 즉 어떤 유전자가 어떤 방식으로 어떤 형질을 발현시키는지 정확하게 알아야 한다. 아직 갈 길이 멀어 보인다. 그렇지만 미래의 어느 시점에 이르러 기술적 난관들이 다 극복되고 난 이후에는 어떤가? 그때에도 여전히, 예를 들어 우수한 두뇌와 빼어난 외모 등을 가진 '슈퍼 베이비'의 탄생을 반대할 수 있을까? 반대한다면 어떤 이유에서일까? 만약 적절한 반대의 이유를 찾을 수 없다면, 부모의 욕망대로 최적화된 인간을 '생산'하는 것이 과연 윤리적으로 수용할 만한 일일까?

4) 환자 김씨, 소원을 이루다

2008년 2월, 70대 김씨 할머니가 신촌 세브란스병원에서 기관지내시경으로 폐종양 조직검사를 받던 중 과다 출혈로 심장마비를 일으켰다. 주치의가 응급조치를 시행하여 심장박동을 되살리고 인공호흡기를 부착했으나, 그녀는 저산소성 뇌손상을 입고 중환자실로 옮겨진다. 사고 발생 후 식물인간 상태에 놓인 김씨 할머니가 오랫동안 의식을 회복하지 못하자, 가족들은 무의미한 치료의 중단으로서 인공호흡기의 제거를 요구했다. 병원 측이 이를 거절하자 가족들은 김씨 할머니가 편안하게 죽음에 이를 수 있도록 병원과 의사를 상대로 국내에서는 처음으로 '무의미한 연명치료장치제거' 청구소송을 제기한다. 이 소송은 언론에 크게 주목받으면서 우리 사회에 이른바 '존엄사' 담론을 형성하는 데 결정적인 역할을 했고, 마침내

2009년 5월 21일 원고 측 최종 승소 판결이 내려졌다.

재판부는 그동안의 판결 과정에서 헌법 10조가 보장하는 개인의 인격권과 행복추구권에 따라 개인의 운명 결정권이 보장되며 연명치료가 오히려 정신적·육체적 고통을 강요하고 인간의 존엄과 인격적 가치를 해한다면, 환자는 연명치료를 거부할 수 있다는 입장을 밝혔다. 이는 '회복 가능성이 없다'는 전문가들의 소견과 김씨 할머니가 평소 "기계에 의해 연명하는 것은 바라지 않는다"고 말했던 정황 등을 토대로 당사자의 청구를 받아들임으로써, 우리나라 최초로 생명에 대한 환자의 자기결정권을 인정한 판결이라고 할 수 있다.

2009년 6월 21일 병원은 윤리위원회를 열어 김씨 할머니의 인공호흡기 제거를 결정하고, 마침내 6월 23일 인공호흡기를 떼어냈다. 그날로부터

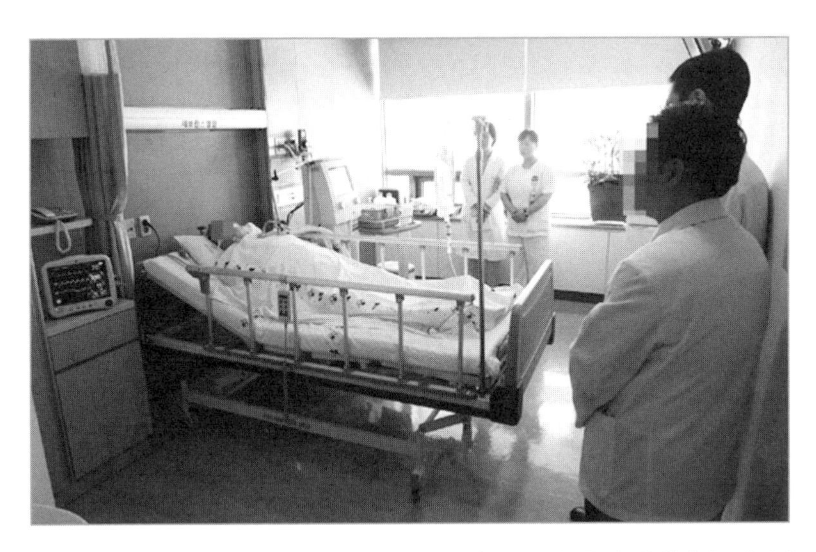

김씨 할머니의 사건은 우리 사회에 '무의미한 연명치료 중단'에 대한 활발한 담론을 형성하는 데 결정적인 역할을 했다. 대중들의 일반적인 관심뿐만 아니라 정책적인 관심까지 이끌어냄으로써 '존엄사' 제도화의 구체 방안을 적극적으로 논의하도록 만들었다. 이러한 국민적 관심은 무의미한 연명치료 중지에 대한 실태조사에서도 확인할 수 있다. 관련 법안이 미비한 국내의 현실과는 대조적으로 우리나라 국민의 70% 이상이 무의미한 연명치료 중단에 긍정적인 입장을 표명하였다.

김 할머니 입원에서 사망까지	
2008년 2월 15일	연세대세브란스병원 입원
2월 18일	폐 조직검사 중 의식불명
11월 28일	서울서부지법 "인공호흡기제거하라" 판결
2009년 5월 21일	대법원, 인공호흡기 제거 판결
6월 23일	세브란스병원, 인공호흡기 제거
10월 12일	2분간 호흡 정지. 한때 산소호흡기 부착
2010년 1월 10일	사망

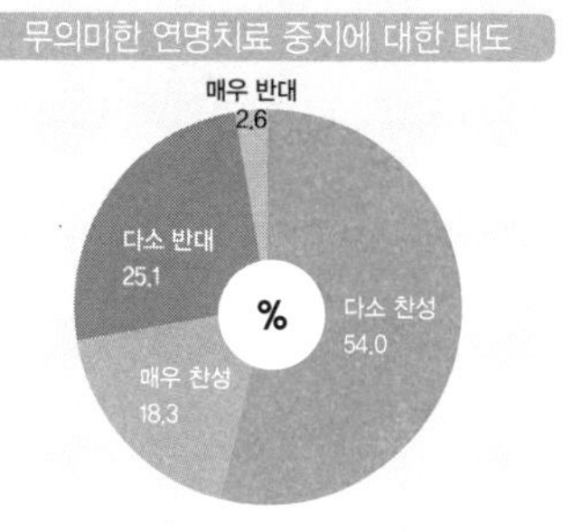

조사기간 : 2011년 3월~12월 / 조사대상 : 국민 1,000명

출처 : 보건복지부

201일이 지난 2010년 1월 10일 김씨 할머니는 사망하였다.

5) 우리의 챔피언에게 무슨 일이?

2007년 12월 25일이었다. 프로복싱 챔피언 최요삼 선수는 WBO 인터콘티넨탈 플라이급 타이틀매치 1차 방어전에서 도전자 헤리 아몰(Heri Amol, 인도네시아)에 맞서 링에 섰다. 경기 내내 강한 모습을 보여주었던 최요삼 선수는 애석하게도 마지막 12라운드 종료 직전 도전자로부터 안면을 강타당해 쓰러지고 말았다. 그러나 챔피언 최요삼은 우리를 실망시키지 않았다. 꿋꿋하게 다시 일어섰고, 마침내 그는 타이틀 방어에 성공했다. 그런데 경기가 끝난 후 관중 앞으로 당당하게 걸어 나오는 그의 모습을 볼 수는 없었다. 그는 들것에 실려 병원으로 후송되었기 때문이다. 2008년 1월 2일, 최요삼 선수가 입원해 있던 서울 아산병원은 뇌사판정위원회를 열어 그에게 뇌사판정을 확정한다. 그리고 바로 그날, 최요삼 선수의 평소 뜻과 가족의 동의 아래 장기적출 수술이 이루어졌다. 대략 4시간 정도 소요된 수술이 성공적으로 끝난 1월 3일 0시 1분, 그동안 그를 지탱해오던 인공호흡기가 제거되면서 비로소 그에게 최종 사망선고가 내려졌다.

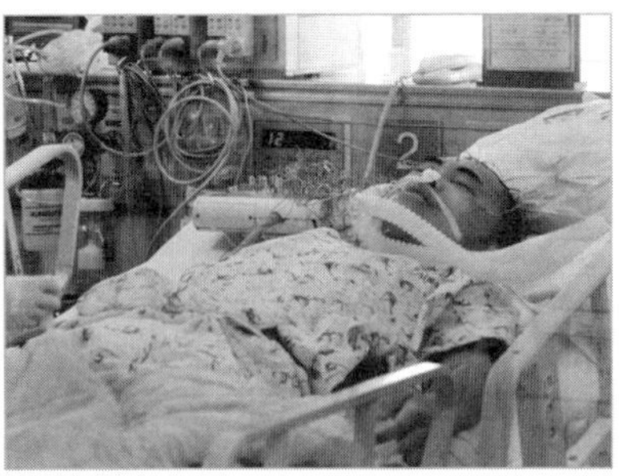

식물인간 상태였던 김씨 할머니는 (설령 그녀가 원했다고 하더라도) 결코 장기기증 대상자가 될 수 없었던 반면에, 최요삼 선수는 뇌사 상태였기 때문에 평소 본인의 뜻에 따라 장기기증을 할 수 있었다.

현대는 첨단 과학기술이 지배하는 사회다. 그동안 우리에게 안락함과 풍요로움을 가져다준 기술은 앞으로도 우리 삶의 질을 향상시키는 데 혁신적인 역할을 주도해 나갈 것이다. 그렇지만 유감스럽게도 오늘날 인류는 이미 다양한 위기에 직면해 있다. 전 지구적 환경오염과 생태계 위기는 갈수록 심각한 양상을 띠면서 인류에게 새로운 도전 과제를 던져주고 있고, 인터넷망을 통한 영상정보 수집과 원격제어가 가능한 네트워크 기술력은 우리 인간의 자유를 시시때때로 제약하고 있다. 또한 최첨단 의학기술은 인간 본연의 삶과 죽음에 대한 근본적 변화를 가져오는가 하면, 유전자 조작이라는 놀랄 만한 생명공학기술은 우리 스스로를 신의 위치에 올려놓은 듯하다. 그렇지만 여기에서 비롯되는 수많은 질문과 의구심은 결코 만만하지 않으며, 쉽게 해결될 수 있는 그런 문제들도 아니다.

영화 읽기 1 〈투모로우〉(2004)

"깨어 있어라, 그날이 다가온다!"

기후학자인 홀 박사(데니스 퀘이드 분)는 남극에서 빙하 코어를 탐사하던 중 지구에 이상변화가 일어날 것을 감지하고, 인도에서 열린 국제기후회의에 참석해서 자신의 연구결과를 발표한다. 그는 급격한 지구온난화로 인해 극지방의 빙하가 녹아 바다로 유입되면서 해류의 순환이 중단되어 결국 지구 전체가 빙하로 뒤덮이는 거대한 재앙이 올 것이라고 경고한다. 즉 새로운 빙하기의 도래를 주장한다. 그러나 그의 주장은 비웃음만 사고 상사와의 갈등을 일으키게 된다. 홀 박사의 주장을 탐탁지 않게 생각한 정부 측에서 그가 재직하고 있는 연구소의 지원금을 삭감해버렸기 때문이다. 홀 박사는 상사와 다투다 퀴즈대회 참가를 위해 뉴욕으로 가는 아들 샘(제이크 질렌할 분)을 공항까지 데려다 주겠다던 약속마저 잊어버리고 만다. 그의 바쁜 일상으로 인해 아들과의 관계도 서먹하다. 이런 불편한 관계를 뒤로 한 채 아들 샘은 뉴욕으로 떠난다. 얼마 후 샘이 탄 비행기가 이상난기류를 겪게 되고, 미국의 LA지역은 굉장한 위력의 토네이도로 도시 전역이 초토화된다. 태평양 건너 일본에서도 거대한 우박으로 인한 피해가 TV를 통해 보도되는 등 지구 곳곳에 이상기후 증세가 나타나기 시작한다.

홀 박사는 해양 온도가 13도나 떨어졌다는 소식을 듣고서 자신이 예견했던 빙하시대가 곧 닥칠 것이라는 두려움에 떨게 된다. 초고층 빌딩 숲의 뉴욕도 바닷물이 범람하자마자 기온이 극한으로 떨어지면서 죽음의 도시로 변해버렸다. 그러나 그는 한 치의 망설임도 없이 아들을 구하러 뉴욕 행을 결심하는데, 이때 백악관에서 긴급호출을 받는다. 뒤늦게 홀 박사의 경고를 떠올리고, 지금의 위기 상황을 대처할 방법을 묻는 정부 측에 홀 박사는 (이미 늦었으므로) 북부지역 사람들은 과감하게 포기하고, 가급적 많은 남쪽 사람들을 멕시코로 대피시킬 것을 경고하면서 또다시 관료들과 갈등을 겪는다. 그러나 폭풍과 폭설 속에 사람들의 이동은 이미 시작되었고, 멕시코 국경은 미국에서 탈출해 온 난민들로 북새통을 이룬다. 이 혼란 속에서도 홀 박사는 묵묵히 아들이 있는 뉴욕으로 향한다.

세상을 구할 방법을 제시하고, 이제 아들을 위한 대장정을 시작하는 홀 박사의 운명은 어떻게 될 것인가? 과연 인류는 지구의 대재앙을 극복할 수 있을 것인가?

영화 읽기 2 〈이글 아이〉(2008)

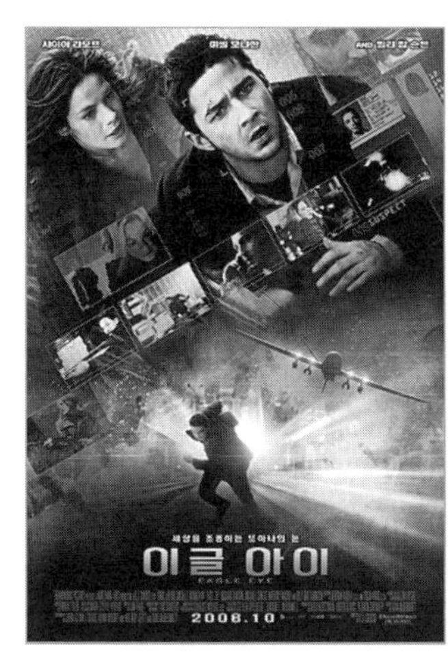

"세상의 모든 전자장치와 기계장비 그리고 네트워크를 지배하는 거대한 음모의 전주곡이 시작된다!"

평범한 청년 제리(샤이아 라보프 분)에게 어느 날 이상한 일이 벌어진다. 통장에 무려 75만 달러가 입금되고, 집에는 각종 무기와 위조여권이 배달된다. 때마침 걸려온 전화 속 정체불명의 인물은 "30초 후 FBI가 들이닥친다. 당장 도망가라. 잡히면 끝장이다"라고 명령한다. 장난전화로 여겼지만 이는 곧 현실이 되고 만다. 결국 자신도 모르는 사이 테러리스트로 몰리게 된 제리는 FBI와 추격전을 시작한다. 한편, 아들의 목숨을 담보로 전화 지시에 따르고 있는 레이첼(미셸 모나한 분) 역시 제리와 같은 처지다. "아들을 살리고 싶거든 시키는 대로 해라"는 협박에 그녀도 FBI에게 쫓긴다. 이내 두 사람은 거역할 수 없는 거대한 힘과 음모에 빠진 것이다.

전화기 너머의 정체 모를 존재는 10초 후, 30초 후에 일어날 일들을 너무나 정확하게 알고 있다. 자신을 드러내지는 않지만, 모든 것을 미리 알고 있는 이 능력자는 주인공들의 행동을 조종하기 시작한다. 그들은 영문도 모른 채 끊임없이 감시당하고 지시를 받는다. 그들에게 선택의 여지란 없다. 살기 위해서는 무조건 복종해야 한다.

도대체 이 능력자의 정체는 무엇이고, 왜 그들이 선택되었는가? 과연 우리의 주인공들은 그의 시선으로부터 벗어날 수 있을 것인가?

영화 읽기 3 〈마이 시스터즈 키퍼〉(2009)

"세상의 모든 아기는 태어나지만, 나는 언니를 위해 만들어졌어!"

나 '안나(아바게일 브레스린 분)'는 언니 '케이트(소피아 바실리에바 분)'의 병을 치료할 목적으로 태어난 맞춤형 아기다. 태어나서 지금까지 제대혈, 백혈구, 줄기세포, 골수 등 내 몸의 모든 것을 언니에게 주었고, 그런 나의 역할에 대해 한 번도 도전한 적 없었다. 내가 이 세상에 보내진 것은 언니를 구하기 위해서라고 생각했기 때문이다. 하지만 이젠 아니다. 난 내 몸의 권리를 찾기 위해 엄마 '사라(카메론 디아즈 분)'와 아빠(제이슨 패트릭 분)를 고소하기로 결심했다. "이제 내 몸의 권리를 찾기 위해 부모님을 고소하고 싶어!"

"난 내 아이를 죽게 놔두지 않아, 절대로!"

두 살배기 딸 케이트가 백혈병 진단을 받고 나서 모든 것이 달라졌다. 유전공학으로 아이를 갖는다는 건 어떤 이들에겐 윤리적으로 있을 수 없는 일이지만 우리 부부에게 선택의 여지란 없었다. 케이트를 살릴 수 있는 유일한 방법은 그녀와 동일한 유전자를 가진 아이를 낳는 것이기 때문이다. 그렇게 태어난 안나가 우릴 고소했다. 최고 승소율을 자랑하는 변호사(알렉 볼

드윈 분)까지 고용해서. 이제 나는 11살 된 딸을 상대로 또 다른 딸 케이트를 살리기 위한 재판을 해야 한다.

"내가 가장 슬픈 건, 나 때문에 우리 가족들도 죽어간다는 거다"

나는 죽어가고 있다. 하지만 내가 슬픈 건, 나 때문에 가족들도 죽어간다는 사실이다. 내가 아프기 시작한 이후로 엄마는 변호사 일을 그만두고 나를 살리는 데만 집중하고 있다. 나는 아빠의 첫사랑을, 오빠 제시(에반 엘링슨 분)의 엄마를 빼앗았다. 그리고 동생 안나의 몸마저 빼앗았다. 이제는 가족들을 위해 내가 선택을 해야 할 시간이다. "이제 더 이상 그들을 아프게 하지 않을 거야!"

2. 신화 속으로, 현실 속으로

과학기술은 빛과 그늘의 양면성을 가지고 있다. 특히 그 빛이 밝을수록 어둠의 그림자는 더욱 짙고 깊은 법이다. 따라서 첨단 과학기술일수록 첨예하게 대립되는 양면을 동시에 드러내는 경우가 흔하다. 그런데 첨단과는 거리가 멀었던 고대시대의 플라톤(Platon, BC428~BC347)은 자신의 저서에서 기술탄생에 관한 신화 두 편을 들려주고 있는데, 놀랍게도 이 명민한 철학자는 그 이야기 속에서 기술의 두 얼굴에 대해 분명하게 경고하고 있다. 그는 이미 기술의 양면성을 이해하고 있었던 것이다. 고대의 비극 시인 소포클레스(Sophocles, BC496~BC406) 역시 그의 저서에서 기술을 통해 부단히 자신의 삶을 개척해 나가는 인간의 모습을 생생하게 묘사하고 있는데, 얼핏 그 모습이 대단해 보인다. 도대체 지칠 줄 모르는 인간의 능력은 이 세상을 어떻게 바꾸어 나갈 것인가? 변화된 세상에서 인간은 과연 어떤 모습으로 살아가게 될 것인가? 이제 그들의 이야기 속으로 들어가보자.

야누스(Janus)는 로마 신화(그리스 신화에는 해당되는 신이 없다)에 나오는 성이나 집의 문을 수호하는 신으로, 앞뒤 두 개의 얼굴을 가지고 있으며 전쟁과 평화를 나타내기도 한다. 영어에서 1월을 뜻하는 January는 '야누스의 달'을 뜻하는 라틴어 Januarius에서 유래하였다. 이처럼 야누스는 원래 처음과 시작의 신으로 최고의 대우를 받았으나, 그가 가진 두 얼굴 때문에 오늘날 갈등의 표상으로 상징된다.

1) 플라톤의 기술탄생 신화

플라톤은 대화편 『프로타고라스』와 『파이드로스』에서 각각 프로메테우스 신화와 타무스 신화를 들려준다. 그의 이야기를 직접 들어보자.

(1) 『프로타고라스』의 프로메테우스 신화

프로메테우스와 그의 동생 에피메테우스는 제우스 신으로부터 새롭게 창조된 생명체들 각자에 적합한 능력을 분배해주라는 임무를 받게 되는데 동생 에피메테우스가 형을 졸라서 그 임무를 도맡는다. 그는 어떤 동물에게는 힘을 주고, 다른 동물에게는 속력을 주고, 또 다른 동물에게는 날개를 줌으로써 각자 혼자의 능력으로 살아갈 수 있도록 했다. 그리고 다른 동물을 잡아먹고 사는 힘센 동물들은 덜 번성하게 하고, 희생이 되는 약한 동물들의 수는 늘려 모든 종족이 멸종하지 않도록 조처를 취했다.

그런데 모든 능력을 야생동물들에게 먼저 나누어준 에피메테우스는 그만 인간에게 줄 것을 남겨두지 않았다. 마침 동생의 작업을 검사하러 온 프로메테우스는 다른 동물들에 비해 인간만이 아무것도 갖지 못하고 지상으로 내려간 사실을 알고 헤파에스 신으로부터 기술과 불을 훔쳐서 인간에게 가져다준다. 그러나 기술과 불은 인간적인 삶을 충분히 보장해주지 못했다. 공동체를 이루며 살아가지만, 정작 정치적 기술의 부족으로 인해 서로 해치는 경우들이 생겨났기 때문이다. 이에 제우스는 인간 종족이 멸할 것을 우려해서 헤르메스를 보내어 인간에게 타인을 존중하는 성품과 정의감을 갖도록 하였다. 이는 국가에 질서를 부여하고 인간들 사이에 우정이나 단결력을 싹트게 하기 위함이었다. 이때 헤르메스가 제우스에게 어떤 방식으로 이 선물을 분배할 것인가를 묻자, 기술을 분배할 때와는 달리 모든 사

그리스로마 신화에 등장하는 프로메테우스는 불을 훔쳐 인간에게 가져다준 죄로 신들의 노여움을 사 끔찍한 형벌을 받게 된다.

람들에게 똑같이 나누어줄 것을 명한다. 만약 기술처럼 타인을 존중하는 성품과 정의감을 몇몇 사람만 나누어 가진다면 국가가 유지될 수 없을 것이라고 생각했기 때문이다. 그리고 이 두 가지 선물을 얻지 못하는 자는 국가의 질병으로 간주하여 죽임을 당할 것이라는 제우스의 법을 전하라고 명하였다.

자연에 적응하며 살아가는 인간에게 기술은 필수적이다. 이때 프로메테우스가 바로 그러한 필요조건을 충족시켜주었다. 그렇지만 기술은 인간적인 삶을 위한 충분한 조건은 아니었다. 기술을 가진 인간은 자연을 정복할 수 있었지만, 스스로의 안전과 행복은 보장할 수 없었다. 분쟁이 끊이지 않았고, 공멸의 위기가 찾아왔다. 기술만으로는 한계를 가지며 이를 극복하기 위해서 또 다른 무언가가 필요했다. 이때 제우스는 인간에게 정의감과 다른 사람을 배려하는 마음을 갖도록 한다. 더불어 사는 삶을 위해 '협력'이 필요했던 것이다. 결국 과학기술의 발전은 다른 사람을 배려하는 존중심과 정의감이 실현되는 그러한 공동체의 삶 속에서 이루어져야 한다(김진 외, 2003: 20). 이제 프로메테우스와 제우스의 지침을 동시에 간직한 인류는 비로소 인간적인 삶을 살아갈 수 있게 된 것이다.

(2) 『파이드로스』의 타무스 신화

이집트의 왕인 타무스는 발명의 신 테우스를 초대하여 그가 발명한 것들에 대해 품평회를 여는데, 테우스는 특히 자신이 발명한 문자에 대단한 자긍심을 갖고서 이렇게 말한다.

"여기에 내가 심혈을 기울여 완성한 작품이 있소. 이것은 이집트인들의 지혜와 기억력을 높여줄 것이오. 기억과 지혜의 완벽한 보증 수표를 발견해 낸 것이지요."

이를 가만히 듣고 있던 왕 타무스는 이렇게 대답한다.

"모든 발명가의 모범이신 테우스여, 기술의 발명자는 그 기술이 장차 이익이 될지, 해가 될지를 판정할 수 있는 최선의 재판관이 될 수 없습니다. 문자의 아버지인 당신은 자손들을 사랑하여 발명한 그 문자의 본래 기능에 정반대되는 성질을 부여한 셈입니다. 문자를 습득한 사람들은 기억력을 사용하지 않게 되어 오히려 기억력을 더 많이 상실할 것입니다. 기억을 위해 자신의 내적인 것에 의존하는 대신에 외적인 다른 사람의 기호에 더 의존할 것이기 때문입니다. 당신이 발명한 것은 회상의 보증수표이지, 기억의 보증수표는 아닙니다. 그리고 지혜에 대해서 말하자면, 당신의 제자들은 사실과는 상관없이 지혜에 대한 명성을 계속 누릴 것입니다. 그들은 적절한 교육을 받지 않고서도 많은 정보를 받아들일 수 있을 것이고, 실제로는 거의 무지하다 할지라도 지식을 가진 것으로 인정받을 것입니다. 그리고 그들은 진정한 지혜 대신에 지혜에 대한 자만심으로 가득 차 장차 사회에 짐만 될 것입니다."

타무스 왕은 테우스의 발명품이 가져다줄 혜택과 폐해를 동시에 지적하고 있다. 새로운 기술이 가져올 파멸의 가능성은 외면한 채 기술의 능력만을 과신해서는 안 된다는 점을 분명히 하고 있다. 기술이 인간의 삶을 보다 윤택하게 하는 것은 사실이지만, 그것이 인간 사회에 일단 적용된 후에는 인간의 의지와 관계없이 작동하기도 한다. 기술의 자발적인 역동성을 제어하기란 쉽지 않다. 이때 기술은 인간의 통제권을 벗어나기 시작한다. 이렇듯 새로운 기술은 우리의 기대와는 달리 어느 방향으로 흘러갈지 명확히 알 수 없으며, 기술의 발명자조차 그것이 나아갈 방향을 정확히 감지하기란 쉽지 않다. 예를 들어 현대 정보화 사회에서는 초고속 인터넷망을 통해 아주 빠르고 편리하게 지식이나 정보를 창출하고 교환하며 공유할 수 있지만, 아주 단순한 사고에 의해서도 이러한 행위들이 정체되거나 중단될 경우 엄청난 경제적 손실과 사회적 혼란을 낳기도 한다.[2] 그리고 눈코 뜰 새 없이 실시간 쏟아지는 지식과 정보의 홍수에 파묻혀 참된 것들을 분별하기가 쉽지 않을 뿐만 아니라, 심한 피로감마저 느끼기도 한다.[3] 이 또한 현대 정보화 사회가 갖고 있는 두 얼굴이라고 할 수 있다. 이처럼 현

---

2 2003년 1월 25일 윈도우 서버(MS SQL서버 2000)의 취약점을 노린 슬래머웜(slammer worm) 바이러스가 발생하여 인터넷을 통해 전 세계로 급속히 확산되었다. 이 바이러스는 데이터베이스의 보안 취약점을 악용하여 네트워크로 흘러 들어가는 데이터 전송량을 급증시킴으로써 트래픽이 폭발적으로 증가하도록 만들었고, 이 때문에 ISP의 일부 DNS가 일시적으로 마비되는 상황를 초래하였다. 우리나라에서도 유선 인터넷은 물론 무선 인터넷과 행정 전산망까지 모두 불통되는 사상 초유의 인터넷 재난이 발생해 전국이 발칵 뒤집어졌다. 이른바 '1·25 인터넷 대란' 이후 사이버 공격 위험을 사전에 예방하고 국가 전반의 정보보안 업무를 담당하는 국가사이버안전센터(National Cyber Security Center, NCSC)가 2004년 1월에 설립되었다.

3 D. 생크(David Shenk)는 『데이터 스모그(*Data Smog*)』(1997)에서 인터넷의 발달로 나타난 정보의 폭발적인 양적 증가로 인해 오히려 가치 있는 정보를 활용할 기회 자체가 봉쇄되어 버리는 현상을 지적한다. 특히 그는 대기오염을 유발하는 스모그처럼 과잉정보가 사회 전역을 어지럽히는 상황을 '데이터 스모그'로 규정하고 정보혁명의 이면을 낱낱이 파헤친다.

대의 과학기술은 우리에게 많은 것을 약속해주지만 모든 것을 보장해주지는 못한다.

2) 소포클레스의『안티고네』

고대의 비극 시인 소포클레스는『안티고네』에서 인간의 무한 능력을 찬양하고 있다. 이제 그 노래에 귀를 기울여보자.

> 무시무시한 것이 많이 있지만,
> 인간보다 무시무시한 것은 아무것도 없다네.
> 그는 폭풍우 치는 남쪽의 잿빛 바다 위
> 거센 파도를 가르며 돌진해가네.
> 결코 소멸하지도 않고 결코 지칠 줄 모르는
> 신들의 지고한 땅마저 파헤치고
> 해마다 말과 당나귀를 끌고

안티고네는 비극적인 운명의 왕 오이디푸스의 딸이자 누이로서, 눈 먼 그가 속죄를 위한 참회의 길을 떠날 때 길 안내자가 되어 동행한다.

쟁기 보습으로 쑤셔대네.

쉽게 발견되는 새떼, 망으로 사로잡고
야생짐승의 무리, 대양의 짠물고기,
잘 얽어맨 유령 같은 그물로 잡는 그는,
무엇에나 정통한 사람.
기술로 야생짐승의 주인이 되고
높은 곳 자유롭게 날아다니는 날것의 주인이 되어
말의 덥수룩한 갈기에 멍에를 씌우고
항상 민첩한 산짐승을 굴복시키네.

도시의 토대가 되는 말과 자유로운 사상과 감정들을
자신에게 가르치고, 황량한 고원에 작열하는 햇빛과
쏟아 붓는 빗발로부터 자신을 보호하네.
두루 돌아다녀 모든 것에 정통한 그
결코 미숙한 채로 미래를 맞이하지 않네.
오직 죽음만은 피할 수 없지만.
어쩔 수 없었던 질병으로부터 피할 길
생각해내었네.

영리함과 발명의 기술로 앞날을 경계하여
악에서 한 걸음 한 걸음 선으로 나아가네.
나라의 법률, 신에 대해 맹세한 법을 존중하면
그의 나라 영원히 우뚝 서고,
추악한 짓 무모하게 행하면

그는 나라를 잃네.

이 합창곡에서 우리는 크게 두 가지 메시지를 들을 수 있다. 첫째, 인간은 자신의 타고난 조건과 능력만으로는 삶의 욕구를 충족시킬 수 없어 보조적 도구를 만드는 일에서부터 기술을 개발하고 발전시켜왔다는 것이다. 인간은 기술에 의지하여 무엇에나 정통한 사람으로 스스로를 향상시킬 수 있었다. 인간은 기술이라는 '마법의 지팡이'를 휘두르면서 적극적으로 자신의 삶을 만들어가는 창조주다. 부딪치는 상황마다 기술로 극복해 나가는 인간은 결코 무력하지 않다는 사실을 생생히 들려주고 있다. 둘째, 자연에 대한 착취와 인간의 문명화는 서로 맞물려 있다는 것이다. 이것은 기술의 한계를 알려주는 내용이다. 사실 기술적 성장과 자연의 괴리가 심화될수록 기술의 한계는 두드러지게 나타나는 법이다. 새로운 기술적 향상으로 한계를 극복하는 듯 보이지만, 머지않아 이 기술 역시 자신의 문제를 드러낼 것이기 때문이다. 이때 인간은 이전보다 더 진보된 기술로 낡은 기술을 대체한다. 이제 기술은 또 다른 기술을 요청하게 되고, 이러한 요청은 돌이킬 수 없는 악순환의 상황으로 들어서게 된다. 이처럼 기술은 축복이면서 동시에 짐이며, 혜택을 주기도 하지만 상상하기 힘든 폐해를 드러내기도 한다.

이상에서 살펴본 영화나 신화 속 이야기는 오늘날 과학기술의 양면성을 잘 보여주고 있다. 그동안 우리는 과학기술의 긍정적인 측면만 주시해왔다. 그것이 제공해주는 혜택에만 도취해 있었다. 하지만 그 이면에 감추어진 놀라운 모습들에 대해서는 별다른 관심이 없었던 게 사실이다. 그저 우리의 의지대로, 우리의 욕구대로 우리 스스로 과학기술을 잘 활용하고 있다고 생각해왔다. 그런데 과연 그러한가? 과학기술은 인간의 계획대로 언제든 제어 가능한 것일까? 우리가 멈추고 싶을 땐 멈추고, 전진하고 싶을 땐 다시 전진할 수 있는 것일까? 현실을 돌아보면 결코 그렇지 않아 보인다.

이와 관련해서 독일의 유명한 철학자 H. 요나스(Hans Jonas, 1903~1993)가 경고하고 있는 현대 과학기술의 속성은 마치 기술이 인간의 '운명'이 되어버린 이 시대에 의미심장하게 다가온다. 그가 지적한 현대 과학기술의 특징은 다음과 같다(H. Jonas, 1987: 42~45).[4]

프로메테우스가 훔쳐다 준 불의 권력이 마침내 근대 과학기술의 권력을 낳고, 오늘날 전대미문의 절대적 기술권력의 끊임없는 확장은 결국 파국으로 치달아, 전 지구적 차원에서 인류의 존재 자체를 위협하고 있다고 요나스는 진단한다. 이와 같은 종말론적 현실 앞에서 그는 이전과는 전혀 다른 새로운 윤리를 『책임의 원칙』(1979)에서 모색하고, 이러한 원칙을 생물학적 탐구와 의학 분야에서 나타나는 다양한 사례들에 적용하고 있다[『기술, 의학, 윤리』(1987)].

---

4 J. 엘뤌(Jacques Ellul, 1912~1994)은 전통 기술과 비교하여 현대 기술의 특징을 다음의 여섯 가지로 정리한다. ① 기술 선택의 자동성(두 가지 기술 중 하나를 선택할 때는 효율성이 유일한 규칙이 되기 때문에 정밀한 계산만 하면 선택은 자동적으로 이루어짐) ② 자기 확장성(기술의 발전에서 인간의 결정적 개입이 상대적으로 줄어들고, 한 가지 기술의 발전이 다른 기술의 발전으로 이어짐) ③ 일원주의(기술을 악용하는 것과 선용하는 것을 구별해서 생각할 수 없음) ④ 개별 기술들의 필연적 결합(모든 기술이 이런저런 방식으로 확장되다 보면 결국 모든 기술은 서로 밀접하게 결합됨) ⑤ 보편성(현대 기술은 어디 가서나 바로 사용될 수 있음) ⑥ 자율성(기술사회에서는 인간의 필요에 따라 기술이 발달하는 것이 아니라 기술의 발달에 따라 인간 삶의 여러 변화를 이끌어냄)

첫째, 결과의 모호성이다. 현대 과학기술이 선하고 정당한 목적을 위해 사용된다 하더라도 그 안에 장기적으로 영향을 끼칠 수 있는 위협적인 요소가 들어 있다. 이제 의도와 목적에 따라 유익한 기술과 해로운 기술로 구별하기란 결코 쉽지 않다. 지금 당장에 전혀 폭력적이지도 않고 선하고 이롭기만 한 기술조차도 장기간에 걸친 영향력을 행사하는 데는 충분히 위협적이고 폭력적일 수 있다. 또한 현대 과학기술은 실패보다는 오히려 성공 안에, 무능력보다는 그 능력 내지 권력 안에 위험이 도사리고 있다. 이는 과학기술 문명의 위기는 바로 선의의 목적에서 동기가 유발되고, 합리적 결정과 정당한 행위를 통해서 최선을 다해 이루어낸 성공적인 결과에서 비롯된 것이라는 점에서 상당히 역설적이라고 할 수 있다.[5]

둘째, 적용의 강제성이다. 현대 과학기술은 더욱 새로운 가능성을 획득하기 위해 끊임없이 움직일 수밖에 없도록 강요하고 있다. 이제 과학기술이 제공하는 여러 새로운 가능성들이 일단 열리면, 그것을 적용해야 한다는 요구가 자동적으로 발생하고, 이는 더 이상 감당하기 힘든 지속적인 욕구로 이행될 수밖에 없다. 즉 현대 과학기술에는 적용의 강제적 메커니즘이 작동한다. 더욱이 인간이 그러한 기술의 역동성을 효과적으로 제어할 수 있을지에 대해서는 매우 회의적이다.

셋째, 영향력의 시공간적 광역성이다. 현대 과학기술은 시간적으로 먼 미래에까지, 공간적으로는 전 지구적 차원에 영향을 끼칠 정도의 인과적 연쇄를 가지고 있다. 즉 현대 과학기술이 야기하는 그 결과의 규모나 영향력의 파급범위가 '지금'과 '여기'라는 경계를 훌쩍 뛰어넘어 예측불가능할

5 대체적으로 '실패'는 인간에게 '위기'를 가져온다. 입시 실패, 입학 실패, 취업 실패, 연애 실패, 결혼 실패 등 무수히 많은 실패들은 우리의 삶에서 위기와 위험을 초래하기도 한다. 그러나 오늘날의 현대 과학기술은 이와는 좀 다른 성격을 가지고 있다. 즉 실패보다는 성공에서 오히려 그 위기와 위험이 도사리고 있다는 점에서 굉장히 아이러니컬하다고 할 수 있다.

정도로 확대되었다. 아마도 그것은 "지구의 전역을 뒤덮고", "미래 세대의 생존과 그들의 삶의 조건들에까지 영향력을 행사하게" 될 것이다.

이와 같은 속성을 지닌 오늘날의 과학기술에 대한 요나스의 경고에 우리는 그 어느 때보다 신중히 귀 기울여야 할 것이다. 현대 과학기술은 단순히 지금 · 여기에 존재하는 인간에만 머물지 않고, 미래 인류를 포함한 지구 생태계 전체의 운명을 결정짓게 될 것이라는 사실에 의심의 여지가 없다. 그 영향력의 내용과 정도를 알기도 쉽지 않다. 더욱이 선하고 바른 의도와 목적일지라도 위협적인 결과는 얼마든지 가능하다. 그뿐만 아니라 현대 과학기술의 능력은 새로운 가능성 앞에서 결코 스스로 멈춰 서는 일도 없다. 첨단 기술을 통해 가능해진 모든 새로운 발걸음은 우리로 하여금 그 발걸음을 계속하도록 강요할 것이다. 무조건 전진하도록 다음 발걸음을 재촉할 것이다. 물론 그렇다고 해서 현대 과학기술의 흐름을 거부하는 것 역시 바람직하지 않다. 당연히 그것은 불가능할 뿐만 아니라 맹목적 신뢰만큼이나 위험하다. 현대 과학기술의 불가피성은 누구나 인정하는 사실이다. 다만 더 늦기 전에 지구상에 으뜸가는 권력을 소유한 우리 인간은 조심스레 과학기술이 약속하는 유토피아(utopia)적 구원의 약속을 의심해봐야 한다. 그저 운명에만 맡겨두기에는, 그저 희망의 메시지에만 귀 기울이기에는 현대 과학기술은 너무도 엄중하다. 그것은 시 · 공을 초월한 전지구적 생명과 삶의 문제이기 때문이다. 따라서 그동안의 미시적이고 근시안적인 시각에서 벗어나 거시적이고 원시적인 관점에서 인간적인 삶, 전지구적인 삶의 가치와 그 의미를 숙고해야 할 것이다. 현대 과학기술의 진정한 가치와 의미 또한 그러한 맥락에서 해석되고 평가되어야 할 것이다.

인물 읽기 1 플라톤

플라톤은 고대 그리스의 철학자로서 소크라테스(Socrates, BC470~BC399)의 제자이며 아리스토텔레스(Aristotle, BC384~BC322)의 스승이다. 젊었을 때 소크라테스의 가르침에 많은 영향을 받은 그의 사상은 소크라테스의 연장이며 발전이라고 할 수 있다. 특히 그의 초기 저서들은 대부분 소크라테스가 주인공으로 된 변증론에 관한 대화편들이다.

펠로폰네소스전쟁 중에 태어난 플라톤은 23세 되던 해, 자신의 조국이 스파르타와 그 동맹국들에 의해 패망하는 모습을 목격한다. 도시국가 의식이 투철했던 청년 플라톤은 조국의 패망에 대해 오랫동안 숙고하면서 정치를 지망하기도 했다. 그런데 그가 28세 되던 해, 스승 소크라테스의 죽음에 큰 충격을 받은 후 정치가로서의 꿈을 버리고 본격적으로 철학을 탐구하기 시작한다. 이탈리아를 여행하여 키레네학파로부터 이데아와 변증법의 기초를 배우고 피타고라스학파를 접하면서 실천적 정신과 실생활에의 흥미를 갖게 되어 자신만의 독자적인 사상을 꽃 피우게 된다. 귀국 후 저술활동을 이어가던 중 기원전 385년경 아테네의 서북부에 학원 아카데메이아(Acadēmeia)를 개설하여 제자 양성과 연구에 더욱 전념한다.

플라톤에 따르면, 감각적으로 경험되는 현상의 세계는 참다운 세계가 아니라 일시적이고 가변적이며 불완전한 모방일 뿐이다. 반면에 이성적 지혜와 통찰력에 의해 파악되는 참된 실재의 세계인 이데아의 세계에는 시 · 공을 초월해서 불변하는 영원의 진리가 있다. 특히 그는 '동굴의 비유'를 통해 '이데아론'을 제시한다. 즉 우리가 지금 보고 있는 현 세계는 그저 동굴 안의 그림자에 불과하며, 이데아의 세계를 보려면 동굴 밖으로 나와야 한다는 것이다. 태양이 빛나는 그곳이야말로 이데아들이 존재하는 참된 세계이다. 이처럼 이상적인 세계를 가정하는 플라톤은 이상주의 철학자이자, 현상세계와 이데아의 세계를 구분하는 이원론적 철학자이다. 그는 사물마다 각각 이데아가 있으며, 그 가운데 최고의 이데아를 선의 이데아로 보았다.

플라톤의 주요 저서로는 소크라테스를 주인공으로 한 『향연』, 『파이돈』, 『국가』, 『파이드로스』 등 다수가 있다.

인물 읽기 2 제우스

제우스(Zeus)는 하늘과 인간을 다스리며, 모든 신들 위에 군림하는 최고의 신이다. 로마 신화의 유피테르(Jupiter)와 동일시된다. 제우스의 아버지는 티탄족인 시간의 신 크로노스로서 제우스가 신들의 왕이 되기 전까지 최고의 신이었다. 그런데 어느 날 크로노스는 '네 자식에게 세상의 지배권을 빼앗길 것이다'라는 불길한 예언을 듣고 겁에 질린 나머지 아내 레아가 아이를 낳을 때마다 모두 자신의 배 속으로 삼켜버린다. 레아가 낳은 헤스티아, 데메테르, 헤라, 하데스, 포세이돈 등 5남매는 차례대로 삼켜졌다. 레아는 자식들을 잃을 때마다 깊은 슬픔에 빠졌고, 여섯 번째 아이를 가졌을 땐 기필코 그 아이를 지키리라 마음먹었다. 드디어 막내아들 제우스가 태어났다. 그녀는 제우스를 살리기 위해 남편 크로노스에게 커다란 돌멩이를 건네주었고, 크로노스는 의심 없이 그 돌을 삼켜버린다.

세월이 흘러 성인이 된 제우스는 형제자매를 구하기로 결심하고, 크로노스에게 구토제를 먹인다. 약을 먹은 크로노스는 심한 구역질을 하며 그동안 삼켰던 자식들을 모두 토해냈다. 그들은 원래 제우스의 형과 누나였지만, 자신들이 아버지 배 속에 갇혀 있는 동안 이미 청년이 된 제우스에게 맏이 자리를 내주었다. 제우스 덕분에 다시 세상으로 나오게 된 신들은 그를 도와 아버지 크로노스와 전쟁을 치른다. 티탄족 대부분을 거느린 크로노스에 맞서 자신의 형제자매, 그리고 프로메테우스를 비롯한 일부 티탄족과 함께한 제우스는 전쟁을 승리로 이끌고, 드디어 최고 신의 자리에 오르게 된다. 제우스는 자신에게 맞선 티탄족들을 땅 속 깊은 곳 타르타로스에 가두어버리고, 자신과 함께한 이들을 거느리고 올림포스 산으로 거처를 옮겨 세력을 키워 나간다. 이후 그들은 이 산의 이름을 따서 올림포스 신족이라고 불리게 되었다.

인물 읽기 3 프로메테우스 · 에피메테우스

프로메테우스는 그리스 신화에 나오는 티탄족의 영웅으로, 제우스의 명령을 받아 신의 형상을 본떠 인간을 만들었다. 그러나 연약한 인간이 마음에 들지 않았던 제우스와는 달리 자신이 만든 인간을 너무 사랑한 나머지 신들을 속여 인간에게 불을 훔쳐다 주었다. 이로 인해 프로메테우스는 제우스의 노여움을 사게 되어 코카서스 산꼭대기에 쇠사슬로 묶여 날마다 독수리에게 간을 쪼이는 형벌을 받는다. 그는 훗날 영웅 헤라클레스에 의해 이 형벌에서 벗어나게 된다.

에피메테우스는 프로메테우스의 동생으로 형과 종종 비교되는 인물이다. 형 프로메테우스는 '먼저 생각하는 사람'이란 뜻인데 비해 그는 '뒤늦게 깨우치는 사람', '나중에 생각하는 자'로 어리석고 뒤늦게 후회하는 사람으로 묘사된다. 제우스는 프로메테우스에게 가혹한 형벌을 내린 후에 인간에게도 벌을 주기로 결심하고 아름다운 여신을 닮은 여자 인간을 만든다. 그는 최초의 여자인 판도라(Pandora)를 에피메테우스에게 데려간다. 형 프로메테우스가 에피메테우스에게 제우스의 선물을 조심하라고 이미 경고한 터였다. 그러나 에피메테우스는 형의 충고를 무시하고 아름다운 판도라를 자신의 부인으로 맞이한다. 당시 에피메테우스의 집에는 만물에 재능을 부여하고 남은 필요 없는 것들, 온갖 나쁜 것들을 담아놓은 상자가 있었는데, 하루는 판도라가 에피메테우스의 주의에도 불구하고 그 상자를 열고 말았다. 그러자 상자 안에 있던 온갖 나쁜 것들이 밖으로 튀어나왔고, 그때부터 인간에게 갖가지 질병이나 불행 따위가 시작되었다고 한다. 겁에 질린 판도라가 재빨리 뚜껑을 닫았지만, 이미 모든 재앙들이 세상으로 나온 뒤였고, 맨 밑바닥에 있던 '희망'만이 상자 안에 남게 되었다. 이제 인간들은 이전에는 겪지 않았던 고통들을 영원히 떨쳐버릴 수 없지만, 어떤 어려움 속에도 희망을 간직한 채 살아가게 되었다.

오늘날 어떤 일이 일어날지 결코 알 수 없는 상황이나 물건 등을 '판도라의 상자'라고 부른다.

소포클레스 · 안티고네

소포클레스는 아이스킬로스(Aeschylos, BC525~BC456), 에우리피데스(Euripides, BC485~BC406)와 함께 그리스 신화를 가장 뛰어난 작품으로 만든, 고대 그리스 3대 비극 시인이다. 훌륭한 시인이자 비극의 완성자라고 평가받는 그는 120여 편의 작품들을 창작했다. 현재까지 전해지는 일곱 작품들 중 비극 시인 『오이디푸스 왕』은 그리스 비극 최고의 걸작으로 손꼽힌다. 그 밖에도 『안티고네』, 『일렉트라』, 『콜로노스의 오이디푸스』 등이 있다.

안티고네는 테베의 왕 오이디푸스와 그의 어머니 이오카스테 사이에서 태어난 딸이다. 오이디푸스는 자신이 아버지를 죽였고 아내 이오카스테가 어머니였음을 알고는 스스로 눈을 찔러 멀게 하고 속죄를 위한 참회의 길을 떠난다. 이때 오이디푸스는 자신의 딸 안티고네와 함께 방랑길을 나선다.

안티고네는 자신의 아버지, 오이디푸스의 길 안내자가 되어 그가 죽을 때까지 동행했으며, 아버지가 사망한 후 다시 테베로 돌아온다. 그동안 왕위를 두고 그녀의 두 남자 형제가 다툼을 벌이다 모두 죽고, 결국 자신의 외삼촌 크레온이 왕좌를 차지하고 있었다. 그런데 크레온은 안티고네의 남자 형제 중에 에케오클레스의 장례식은 성대히 치렀지만, 그녀의 다른 형제인 폴리네이케스는 반역자임을 선포하고 그의 시체를 들판에 내버려두었다. 누구도 그의 시체를 매장하지 못하도록 금지하고, 이를 어기고 장례를 치르는 자에게는 엄벌을 내리겠다고 이미 경고한 터였다. 그러나 안티고네는 폴리네이케스가 짐승의 먹이가 되는 것을 차마 두고 볼 수 없어서 그의 유해를 수습하여 장례를 치른다. 이 사실을 알게 된 크레온은 크게 분노하며 안티고네를 지하 감옥에 가두었고, 결국 그녀는 그곳에서 스스로 목을 매어 죽는다. 안티고네의 죽음 이후 그녀의 연인이자 크레온의 아들인 하이몬도 스스로 목숨을 끊는다. 그러자 아들 하이몬을 잃은 슬픔을 이기지 못하고 크레온의 아내 에우리디케마저 아들을 비극적인 죽음으로 몰고 간 남편을 저주하면서 자살한다. 경솔한 자신의 행동으로 아들과 아내를 잃은 크레온은 평생을 후회하며 살아간다.

인물 읽기 5 한스 요나스

유대인으로 독일에서 태어난 **H. 요나스**(Hans Jonas, 1903~1993)는 프라이부르크, 베를린, 하이델베르크, 마르부르크에서 철학, 신학, 예술사를 공부하고, 1928년 M. 하이데거(Martin Heidegger, 1889~1976)와 R. 불트만(Rudolf Bultmann, 1884~1976)의 지도 아래 "그노시스(Gnosis)" 개념에 관한 논문으로 박사학위를 취득하였다. 그러나 1933년 나치의 박해를 피해 영국을 거쳐, 1935년에는 팔레스타인으로 망명하였다. 이후 그는 제2차 세계대전에 참전하고 나서 캐나다 이민을 거쳐 1955년 미국으로 영구 이주한 뒤 평생 동안 연구 활동에 전념한다. 주요 저서로는 오늘날 과학기술 문명의 위기를 진단하고 이 시대에 적합한 새로운 윤리학을 정초하고자 시도했던 『책임의 원칙: 기술시대의 생태학적 윤리(*Das Prinzip Verantwortung. Versuch einer Ethik für die technologische Zivilisation*)』(1979)가 있다. 이 책에서 그는 우리 인간의 윤리적 행위의 대상을 기존의 인간에서 자연으로까지 확장시킴으로써 현대철학의 생태학적 전환에 결정적인 기여를 했다. 그 밖에 『생명의 현상(*The Phenomenon of Life*)』(1966), 『주체성의 권력 혹은 무력?(*Macht oder Ohnmacht der Subjektivität?*)』(1981), 『기술, 의학, 윤리(*Technik, Medizin und Ethik*)』(1987) 등 다수의 저서가 있다.

"당장 내일은 아니더라도 곧 닥칠 수 있는" 생태계의 위기와 환경문제의 심각성에 대해 요나스는 자신의 대표작 『책임의 원칙』에서 절박하게 호소하고 있다. 지금까지 인간의 생존과 이익을 위해, 근대화와 무한 진보라는 미명하에 인간은 과학기술을 끊임없이 진화시켜왔는데, 역설적이게도 기술진보

의 지나친 성공이 오히려 인간을 파국적인 위험에 빠뜨리고 있다고 그는 경고한다. 자신의 운명을 개선하고 끊임없이 더 나은 세상을 꿈꾸도록 강요하는 인간의 욕망 때문에 인류를 포함한 모든 생명체는 몰락의 길을 걷게 될 것이라는 경고다.

이제 서둘러 인간은 자신이 처한 위기 상황이 무엇인지, 그리고 그 상황이 얼마나 심각한지를 분명히 알아야 한다. 그렇지만 유감스럽게도 그러한 문제 상황이 점진적으로 누적되어 먼 훗날의 미래에 어떠한 결과로 우리 눈앞에 펼쳐질지 정확하게 예측하기란 불가능하다. 그렇기 때문에 우선 기술 문명이 제시하고 있는 희망의 약속이 오히려 인류의 종말을 재촉할 수도 있다는 최악의 시나리오를 마음속에 그려볼 것을 요나스는 제안한다. 우리들의 '사려 깊은 경고자'는 "의심스러울 때는 좋은 말보다는 나쁜 말에 귀 기울여(in dubio pro malo)" 거기에 상응하는 공포의 감정을 불러일으키도록 재촉한다. 그에 의하면 구원의 예언보다는 불행의 예언에 더욱 주의를 기울일 때 우리는 비로소 행동할 수 있는데, 선보다는 악의 인식이 더 직접적이며 설득력 있고, 더욱 실감나게 하기 때문이다. 이제 우리는 그의 충고대로 현대 과학기술 문명이 떠벌리는 미래의 유토피아적인 구원보다는 그것이 가져올 수도 있는 불행들을 이야기함으로써 미래의 인류가 처하게 될 운명을 진단해야 한다. 지상낙원을 건설하려는 헛된 욕망에 모험을 걸기에는 우리가 치러야 할 대가가 너무도 엄청날 수 있기 때문이다. 따라서 현대 과학기술 문명의 기형적인 비대화에서부터 초래된 종말론적 상황을 직시하면서 파국으로 치닫는 무모한 질주에 제동을 걸고, 목표의 진행 방향을 수정할 수 있는 자발적인 통제야말로 이 시대에 절실히 요구되는 인류의 당면 과제라고 그는 역설한다.

2강

공학윤리, 왜 필요한가?

학습목표

- 공학윤리의 등장 배경을 살펴보고, 학습의 필요성을 이해한다.
- 공학윤리가 나아가야 할 바람직한 교육 방향에 대해서 이해한다.

1. 엔지니어의 딜레마

공학 현장에서 엔지니어는 종종 딜레마에 봉착한다. 그는 복잡하게 얽힌 이해관계나 상충하는 의무들 사이에서 갈등하고, 때로는 자신의 공학적 결정이 번복되는 상황에도 직면한다. 이제 다음 두 사례에서 엔지니어가 겪는 딜레마를 구체적으로 이해해보자.

1) 우주왕복선 챌린저호 폭발사고

우주왕복선 챌린저호 폭발사고(1986년 1월 28일)는 공학 현장에서 엔지니어가 내리는 결정이 얼마나 복잡한 이해관계들로 서로 얽혀 있는지, 그리고 그러한 결정이 얼마나 심각한 결과를 초래할 수 있는지를 여실히 보여주었다. 또한 이 사고는 세계 각계각층의 사람들이 TV 생중계를 시청하

"쓰리, 투, 원, 제로", 1986년 1월 28일 오전 11시 38분 카운트다운이 끝나자 챌린저호는 하늘로 힘차게 날아올랐다. 그러나 발사 73초 만에 큰 폭발음과 함께 세계인이 지켜보는 가운데 7명의 승무원을 태운 챌린저호는 우주 속으로 영원히 사라지고 말았다.

던 중에 일어나 더욱 충격이었다.

1986년 1월 27일 밤, 모턴 티오콜(Morton Thiokol) 사의 엔지니어들은 마셜 우주비행센터(Marshall Space Flight Center)와 케네디 우주센터(Kennedy Space Center) 간에 이루어진 원격회의에서 다음 날 아침으로 예정된 챌린저호의 발사를 연기해줄 것을 요청하였다. 선체의 연결 부위를 봉합하는 고무 오링(o-ring)이 저온에서는 그 성능을 발휘하는 데 어려움이 있을 것으로 예상되었기 때문이다. 오링을 제작한 모턴 티오콜 사의 수석 엔지니어 R. 보이스졸리(Roger Boisjoly)는 이 제품의 결함에 대해서 너무도 잘 알고 있었다.

우주왕복선 챌린저호는 궤도 선회 우주선(orbiter)과 좌우 두 개의 고체추진로켓(solid rocket booster) 그리고 외부 연료탱크(external tank)로 구성되어 있다. 이때 고체추진로켓은 여러 개의 원통형을 서로 연결한 방식으로 제조되는데, 이 연결 부위를 봉합하는 부품이 바로 고무 오링이다. 오링이 내부 압력에 따라 적절하게 변형되면서 연결 부위의 틈을 막아준다. 그런데 이 오링은 고온에서는 잘 봉합되는 반면, 저온에서는 탄성을 잃어

챌린저호의 양쪽에는 좌우 하나씩 고체추진로켓이, 아래쪽에는 외부 연료탱크가 장착되어 있다. 일반적으로 고체추진로켓은 여러 개의 원통형으로 이어져 있는데, 이 연결부위를 봉합하는 부품이 바로 고무 오링이다. 점화 이전에는 연결부위에 뒤틀림이 없다가 점화 이후에는 뜨거운 가스의 압력으로 인해 뒤틀림이 생긴다. 이때 오링이 뒤틀림으로 생긴 연결부위의 틈을 막아주는 역할을 한다.

버리는 단점이 있었다. 만약에 오링의 복원력이 제대로 작동하지 않으면, 연결부위 틈새로 고온의 가스가 새어 저장탱크 연료의 점화 시에 전체적인 폭발로 이어질 수도 있다. 물론 기술적 증거는 충분하지 않았지만, 불길한 징조였다. 수차례의 모의 비행시험에서 기온과 오링의 복원력 사이에는 상관관계가 있는 것으로 나타났기 때문이다.

챌린저호 발사 당일 케네디 우주센터의 온도는 영하 2~3도로 예측되었다. 그동안 모의시험은 영상 12도 이하에서는 해본 적이 없었고, 온도가 낮으면 고무 오링의 탄성에 문제가 있는 만큼, 엔지니어들은 적정온도가 될 때까지 발사를 연기해줄 것을 제안한 것이다. 이때 모턴 티오콜 사의 경영진은 기온과 오링 탄성계수의 상관관계에 대한 정확한 과학적 분석을 요구했고, 유감스럽게도 엔지니어들은 이에 응할 수가 없었다.

그 당시 챌린저호 발사 연기가 어려웠던 사정은 크게 세 가지로 나누어 생각해볼 수 있다. 우선 오링을 제조했던 모턴 티오콜 사의 선임 부회장인 G. 메이슨(Gerald Mason)은 NASA(미 항공우주국)와의 새로운 계약이 필요했다. 그런데 자사의 부품 결함 때문에 발사가 미루어진다면, 앞으로 계약 체결이 힘들어질 것이라는 사실은 너무나 자명해 보였다. 경영진은 NASA의 심기를 건드리고 싶지 않았다. 이 때문에 엔지니어들의 염려는 충분히 '감수할 수 있는 수준의 위험(acceptable risk)'이라고 안이하게 판단하고 말았다.[6] 물론 NASA의 입장에서도 챌린저호의 성공적인 비행을 몹시 원하고 있었다. 당초 챌린저호의 발사는 1월 22일로 예정되었지만, 여러 사정으로 거듭 연기되었기 때문이다. 게다가 챌린저호의 임무 중 하나가 핼리혜성의 관측이었는데 며칠 후면 핼리혜성이 태양 뒤로 사라진다는 점, 그리고 발사 당일 R. 레이건(Ronald Wilson Reagan, 1911~2004) 대통령의 연두교서(年頭敎書, State of the Union) 연설에서 챌린저호에 관한 내용이 언급될 예정이었다는 점 등이 발사 일정을 더 이상 미루기 힘든 요인으로 작용했다. 그뿐만 아니라 국가 간의 우주개발 경쟁도 챌린저호 발사를 강행하는 데 한몫을 차지했다. 당시 유럽우주국(European Space Agency, ESA)이나 소련의 우주선 개발프로젝트 추진 소식은 미국 정계를 자극하기에 충분했다.

결국 1986년 1월 28일 오전 11시 38분(동부 표준시), 우주왕복선 챌린저

---

6 그동안 모의 비행시험에서 전반적으로 기온이 낮을수록 고무 오링의 손상이 심한 것으로 드러났다. 가장 큰 손상이 발생했을 때의 온도가 영상 12도였다. 대체로 영상 18도 이상에서는 오링의 손상 발생 빈도가 확연히 낮았다. 물론 영상 20도와 25도 사이에서도 오링 손상이 발생한 적이 있었다. NASA 측에서는 높은 온도에서도 오링의 손상이 발생한 점을 거론하면서 오링의 손상과 온도의 상관관계가 분명하지 않다고 주장했다. 이에 모턴 티오콜 사의 내부 회의를 거치면서 애초 발사를 반대하던 의견이 번복되고 만다. 오링의 복원력 문제를 처음으로 제기했던 수석 엔지니어 보이스졸리는 발사를 강하게 반대했지만, 경영진들은 "이제는 공학자의 모자를 벗고 경영자의 모자를 쓸 때(take off his engineering hat and put on his management hat)"라고 회유하고, 온도와 오링 손상의 상관관계가 확실하지 않다면서 종전의 의견을 일방적으로 바꾸어버린 것이다.

호는 플로리다 주 케네디 우주센터 발사대를 출발한다. 그리고 73초 만에 갑자기 불길에 휩싸이더니 마침내 폭발하고 말았다. 모턴 티오콜 사 엔지니어들의 염려가 현실이 된 것이다. 이 사고로 탑승했던 우주비행사 6명과 민간인[7] 1명 전원이 사망하였다.

2) 성수대교 붕괴사고

가랑비가 내리던 10월의 어느 아침(1994년 10월 21일), 겉으로 멀쩡해 보이던 다리가 무너져 내렸다. 성수대교 북단 다섯 번째와 여섯 번째 교각 사이 50m 상판이 갑작스레 내려앉으면서, 출근과 등교를 서두르던 직장인과 학생들이 탄 차량들이 속수무책 한강으로 곤두박질쳤다. 강으로 추락한 사람 가운데 32명이 사망하고 17명이 부상을 당했다. 이 사고로 전 국민이 큰 충격에 빠졌을 뿐만 아니라, 해외에도 대서특필되어 국내 건설업계에 타격을 주었다.

성수대교는 1977년 4월에 착공하여 1979년 10월에 준공된 폭 19.4m, 길이 1,161m의 4차선 교량이다. 동아건설이 116억 원의 공사비에 시공한 성수대교는 기능 위주로 설계된 종래의 교량들과 달리 미관을 최대한 살리기 위해 처음으로 게르버 트러스(Gerber Truss) 공법으로 건설되었다. 성수대교는 개통 초부터 영동 신도시 개발로 형성된 강남-강북 간 도심과 부도심을 잇는 주요 교통축이 되었으며 1980년대 말부터 시작된 상계동 아파트 단지와 분당 신도시의 개발에 따라 그동안 엄청난 교통량을 처리해왔다.

---

7 과학교사 C. 맥컬리프(Christa McAuliffe)는 사상 최초의 여성 민간인 우주비행사로 1985년 NASA에서 실시한 "선생님을 우주로(Teacher in Space)"라는 프로그램에서 11,000:1의 경쟁을 뚫고 우주비행에 참가할 수 있는 자격을 얻었다. 그녀는 우주에서 원격수업을 실시할 예정이었다.

성수대교는 1994년 10월 전 국민을 충격에 빠뜨렸던 붕괴사고 이후 과하중을 1등급으로 상향하고 진도 5의 강진에도 견딜 수 있도록 내진설계를 하는 등 전면적인 보수를 거쳐 1997년 7월 재개통되었다.

사고 후 전문가 조사단의 결과에 따르면, 성수대교 붕괴의 원인은 크게 두 가지를 꼽을 수 있다. 우선 동아건설 측의 전반적인 부실시공이다. 무엇보다도 교량 상판을 떠받치는 트러스교 형식의 설계는 그 당시의 시공 능력이나 시공환경을 충분히 감안하지 않은 방식이었다. 특히 국내 최초의 전체 용접교량(all-welded bridge)임에도 불구하고 전문 인력이 턱없이 부족한 실정이다 보니 연결 이음새 용접이 제대로 되지 않았고 강재 볼트 연결핀 등도 부실했던 것으로 밝혀졌다. 이로 인해 트러스의 핀 연결 용접 부위에 피로균열이 진전되었다. 더욱이 신공법의 특수교량을 일반교량 건설과 같이 실적 위주의 짧은 준공계획(2년 6개월)으로 무리하게 추진함으로써 전반적인 부실공사로 이어질 수밖에 없었다.[8] 그리고 서울시의 유지·보수·관리 소홀 역시 다리의 붕괴를 재촉하였다. 특히 겨울철이면 제설

8 성수대교 시공 당시 동아건설은 정치자금을 제공하여 수주함으로써 공사의 전 과정이 권력층의 비호 아래 진행되었다고 한다. 그 때문에 많은 절차들이 무시되었다. 가령 감리 절차가 생략되고 준공 시에도 안전검사를 실시하지 않은 것으로 밝혀졌다. 게다가 준공 후 붕괴될 때까지 15년 동안 단 한 차례의 안전진단도 실시되지 않았으며, 붕괴 2년 전인 1992년 택시기사들이 이상 징후를 발견하고 서울시에 신고하였으나 전문가 조사를 의뢰하지 않았다고 한다. 성수대교는 시공 당시부터 건설 과정과 준공, 그리고 일반관리에 이르기까지 대부분의 지침을 무시하였는데, 아마도 엔지니어들 역시 이런 내용을 묵인 내지 방조했으리라 추측된다(김진 외, 2003: 36~37).

작업을 위해 매번 약 8톤의 염화칼슘이 살포되었는데, 이 염분이 페인트칠이 벗겨진 용접 부위에 침투하여 부식이 진행되었고, 결국 용접 부위가 절단되고 말았다.[9] 게다가 사고가 나기 전에 이미 상판을 떠받치던 트러스 부분이 갈라지는 등의 중대 결함이 드러났지만, 서울시는 이를 방치했다고 한다(근본적인 보수 없이 녹슨 부분이나 갈라진 틈을 페인트로 덧칠하는 방법으로 대처했다). 여기에 덧붙여 성수대교의 교통량이 준공될 당시와는 비교가 안 될 정도로 급격히 증가함으로써 피로균열을 가속화시킨 것도 붕괴사고의 한 원인으로 지적되었다.

9 염분 투입 시 강재의 부식속도가 상당히 빨라지기 때문에, 외국의 경우 교량에 대해서는 긴급한 상황에서만 염화칼슘을 살포하며, 살포 후에는 반드시 다시 세척 작업을 수행한다. 그런데 서울시의 경우 무분별한 염화칼슘 살포 후 세척 작업을 거의 하지 않았던 것으로 드러났다(이장규 외, 2006: 215~216).

사건사고 읽기 1 와우아파트 붕괴사고

와우아파트 붕괴사고는 1970년 4월 8일 서울특별시 마포구 창전동 와우지구 시민아파트 건물이 무너져 내린 사건이다. 당시 5층 건물의 와우아파트 15동이 무너져, 입주자와 인부 등 70여 명 가운데 33명이 사망하고 39명이 중경상을 입었다.

1969년 12월에 준공된 이 아파트는 지은 지 4개월 만에 붕괴되었는데, 조사 결과 아파트 받침기둥이 건물 무게를 지탱하지 못해 사고가 발생한 것으로 드러났다. 이는 지질조사도 없이 산비탈에 건물을 짓고, 공사 당시 사용된 자재 대부분이 기준에 미달하는 등 애당초 충분히 예견된 사고였다. 하중 설계에서도 큰 착오가 있었다. 설계상 건물 하중은 1㎡당 280kg인데 불구하고, 건물의 실제 하중은 900여kg으로 1㎡당 600kg 이상 초과되었다고 한다.

사실 와우아파트는 완공 직후부터 벽에 금이 가고 건물이 흔들리는 등 붕괴 조짐을 보였으며, 주민들이 이를 여러 차례 경찰과 구청에 신고했지만 그 어떤 조치도 없었던 것으로 밝혀졌다.

2. 시대적 요청으로서의 공학윤리

앞의 두 사례처럼 엔지니어의 선택과 결정은 공학 현장에서 빈번하게 반대에 부딪치기도 하고, 번복되기도 한다. 애당초 그의 의견이 무시되기도 한다. 이러한 과정에서 엔지니어는 깊은 좌절과 딜레마에 빠질 수밖에 없다. 그런데 우리 생활 주변에서 일어나는 크고 작은 사고의 대부분이 공학적 사고들이라는 사실을 감안할 때, 엔지니어의 고민은 결코 쉽거나 만만하지 않다. 우리 일상의 안전에 직접적인 영향을 미치는 아주 중대한 문제들이다. 이처럼 현실적이고도 구체적인 문제 상황에서 공학윤리의 필요성이 진지하게 제기된다.

그러면 먼저 공학 및 공학 활동의 의미와 성격을 살펴봄으로써 공학윤리의 주요 내용과 그 역할을 파악하기로 하겠다. 이러한 과정에서 공학 활동 그 자체에 이미 공학윤리가 내재되어 있음을 확인하게 될 것이다.

1) 공학과 공학윤리

공학(engineering)이란 일반적으로 과학적 지식과 기술적 수단을 이용하여 최적화된 방법으로 인간의 욕구를 충족시키는 체계적인 학문이라고 정의할 수 있다. 즉 공학은 인간의 편익을 위해 과학을 응용한 생산적 활동으로 인류의 복지에 기여하는 학문 분야다. 그런데 현대사회가 점점 거대해지고 복잡해짐에 따라서 공학에 기대하는 과제도 점점 늘어나고 다양해진다.

이처럼 중요한 공학이 우리 현실에서 그 모습을 온전히 드러내기 위해서는 기본적으로 갖추어야 할 몇 가지 덕목들이 있다. 첫째, 공학은 실현 가능성과 함께 필요성이 충족되어야 한다. 아무리 완벽한 이론체계가 마련되어 있다고 하더라도 현재의 기술로 실현시킬 수 없거나 어떠한 필요성도 요구되지 않는다면 그것은 아직 공학이 아니다. 공학으로서 가치를 지니기 위해서는 현실적으로 실현 가능해야 하며, 꼭 필요한 것이어야 한다. 그것이야말로 바로 공학의 가장 중요한 존재 이유다.

둘째, 공학은 경제성을 갖추어야 한다. 경제성을 갖추지 못한다면 개발할 필요도, 의지도 잃게 된다. 어느 누가 경제적 효율성이 뒷전인 공학 활동을 시도하겠는가? 공학은 사회적 비용을 충분히 고려해야 한다.

셋째, 공학은 윤리성을 획득해야 한다. 왜냐하면 공학은 현실 사회에 적용을 목표로 하기 때문이다. 그러므로 그 목적에서부터 과정과 결과에 이르기까지 윤리적으로 문제가 없어야 한다. 그렇지 않으면 현실적으로 여러 가지 복잡하고 끔찍한 문제들이 끊임없이 일어날 것이다. 따라서 목적이 비윤리적이라면 그런 공학 연구는 추진되어서는 안 되며, 그 과정이 비윤리적이어서는 결과 역시 만족할 수 없을 것이다(권혁길 외, 2007: 350).

이렇듯 공학은 꼭 필요한 것들을 경제적으로 가장 효율적인 방법으로 윤리적인 절차에 따라 실현시켜 나가야 하는 사회적 활동이다. 이 같은 공학의 의미를 미국공학한림원(National Academy of Engineering, NAE)은 다음과 같이 좀 더 명료하게 정의하고 있다.[10]

> 공학은 다양한 방법으로 정의할 수 있지만 그중에서 대표적인 두 가지로 설명할 수 있다.우선 공학이란 과학의 적용이라고 할 수 있다. 공학자들은 추상적인 관념을 구체적인 결과물로 만들어낸다. 다음으로 공학이란 통제 가능한 계획이라고 정의할 수 있다. 공학자에게 생산품은 뜻밖의 결과물이 아니라 어떤 생산품을 만들고 싶어 하는가를 정확히 알고 그것을 실행하는

10 http://www.engineeringchallenges.org/

과정에서 생기는 의도적인 결과물이기 때문이다.

공학의 분야는 날이 갈수록 세분화·전문화되어 가고 있는 만큼 아주 광범위하고 그 기능도 방대하다. 그리고 각각의 공학 분야에서 발전 역시 급속하게 진행되고 있다. 이제 이처럼 다양한 공학적 산물을 이용하지 않는 우리의 삶이란 상상조차 할 수 없다. 반면에 공학 발전의 부작용에 따른 삶의 위협도 만만치가 않다. 인간의 지나친 욕심에 의한 비정상적인 공학적 과정들이 끔찍한 사건사고들을 야기함으로써 많은 사람들에게 재산상의 손해를 입히는가 하면, 때로는 그들의 목숨마저 앗아가기도 한다. 비록 정상적인 공학적 과정이라 할지라도 잠재적으로 위험이 내포된 경우가 종종 있다. 이것이 바로 공학의 과정에서 엔지니어에게 '윤리적 숙고'가 필요한 이유이며, 또한 그에게 '윤리적 활동'이 강조되어야 할 이유다. 즉 엔지니어에게 '공학윤리'가 필요한 이유다. 그렇다면 도대체 공학윤리란 무엇인가?

공학윤리(Engineering Ethics)는 직업윤리의 한 분과이다. 일반적으로 윤리라 함은 어떤 사회의 구성원들이 마땅히 행하거나 지켜야 하는 도리, 도덕규범의 총체를 일컫는다. 그렇다면 직업윤리는 직업생활이라는 특수한 사회적 상황에서 구성원들이 공유하는 행위규범의 총체를 의미한다. 직업윤리는 직업이 갖는 본래적 기능과 목적을 충분히 달성할 수 있도록 조장하는 직업행위의 사회적 공인규범이다. 직업윤리를 이해하는 데는 두 가지 측면을 고려해야 하는데, 우선은 모든 직업에 공통되는 윤리, 즉 모든 직업인에게 일반적으로 요구되는 직업인의 일반윤리다. 가령 직업의 구별 없이 보다 근본적으로 직업상의 정신이나 태도, 혹은 기질 등이 요구되는데, 이때의 직업윤리는 엔지니어라고 해서 특별할 것은 없다. 한편 각 직업이나 직무에 따라 요구되는, 그 직업의 특수성에 따른 특정한 윤리적 내용이나 덕성이 있다(조남두, 2010: 3~4). 즉 우리 사회의 다양한 직종에 종사하는 사람들에게 요구되는 각기 다른 행동기준과 그들에게 기대되는 다양한 사회적 규범들이 있다. 따라서 직업윤리로서의 공학윤리는 여타의 다른 직업과는 차별화되는 공학만의 독특한 성격에서 비롯하기 때문에 엔지니어로서 요구되는 업무의 고유한 성격과 역할을 살펴보는 것이 무엇보다도 중요하다.

예를 들어 비교적 자율적인 환경에서 환자 개인과의 관계 속에서 스스로 의사결정의 주체가 되는 의사와는 달리, 엔지니어 대부분은 거대 조직 내 피고용인의 신분으로 일하고 있으며, 때때로 피고용인으로서의 의무와 공공의 이익이라는 가치 사이에서 갈등한다. 이처럼 경제적 성과를 무엇보다도 우선시하는 조직 내에서 개별 행위가 아닌 협력 행위의 성격을 갖는 공학 활동을 수행하는 엔지니어는 자칫 자신의 의무에 소홀함으로써 실수나 부주의로 이어질 수 있고, 자신의 의도에서 벗어나는 결과를 초래할 수도 있다. 이것이 곧바로 우리 사회에 큰 피해를 주는 사건사고로 이어지기도 한다. 그러므로 엔지니어는 이러한 공학 행위의 특징을 잘 고려해서 당장의 직접적인 결과뿐만 아니라 그 장기적인 영향력에 대해서도 숙고할 수 있어야 한다. 이는 자신의 공학 활동을 전반적으로 기획할 때, 미래에 대한 조망까지도 필요하다는 것을 의미한다. 이와 관련해서 국제공학연맹(International Engineering Alliance, IEA)에서 '졸업생의 소양과 전문적 능력(Graduate Attributes and Professional Competencies)'에 대한 규정에 명시된 공학의 특성에 주목해볼 만하다.[11]

11 전문은 다음을 참조할 것. http://www.washingtonaccord.org/IEA-Grad-Attr-Prof-Competencies.pdf

> 공학은 사람들의 욕구를 충족시키는 일과 경제적 발전에, 그리고 사회가 필요로 하는 서비스를 공급하는 데 필수적인 활동이다. …… 공학 활동은 이익을 산출하지만 잠재적으로 반대 결과 즉 해악도 품고 있다. 그렇기 때문에 공학은 책임과 윤리의 토대 위에서 수행되어야 하고, 이용 가능한 자원을 효율적으로 활용해야 하고, 경제적이어야 하고, 공공의 건강과 안전을 보호해야 한다. 또 공학은 환경에 대한 건전하고 지속 가능한 관계를 유지해야 하며 그것이 만드는 시스템의 존속 기간 전체에 걸쳐 일반적 위험관리를 수행해야 한다.

이 서문은 IEA가 공학을 바라보는 관점을 잘 보여주고 있다. 그들에 의하면 공학의 존재 의미를 충실히 실현하기 위해서는 그것이 가져다주는 이익과 더불어 잠재적 해악까지도 균형 있게 고려해야 한다는 것, 또 개별 과제가 부여하는 직접적 목표와 함께 인간과 사회, 그리고 자연에 대한 윤리적 관계를 염두에 둘 것을 제안하고 있다.

따라서 엔지니어는 인류의 삶과 발전이라는 거시적 맥락에서 공학 활동이 차지하는 비중을 생각할 수 있어야 한다. 즉 공학이 인간의 삶에 끼치는 심대한 영향과 의미를 성찰해봄으로써, 그 활동의 중심에 서 있는 엔지니어라는 직업의 중요성과 책임감을 이해하고 전문직업인으로서 자긍심을 고취시켜 나가야 한다는 의미다. 여기에 바로 공학윤리의 핵심이 있다. 이로써 공학윤리는 엔지니어로 하여금 공학의 세계와 공학이 속해 있는 더 넓은 세계를 연결해주는 훌륭한 통로로서 그 역할을 담당할 것이다.

개념 읽기 1 과학 · 공학

과학(science)이란 말은 '지식', '알다'라는 뜻의 라틴어 'scientia(스키엔티아)'에서 비롯한다. 그래서 과학은 넓은 의미에서 지식, 특히 신뢰할 만한 지식이라는 의미를 함축하는데, 그러한 점에서 '학문'이라는 말과 유사한 성격을 지닌다. 그러나 실제적으로 과학은 학문이라는 용어에 비해 다분히 제한된 의미로 사용된다. 즉 철학, 종교, 예술 등 일반적인 학문을 의미하는 것으로서의 과학과는 구분하여 좁은 의미로 '자연과학'을 뜻한다. 이와 관련해서 미국과학진흥회(American Association for the Advancement of Science, AAAS)에서 발행하는 《사이언스(*science*)》는 과학이란 "체계적이고 합리적인 방법을 통하여 자연이나 자연현상을 대상으로 원리나 법칙을 탐구하는 과정 혹은 그 과정에서 얻어지는 지식"이라고 정의한다. 이때 과학자(scientist)는 자연물이나 자연현상에 대해 새로운 사실을 발견하고 귀납적인 방법을 통해 발견된 사실로부터 법칙을 도출하며, 도출된 법칙으로 결과를 예측한다.

이에 비해 **공학**(engineering)은 '영리한 생각' 또는 '발명'이라는 뜻의 라틴어 'ingenium(인게니움)'에서 유래한 것으로, 로마 군대가 성벽이나 성문을 파괴하기 위해 사용한 군장비, 가령 투석기(投石器), 부교(浮橋), 공격용 탑과 같은 장치들을 의미했다. 이때 이런 장치를 설계하거나 고안하던 병사를 'ingeniators(인제니에이터)'라고 불렀는데 이것이 오늘날의 'engineer'로 발전하였다. 이처럼 공학은 군사 분야에서 활용되던 기술이나 장비를 일컫다가 근대 이후에는 교량이나 건축, 기계 제작 등 오늘날의 토목 · 건축 기술과 관련된 일에 종사하는 민간 기술자(civil engineer)들의 활동이나 이들을 양성하는 교육프로그램과 관련되기 시작하였다.

이렇듯 과학과 공학은 각기 다른 영역의 학문이다. 물론 공학이 기술을 이용하여 과학적 지식을 실질적으로 적용한다는 측면에서는 과학과 어느 정도 밀접한 관계가 없는 것도 아니지만 두 학문 간에는 분명한 차이가 있다. 특히 과학과 공학의 종사자들 사이의 특징을 비교해보면 둘의 차이가 좀 더 분명하게 드러난다.

우선 과학자는 자연현상을 연구하여 그 원인이나 원리를 찾으려고 노력한다. 반면에 공학자는 문제를 해결하는 방법을 찾거나 현재의 해결책보다 더 나은 방안을 찾으려고 노력한다. 그리고 과학자는 자신의 연구에 대해 윤리적인 문제에서 상대적으로 자유롭지만, 공학자는 윤리적인 문제에서 결코 자유로울 수 없다. 과학자는 자연계 대상에 대한 탐구를 목적으로 하지만 공학자는 현실사회에 적용을 목표로 하기 때문이다. 요컨대 과학자들은 앎(to know)을 추구하고, 공학자는 실행(to do)을 추구한다.

2) 공학윤리의 등장 배경

공학윤리 논의의 기원은 공학윤리강령이 제정되던 1900년대 초까지 거슬러 올라간다. 1910년 영국토목공학협회가 역사상 최초로 윤리강령을 채택하였고, 1911년에는 미국컨설팅엔지니어협회, 1912년에는 미국전기공학협회가 이를 뒤따랐다. 그런데 당시의 윤리강령은 엔지니어의 사회적 · 윤리적 책임에 대한 깊은 성찰보다는 엔지니어들 사이에 업무상 관계를 맺는 방식에 대한 비즈니스계의 에티켓을 강조하는 측면이 두드러졌다. 예를 들면 '가격을 가지고 서로 주문받으려고 경쟁하지 마라', '광고하지 마라', '미리 허락도 받지 않고 동료의 작업을 관찰하지 마라' 등의 예의 바른 영국 신사다운 모습을 엔지니어로 하여금 갖추도록 권고하였다(새뮤얼 C. 플러먼, 2007: 144). 이처럼 초창기 윤리강령에서는 주로 엔지니어의 사회적 정체성을 확립하거나 서로의 권익을 보호하려는 노력을 보여주었다.

그러다 20세기 중반 제2차 세계대전의 종식을 알린 단 두 발의 원자폭탄은 그야말로 과학기술이 가진 힘을 극적으로 보여주었다. 이는 과학기술자들로 하여금 사회적 책임에 대해 진지하게 생각하고 집단적으로 행동하는 계기로 작용하였다. 때마침 발발한 제2차 베트남전쟁으로 인한 반전운동이나 환경운동 등이 본격적으로 전개되면서 과학기술에 대한 강한 비판의식이 대중과 지식인 사이에 급속히 확산되었다. 이러한 사회적 분위기가 조성되면서 공학윤리에 대한 구체적 논의가 1970년대 말 미국을 중심으로 본격적으로 이루어진다.

특히 1978년에서 1980년까지 2년 동안 미국 정부의 후원하에 '철학과 공학윤리 국가 프로젝트(National Project on Philosophy and Engineering Ethics)' 사업이 시작되어 1979년, 1982년, 1985년에 전국 규모의 세미나가 개최됨으로써 철학, 공학, 사회과학, 법학, 경영학 등을 융합한 학제간

연구인 '공학윤리'의 본격적인 시작을 알렸다. 이러한 여세를 몰아 1987년 미국의 전문엔지니어협회(National Society of Professional Engineers, NSPE)가 엔지니어윤리강령을 채택하였다. 그리고 1996년부터 미국의 엔지니어 및 조사요원 국가인증위원회(National council of Examinations for Engineers and Surveyors, NCEES)[12]는 공학과 관련된 국가인증시험 내용 중에서 5%를 공학윤리에 할애하였다. 더욱이 공학교육을 인증 · 평가하는 공학기술인증원(Accreditation Board for Engineering and Technology, ABET)[13]에서 2000년도부터 적용하고 있는 미국 공학교육 인증기준(Engineering Criteria 2000, EC2000)에 따라 공학윤리 수업의 실시 여부와 수준이 공학교육을 평가하는 기준으로 채택되었다.[14] 그 내용에 따르면 장차 공학 현장에 진입할 미래 엔지니어들에게 전문 영역인 공학 외에 창의성이나 팀워크, 직업적 · 도덕적 책임 그리고 효율적 의사소통 등을 위한 인문적 · 사회적 소양을 갖출 것을 요구하고 있다.

이러한 세계적인 추세에 발맞추어 1999년 8월에 한국공학교육인증원(Accreditation Board for Engineering Education of Korea, ABEEK)이 결성되어, 우리 역시 공학교육의 발전과 수준 향상을 위해 공학교육 프로그램을 인증하고 있다.[15] 물론 ABEEK 태동 단계에서는 ABET을 모델로 삼아 출범했지만, 10여 년이 지난 현재(2013년 5월) 83개 대학에 500개를 상회하는 프로그램이 인증을 받았다. 무엇보다도 2005년에 국제적 공학교육인증인 '워싱턴어코드(Washington Accord, WA)'[16]에 준회원 가입을 이루고, 2년 만

12 http://ncees.org/

13 http://www.abet.org/

14 전문은 다음을 참조할 것. http://www.abet.org/uploadedFiles/Publications/Special_Reports/EngineeringChange-executive-summary.pdf

15 http://www.abeek.or.kr/htmls_kr/index.jsp

16 http://www.washingtonaccord.org/Washington-Accord/Washington-Accord-

인 2007년 정회원(signatory member)으로 승격되어 국내 공학교육의 품질이 세계적으로 인정받는 데 기여하였다.[17] 이제 세계의 엔지니어와 어깨를 나란히 하는 ABEEK의 공학인증기준(KEC2000, KEC2005)에서도 공학윤리 교육을 암시적으로 의무화하는데, 특히 전문직업인으로서 엔지니어가 지녀야 할 윤리적 책임의식, 공학적 실무능력의 중요 요소로 윤리적 고려와 판단능력을 명시하고 있다. 이로써 공학윤리는 공학 소양교육의 주요 분야로 점차 자리 잡아가고 있다.

Overview.pdf

17 '워싱턴어코드'는 미국, 영국, 호주, 캐나다, 뉴질랜드, 아일랜드 등 6개 국가에서의 공학교육프로그램(Professional engineering degree program)의 인증을 담당하는 기관들 사이에 1989년에 맺은 협약으로서 '실질적으로 동등한(substantial equivalency)' 공학교육을 보장하기 위한 '상호 인증(mutual recognition)'이다. 즉 자국을 대표하는 공학교육 인증기관이 인증한 공학교육 과정을 회원국인 다른 나라에서도 똑같이 인증하기로 회원국들이 서로 합의한 것이다. 공학교육의 품질 수준을 인증해주는 일종의 세계적인 '품질인증 마크'인 셈이다. 따라서 가입을 위해서는 엄격한 심사 과정을 거쳐야 한다. 우선 자국에 독자적인 공학교육 인증기관이 있어야 하고, 인증의 공신력과 절차의 타당성에 대해 정회원국 중 최소 2개 국가의 검증을 받고 난 뒤에야 2년마다 열리는 회원국 대회 때 가입 신청을 할 수 있다. 여기서 회원국 3분의 2 이상이 찬성을 해야 겨우 준회원국이 된다. 회원국이 되는 것은 더욱 어렵다. 강도 높은 인증평가 이후, 워싱턴어코드 대회에서 회원국들이 만장일치로 가입을 찬성해야 한다. 1995년 홍콩, 1999년 남아프리카공화국, 2005년 일본, 2006년 싱가포르, 2007년 대만과 우리나라, 2009년 말레이시아, 2011년 터키, 2012년 러시아의 가입으로 현재 15개 정회원국이 있고 방글라데시, 독일, 스리랑카, 인도, 파키스탄, 중국, 필리핀 등 7개의 준회원국이 있다.

개념 읽기 2 공학기술인증원

공학기술인증원(Accreditation Board for Engineering and Technology, ABET)은 미국 공학교육 인증제도로서 대학과 대학의 전공 프로그램이 양질의 교육을 제공하기 위한 최소 기준을 제시하고 이에 부합한 대학과 대학의 프로그램을 인증하는 제도다. 1932년 뉴욕에서 설립된 '전문직 개발을 위한 엔지니어위원회(Engineers Council for Professional Development, ECPD)'에서 유래한 ABET는 학위를 목적으로 하는 공학교육 프로그램의 인증을 담당하는 미국 유일의 기관이다.

ABET는 2000년도부터 'Engineering Criteria 2000(EC2000)'이라는 혁신적인 인증 기준을 채택함으로써, 공학교육에 큰 전환점을 맞이하였다. 특히 교과과정에 실질적인 변화를 시도하는데, 이 기준에 의하면 이제껏 공과대학에서 전적으로 가르쳐오던 내용과 함께 그동안 부차적으로 가르친 소양교육을 똑같이 강조하여, 이들 내용들을 서로 융합하여 구분 없이 연계시켜 나갈 것을 핵심 전략으로 하고 있다. 이 같은 교육과정을 통해 ABET는 프로그램의 성과 및 평가와 관련해서 공학 프로그램을 이수한 졸업생들이 다음과 같은 능력을 겸비할 것을 요구한다.

(a) 수학, 공학 및 과학 지식을 응용할 수 있는 능력 (b) 실험을 계획하고 수행할 수 있는 능력, 자료를 해석하고 분석할 수 있는 능력 (c) 요구된 필요조건에 맞추어 시스템과 요소, 절차를 설계할 수 있는 능력 (d) 융합 · 복합 학제적 팀의 구성원으로서 협동할 수 있는 능력 (e) 공학문제를 규명하여 공식화하고, 이를 해결할 수 있는 능력 (f) 직업적 · 도덕적 책임에 대한 이해 (g) 효과적으로 의사를 전달할 수 있는 능력 (h) 공학의 사회 및 세계에 대한 영향력을 이해할 수 있도록 하는 폭넓은 교육 (i) 평생교육의 필요성에 대한 인식과 참여할 수 있는 능력 (j) 시대적인 관심 주제들에 대한 지식 (k) 공학 실무에 필요한 기술과 방법 및 현대적인 공학 도구를 사용할 수 있는 능력 등이다.

위에서 언급된 11가지 항목 중 절반 이상은 그동안 공학 관련 전문지식의 영역에 직접 포함되지 않았던 인문적 · 사회적 소양이 필요한 능력이다. 이제 엔지니어는 단순한 기술자(technologist)가 아니라 기술과 인간, 혹은 기술과 세계를 이어줄 수 있는 능력을 요구받고 있다. 이는 엔지니어로 하여금 공학 활동의 영향력에 대한 충분한 이해와 더불어 인간과 사회에 대한 근본적인 물음을 통해 원활한 사회적 소통의 자질을 갖출 것을 강조하고 있다.

3) '예방윤리'로서의 공학윤리

공학의 전공분야는 다양하다. 공과대학생들이 수강하는 전공과목도 다양하고 교양과목도 그러하다. 그러나 실제 학생들은 일부 전공과 영어 공부에 파묻혀 살아간다. 이들이 공학의 진정한 가치와 의미에 대해서 혹은 예비 엔지니어로서 사회적 책임에 대해서 고민한다는 것이 다소 비현실적으로 보이기도 한다. 다음은 국내 한 공학 전공 학과를 소개하는 내용이다.

> 본 전공의 교과목은 전자기학, 제어이론, 로봇공학, 마이크로프로세서, 신호처리, 컴퓨터프로그래밍, 전력전자, 정밀측정 등을 포함하고 있으며, 본 전공의 교과목은 학생들이 실제 산업 현장에서 활용할 수 있는 실용적이고 실제적인 지식과 능력을 갖출 수 있도록 하는 데 주안점을 두고 구성되어 있다. 본 전공의 교수진들은 산업용 로봇제어, 제어이론 및 응용, 영상처리, 디지털제어기 개발, 전동기제어, 항공기제어, 지능제어 등의 다양한 분야에서 걸쳐 연구를 수행하고 있다.

위의 전공 교과목 소개에서 알 수 있듯이, 공학교육은 현실적인 이유로 인해 공학적 지식교육과 실습에 치우쳐왔다. 다른 공학 전공분야들도 이와 사정이 크게 다르지 않다. 부인할 수 없는 오늘날 우리 공과대학의 현실이다. 그러나 공학의 산물들이 정신적 · 물질적 차원에서 인류의 삶과 복지에 미치는 영향력을 고려해볼 때 장차 엔지니어에게 요청되는 올바른 인간관과 세계관의 정립을 위한 노력 역시 결코 소홀해서는 안 된다. 무엇보다도 기술과 인간, 혹은 기술과 세계를 이어줄 엔지니어로서 공학 활동의 사회적 의미를 충분히 숙고할 수 있어야 한다. 그렇다면 어떤 적절한 방법으로 예비 엔지니어, 공과대학생들에게 공학과 사회의 상호작용에 대해 사고할 수 있는 기회를 제공해줄 수 있을까? 도대체 어떻게 그들에게 사회적 책임감을 일깨워줄 수 있을까?

그동안 국내외에서 경험한 수많은 공학적 실패 사례에 대한 윤리적 반성과 성찰은 유사한 참사들에 대응할 수 있는 값진 교훈을 준다. 이러한 맥락에서 공학적 참사들에 내재된 윤리적 오류들을 분석하고 고찰하여 미래에 그런 오류를 반복하지 않도록 예방할 수 있는 '예방윤리(preventive ethics)'로서의 공학윤리 교육이 요청된다. 예를 들면 의학의 한 분과인 '예방의학(preventive medicine)'에서도 이와 유사한 성격을 발견할 수 있다. 심각한 질병에 걸리기 전 합리적인 예측을 통해 미리 돌봄으로써 질병을 예방하여 더 심각한 의학적 개입의 필요를 최소화시키는 것과 같이 공학윤리에서도 이후의 더 심각한 위기를 피할 수 있도록 가능한 행동의 결과들을 예방할 수 있는 교육의 기회가 제공되어야 한다. 이는 확실한 과학적 증거나 정보가 부족하더라도 인간의 생명이나 건강, 안전 그리고 환경에 심각한 손상이나 위협이 될 가능성을 미리 염려하고 대비함으로써, 엔지니어 스스로 책임 있는 예방적 조치를 취해야 함을 강조하는 것이다.

요컨대 윤리적 성찰이나 도덕적 합리성이 결여된 공학적 결정이 우리 사회에 미치는 파급력을 앞서 경험함으로써 공학 활동이 인류 발전 과정에서 차지하는 비중과 엔지니어라는 직업이 가지는 중요성을 깊이 인식할 수 있는 기회를 제공해주어야 한다. 이러한 기회는 자신이 속한 조직에서 종종 부딪치는 개별적인 갈등 상황에서 윤리적 숙고와 판단의 능력을 함양하기 위한 중요한 계기로 작용할 것이다. 나아가 공학 활동이 인간과 사회 그리고 자연, 혹은 세계와의 관계 속에서 어떻게 실현되어야 할지를 숙고함으로써 도덕적 주체자로서의 자율성을 갖춘 엔지니어로 성장하기 위한 발판이 될 것이다. 이것이야말로 이 시대에 요청되는 공학윤리가 지향하는 바이다.

개념 읽기 3 사전예방원칙

사전예방원칙(precautionary principle)은 공중의 건강이나 생명 또는 환경에 대한 위험 요소(risk)가 존재하는 경우 그 결과의 발생에 대해 과학적으로 불확실하더라도 미리 예방조치가 취해져야 한다는 원칙을 말한다. 즉 복구할 수 없는 중대한 손해의 우려가 있다면 원인과 결과 간의 과학적 확실성이 증명되지 않더라도 위해(危害)를 방지하기 위한 조치를 미루어서는 안 된다는 것이다.

1970년대 독일은 산성비, 지구온난화, 북해의 오염 등에 대처하기 위해 적극적인 환경정책을 추진하면서, 이때 규제를 위한 근거로 "예견", "배려" 또는 "주의"를 뜻하는 "Vorsorge"의 원칙을 도입한다. 그 당시 울창한 산림들이 특별한 이유 없이 파괴되어가자 독일 정부는 그 원인이 산성비와 관련 있다는 과학적 인과관계가 밝혀지지 않았음에도 화력발전소의 배출가스를 감축하도록 조치하였다. 이것이 사전예방원칙의 시초라 할 수 있다.

그리고 1982년 유엔은 자연에 관한 세계헌장을 결의하면서, 제11조에 예방에 관한 현대적 개념에 기초가 되는 두 가지 지침을 포함시킨다. 이후 1987년 북해 보호에 관한 제2차 국제회의에서 "매우 위험한 물질에 의한 손해의 결과에서 북해를 보호하기 위해서는 절대적으로 명백한 과학적 증거에 의하여 인과관계가 입증되기 전이라도, 그와 같은 위험물질의 유입에 대한 규제 조치를 요구하는 사전예방적 접근방식(the precautionary approach)이 필요하다"고 선언하면서 국제 협약에서도 사전예방의 원칙을 채택하기 시작했다.

그러다 범세계적인 차원에서 이 원칙이 도입된 것은 지구환경보호에 관한 기본 원칙을 선언한 1992년의 '환경과 개발에 관한 리우선언'에서부터였다. 당시 유엔환경개발회의(UNCED)는 독일을 비롯한 서유럽 국가들의 제안에 따라, 리우선언 원칙 15에서 "환경을 보호하기 위해 각국은 그 능력 범위 안에서 사전예방적 접근을 광범위하게 적용해야 한다. 회복할 수 없는 중대한 피해를 주는 위협이 있는 경우에는 과학적 확실성이 부족하다고 해서 환경 파괴를 막을 수 있는 비용적 · 효과적 조치를 미루어서는 안 된다"고 선언하였다.

이처럼 리우선언에서 사전예방원칙이 환경보호에 관한 기본 원칙의 하나로 채택된 이후, (물론 그 내용적 불확실성과 법적 지위에 대해 논란이 있기는 하지만) 영 · 미를 비롯하여 호주, 캐나다, 뉴질랜드 등 여러 국가에서 이 원칙을 입법화해 나가고 있다.

개념 읽기 4 윤리학

윤리학(ethics)은 '에토스(ethos)'라는 그리스어에서 유래하였다. 에토스는 애당초 인간이 체류하는 곳, 주거지 등을 의미하다가, 그러한 장소에서 익숙하게 나타나는 성격, 습관, 풍속과 관습을 모두 포함하게 되었다. 이처럼 에토스는 개인의 고유 성품에서 시작해서 그 범위가 점차 확대되어 민족 · 사회공동체의 관행이나 관례, 혹은 풍속과 관습 등을 일컫게 되었다. 이후 에토스라는 말은 도리나 예절 등을 의미하는 라틴어 '모레스(mores)'로 번역된다. 따라서 윤리(ethic)와 도덕(moral)은 서로 엄격하게 구분하기 어렵다. 그러나 오늘날 도덕은 대체로 인간행위를 규제하는 것의 총칭을 의미하는 반면, 윤리학은 도덕에 관한 학문, 혹은 도덕의 타당성을 비판적으로 연구하는 철학의 분과학문을 의미한다.

인간의 삶은 선택의 연속이다. 아무런 선택을 하지 않는 삶도 이미 하나의 선택, 즉 아무것도 선택하지 않겠다는 선택이다. 이처럼 끊임없이 무엇인가를 선택하고 결정해야 하는 것이 바로 인간의 운명이다. 이때 '내가 선택한 행위는 옳은가?', '내가 행위를 선택하는 도덕적 기준은 무엇인가?' 혹은 '도대체 왜 도덕적인 행위를 해야 하는가?'라는 등의 물음이 따라올 수밖에 없다. 이러한 물음에 대답을 찾고자 하는 것이 바로 윤리학의 과제이다.

생각 읽기 1

1–1 과학기술이 인간의 삶에 미치는 긍정적인 부분과 부정적인 부분을 구체적인 예를 들어 설명해보자.

1–2 도대체 공학윤리를 '왜' 배워야 하는가? 공학윤리의 필요성과 그것의 바람직한 교육 방향에 대해서 각자의 생각을 발표해보자.

2

전문직과 엔지니어

3강

전문직과 엔지니어 윤리강령

학습목표

- 전문직의 의미와 특징을 이해함으로써 우리 사회에서 전문직의 역할과 책임을 확인한다.
- 전문직 종사자로서 엔지니어의 가치관과 직업윤리의식을 이해한다.

1. 공학은 전문직인가?

우리는 보통 처음 만나는 사람에 대해서 알려고 할 때, "무슨 일을 하십니까?"라고 묻곤 한다. 그 사람이 하는 일에 따라서 그의 가치관, 혹은 그의 삶의 방식을 알 수 있다고 생각하기 때문이다. 때로는 직업을 통해서 그 사람의 삶의 질마저 판단할 때도 있다. 이렇듯 개인에게 직업 활동은 자신의 생계를 유지하기 위한 중요한 수단이 될 뿐만 아니라 그것을 통해 사회적 지위를 획득하기도 하고, 나아가 자신의 꿈과 이상을 실현하는 과정이나 기회가 되기도 한다. 우리 사회 역시 각 개인의 직업 활동을 통해서 유지·성장·발전해 나간다. 이처럼 직업은 개인이나 사회에 없어서는 안 되는 불가결의 요소이며, 개인과 사회를 연결해주는 가교의 역할을 한다(조남두, 2010: 18).

현대사회에는 직업의 종류가 매우 다양하다. 사회에 필요한 재화나 서비스 등이 세분화될수록 분업적 · 전문적으로 행해지고, 각각의 일의 성과들이 상호 교환 · 공유됨으로써 전체 사회의 원활한 영위에 이바지한다. 그렇다면 공학 관련 직종은 과연 어떤 직업인가? 공학에 종사하는 엔지니어는 우리 사회에 어떤 기여를 하고 있으며, 그는 무엇을 성취해 나가고 있는가?

이를 알아보기 위해서 전문직과 관련된 내용을 먼저 살펴볼 것이다. 특히 그것의 역사적 맥락을 쫓아가면서 보다 구체적으로 공학과 엔지니어의 정체성을 드러내고, 이러한 과정을 통해 우리 사회에서 엔지니어의 위치와 역할을 확인할 것이다.

1) 전문직, 어떤 직업인가?

전문직(profession)은 직업의 일종이다. 이때 직업이라는 말은 사회적 지위나 위상을 나타내는 '직(職)'과 생계, 생업을 의미하는 '업(業)'으로 이루어진 합성어이다. 서구에서 직업을 표현하는 말로는 'occupation(영)', 'profession(불)', 'Beruf(독)' 그리고 라틴어 vocatio에서 유래한 'vocation(영)'과 'calling(영)' 등이 있다. 먼저 occupation은 '장소를 점유'하여 수입을 얻을 목적, 즉 대가로 경제적 이득이 반드시 고려되어야 하는 일을 말한다. 이는 생계를 위하여 사회 성원이 각자의 역량을 발휘, 일정한 일에 지속적으로 종사하여 보수를 받는 활동이다. 한자어의 업(業)에 가까운 말이다. 반면에 profession은 노동력과 교환되는 임금보다는 그 일이 지니는 사회적 지위나 위상 혹은 책임을 강조하는 말이다. 한자어의 직(職)이라는 의미와 유사하다. 그리고 vocation은 '불림'을 의미하는 'Beruf'나 'calling'과 관련되는 말로, 신의 부름 또는 소명을 받은 일이라는 의미가 함의되어 있다(이관춘, 2005: 55~56). 예를 들어 '교사는 천직(天職)이다'라는 표현에서 바로 vocation의 의미가 사용되었다. 이처럼 직업을 나타낸다는 점에서는 이들 용어가 모두 유사하지만 강조점에서는 의미하는 바가 조금씩 다르다.

한편 어원학적으로 '대중 앞에서 선언하다', '고백하다'라는 뜻을 가지고 있는 profession은 고대 프랑스어인 'profess'에서 유래한 것이다. 이는 'pro(publicly)'와 'fess(to confess)'가 결합되어 '공공연히 말하다' 혹은 '신앙고백하다' 등의 의미로 사용되었다. 특히 종교적 질서에 대한 수도사의 맹세나 고백 혹은 종교에 귀의(歸依) 등의 활동과 밀접한 관련이 있는데, 여기에는 동료들 앞에서 신에게 서원(誓願)하고 자신의 죄를 고하여 참회하며 주어진 책무(obligation)에 최선을 다하겠다는 의지가 함축되어 있다.[18] 이처럼 다소 종교적 의미의 profession은 16세기에 이르러 특별한 교육과정을 통해 전문지식을 습득한 특정 직업군을 지칭하는 개념으로 옥스퍼드 영어사전(Oxford English Dictionary)에 최초로 기록된다. 철저한 신분제 사회였던 당시 유럽에서는 사회적으로 일정한 신분을 타고난 사람들이 고등교육과정을 이수한 뒤 선택할 수 있는 특수 영역에 속한 직업군이 있었다. 이러한 직업들에 profession이라는 호칭을 부여함으로써 신분과 지위를 다른 사람들과 구분하고자 했다. 그러다 산업혁명을 거치면서 그 의미가 더욱 구체화된다. 특히 장기적이고 집중적인 교육훈련과정이 강조됨으로써 체계적인 고등교육과정의 이수가 필수 요건이 된다. 그리고 profession의 위상을 유지하기 위해서 관련 교육기관에 대한 통제는 물론이고 구성원들의 자질

---

18 성직자나 법률직, 그리고 의료직에 종사하는 이들은 자신들의 직업의식과 윤리에 충실하겠다는 엄숙한 '선서 의식'을 반드시 치러야 한다. 즉 이들에게는 엄정한 직업윤리가 요구되며, 이 기준에서 일탈할 경우 자신들의 직업에서 축출되거나 사회적으로 매장을 당하는 가혹한 처벌이 뒤따르기도 한다. 이러한 원칙은 현재까지 이어져 전문직을 규정하는 필수조건으로 반드시 윤리강령이 포함된다.

스스로의 권익을 보호하기 위해 결성된 중세 수공업자의 동업조합인 길드 내에서는 일정 기간 엄격한 도제교육을 받음으로써 단계적으로 숙련된 수공업자가 될 수 있었다.

과 능력을 통제할 제도의 필요성까지 제기된다. 이처럼 profession은 신분과 지위를 상징하던 초기의 개념에서 직업적 전문지식과 교육과정 그리고 구성원에 대한 통제를 강조하는 개념으로 변화해왔다.

전문직 제도의 기원에 관한 의견 역시 분분하나 중세 유럽 사회의 상공업자 동업조합인 길드(guild)에서 출발했다는 주장이 가장 유력하다. 원래 길드는 동업자 간의 평등을 바탕으로 공동이익과 친목을 도모하기 위한 공제조합(共濟組合)이었지만 점차로 규율적인 성격으로 변해갔다. 가령 제품의 질이나 양, 매매가격, 그리고 영업시간 등을 엄격하게 통제하기 위한 기준과 규칙을 만들었고, 고용 · 임금 혹은 직업교육에서도 길드는 독점적인 권리를 행사했다. 심지어 모든 조합원들에게 적용되는 것이 아니라면 새로운 발명이나 발견마저 규제했다. 사실 길드의 회원이 아니면 도시에서 상업이나 수공업과 관련된 그 어떠한 활동도 불가능할 정도였다. 이는 한편으로는 기술이나 제품의 품질 향상을 도모해 동업자끼리 과도한 경쟁을 방지함으로써 직업상의 영리활동을 원활히 하기 위함이고, 다른 한편으로는 동업자끼리의 여러 특권을 보호하고 권위를 유지하기 위해서였다.

이 같은 조직 목적을 달성하기 위하여, 특히 수공업자 길드는 상인 길드와 달리 계층적 신분제도를 유지하였다. 즉 도제(徒第, the apprentices), 직인(職人, the journeymen), 장인(匠人, the master craftmen) 등 세 계급으로 구분하여 각기 신분에 따라 훈련 기간과 자격 요건, 자격 심사 등을 엄

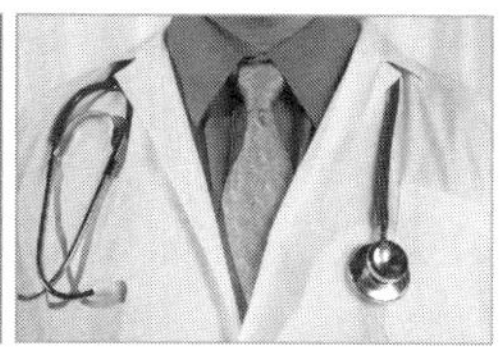

전통적으로 전문직 범주의 직업군에는 성직자나 법조인, 혹은 의료인이나 학자 등이 포함되었다. 그러나 오늘날 전문직의 범주는 고정되어 있지 않고, 매우 유동적으로 변화되어 나간다.

격히 규정하였다. 수련공인 도제는 장인과 함께 생활하면서 보통 7년의 견습 기간을 거쳐 직인으로 신분상승이 가능했는데, 훈련 동안에는 의식주 외에는 어떠한 보상도 없었다. 이때 장인은 도제의 작업뿐만 아니라 도덕과 규율까지도 감독하였으며, 도제는 장인의 명령에 무조건 절대복종했다. 직인이 되면 장인에게 급료를 받으면서 본격적으로 기술을 연마하거나 각지를 다니면서 일거리를 찾기도 하였다. 이런 5~6년의 직인 생활을 마치고 자신이 그동안 연마한 기술을 증명할 작품, 즉 '마스터피스(Masterpiece)'를 조합에 제출하여 시험에 통과하면 비로소 장인이 될 수 있었다(손영호, 2008: 149).

요컨대 중세의 길드는 도제의 엄격한 훈련기준이나 장인의 숙련된 업무능력 및 직무수행을 자율적으로 통제하면서 그 나름의 전문성을 유지하는 역할을 해왔다. 그러다 근대에 들어와 공장제 제조업이 등장하면서 수공업에 의존하던 길드조직은 붕괴되기 시작했다. 그러나 직업별로 동업자의 행동을 규제하고 이익을 보호하던 제도나 관행, 직업정신 등은 여전히 남아 있어 전문직 형성에 모태가 될 수 있었다.

성직자나 법조인, 혹은 의료인이나 학자 등은 전통적으로 전문직 종사자로 인정받아왔다. 그런데 산업화가 진행되면서 노동의 분화가 촉진되어 신종 직업들이 속속 등장하기 시작하였다. 직업의 종류와 기능이 점점 다양하고 복잡해지면서, 업무에 요구되는 지식 또한 세분화되어 전문직의 범위는 더욱 확대되어 나갔다. 가령 이제는 언론인이나 전문경영인, 그리고 예술가 등도 고도의 전문성을 요구하는 직업인으로 인식되고 있다. 이처럼 사회가 발전함에 따라 전문직의 범주는 고정되어 있지 않고 매우 유동적으로 변화되어 나간다.

그런데 이러한 변화 속에서도 그동안 전문직으로 분류된 직종들은 다른 일반 직업군과 구별되는 일련의 특징을 가짐으로서 '집단적 정체성'을 유지해왔다. 즉 전문직에 소속된 구성원들은 자신들의 직업에 대한 다음의 사회적 성격을 통해 공유된 가치관을 형성했다(C.E. Harris 외, 2005: 11~13).

첫째, 전문직은 지적·기술적 훈련을 필요로 한다. 이때 전문가의 지식과 기술훈련은 이론체계에 근거해야 하며, 그 이론적 토대는 공식적인 과정을 통해 달성해야 한다(특히 전문가에게는 실제적 기술보다 이론적 내용이 우선이다). 전문직에 종사하는 사람은 보통의 경우 심화된 교육과 훈련의 과정을 거침으로써 고도로 전문화된 지식과 기술을 획득한다. 따라서 전문직을 준비하는 것은 고등교육기관이나 전문가 양성기관의 공식적인 교육훈련을 통해 상당한 체계적 이론을 갖추는 것을 기본으로 하고 있다. 이로써 특정한 문제에 대해 신중하고 명석하게 판단할 수 있는 능력을 함양한다.

둘째, 전문직은 우리 사회의 공공 이익이나 선을 위해 중요한 서비스를 제공한다. 한 사회가 특정한 조직에 전문직이라는 지위를 부여하는 것은 바로 그 조직의 구성원들이 개인적인 이익을 넘어 공익 증대를 위해 자신들의 능력을 발휘해줄 것을 기대하기 때문이다. 그 결과 전문직은 다른 직업에 비해 더 높은 차원의 사회적 책임감이 요구된다. 이와 관련해서 미국토목엔지니어협회(American Society Civil Engineers, ASCE)의 W. 와이즐리(William H. Wisely, 1906~1982)[19]가 강조하는 내용은 시사하는 바가 크다.[20]

---

19 와이즐리의 간략한 약력은 그의 부고가 실렸던 다음의 《뉴욕타임스》 기사(1982.11.08)를 참

공중의 이익에 최우선을 다하는 의무는 전문가 제도의 핵심이다. 이와 같은 사명이 없으면 특별한 지식체계의 대표자로서 사회의 엘리트를 추구하는 전문가 집단의 노력은 그 지식체계가 아무리 정교하고 열렬히 추구될지라도 하찮고 이기적인 몸짓에 불과하다.

셋째, 전문직은 서비스 제공에서 독점성을 가진다. 전문직 활동은 국가나 협회 등이 공인한 자격 또는 면허를 소지한 사람에게 한정함으로써 그 독점성이 사회적으로 승인되는 직업이다. 이처럼 전문직에 독점적으로 특권을 부여하는 것은 전문직이 제공하는 서비스의 질을 높이고 일정한 수준 이상으로 유지해야 한다는 사회적 필요성에서 비롯한다. 다시 말해 전문직 종사자의 고유한 자격증이나 면허증제도는 모두 전문적 · 기술적 서비스의 질을 관리하는 데 그 일차적 목적이 있다.

넷째, 전문직은 공식 · 비공식 조직들을 형성한다. 이러한 조직들은 회원의 권리와 의무에 대한 규정인 윤리강령을 만들어 소속 회원들을 자율적으로 규율하고 있다. 전문직은 다른 직업과 달리 서비스를 제공하는 데 사회로부터 상당한 직업적 자율성(occupational autonomy)을 가진다. 즉 스스로의 판단과 결정에 따라서 직무를 수행한다. 무엇보다도 전문직 종사자가 독점적으로 제공하고 있는 지식과 기술은 그 성격상 다른 사람들이 이해하거나 접근할 수 있는 것이 아니다. 만일 자신의 능력을 남용하여 공공의 복리에 반해 사적인 이익을 추구하더라도 외부에서 그 사실을 알아채기

조할 것. http://www.nytimes.com/1982/11/18/obituaries/william-h-wisely-dead-at-76-led-society-of-civil-engineers.html

20 Discussion of "Professional Responsibility of Engineers in Public Works Management" by William H. Wisely (April, 1982). 전문은 다음을 참조할 것. http://ascelibrary.org/toc/jpiedn/110/1

가 쉽지 않다. 이런 까닭에 전문직 종사자의 특권 오·남용을 막기 위해서는 '자율적 규제'에 의존할 수밖에 없다. 그리고 전문직 종사자의 비윤리적 행위에 대해서는 이러한 자율적인 규제가 가장 이상적이기도 하다.[21] 이처럼 조직 내 윤리강령은 상호 도덕적 감수성을 고취시켜 동업자 간의 결속력을 강화시키는 한편, 외부적으로는 전문직업인으로서의 권리와 의무를 공개하여 스스로 자정능력이 있다는 점을 보임으로써 조직의 자율성을 강화할 수 있는 기반으로 작용한다.

요컨대 장기간의 교육훈련과정을 통해 고도의 전문화된 지식과 기술을 획득한 전문가는 직무수행에서 상당한 자율성을 가진다. 즉 외부의 간섭 없이 스스로 통제하고 결정하면서 자신의 역할을 수행해 나간다. 이때 그에게는 명석한 판단력과 분별력이 요구된다. 물론 이에 걸맞은 책임감 역시 요구된다. 또한 전문적 활동은 높은 지적 수준에서 수행되는 활동 유형이자 오랫동안 검증된 연구와 경험의 산물이기 때문에 일련의 지식체계를 갖출 필요가 있다. 이를 위해서는 공식 교육기관을 통해 전문가의 자격을 획득할 수 있는데, 그 자격에는 면허 취득이 요구된다. 이처럼 제한된 기준은 그에게 법적 지위를 부여하지만 다른 한편으로는 사회에 봉사하는 집단의식을 요구하기도 한다. 특히 소수에 의한 독점이라는 직업 특성상 윤리기준 및 윤리강령을 엄격하게 준수해야 한다.

21 물론 국가나 시민단체 역시 전문직 종사자의 비윤리적 행위를 '타율적'으로 규제할 수 있다. 그러나 국가는 위법 행동에 한하여 법적 규제를 가하고, 시민단체는 감시 기능을 수행하는 정도를 벗어나지 않는다. 따라서 전문직 종사자의 비윤리적 행위는 '자율적 규제'가 더욱 이상적이다.

개념 읽기 5 장인정신

장인정신(匠人精神, craftsmanship)이란 자신의 일에 긍지를 가지고 정성을 다해 끊임없이 연구하며 창의적으로 일해 나가는, 그래서 그 일에 정통하고자 하는 철저한 직업정신을 말한다. 이때 이러한 정신을 가지고 평생 동안 한 가지 일에 전념해 뛰어난 기술과 숙련도를 익힌 사람을 장인이라고 한다. 장인은 일을 하나의 인간이 완성되어가는 도(道)로 여겨 자신이 가르치는 도제(徒第)에게 기술뿐만 아니라 일에 임하는 마음가짐과 직업정신, 성실한 인간성까지 요구했다. 물론 자기 스스로도 온 정성을 다해 명작을 만드는 데 일생을 바쳤다. 그는 항상 마음을 깨끗이 하고 자신의 혼을 불태우는 정성으로 심혈을 기울여 일에 몰두하는 것을 가장 큰 보람으로 삼았다.

모름지기 장인은 자신의 종사 분야에서 정통한 기술과 지식을 갖추고 있으면서, 고난과 역경에도 흔들림 없는 불굴의 의지력으로 언제나 최선을 다하는 모습을 보여왔다. 특히 기술에 대한 남다른 자긍심과 철저한 직업윤리의식을 가진 그는 오랜 세월 땀과 노력으로 변함없이 자신의 자리를 지킴으로써 특별한 대우를 받았다.

그런데 규격화된 표준품을 대량으로 생산 · 판매하는 현대 산업사회에서는 장인정신이 현저히 퇴색되어가고 있다. 그렇지만 오직 양적 생산에만 치중한다면 진정 가치 있는 성장을 어떻게 이루어 나갈 수 있겠는가. 신기술이나 다른 분야와의 융복합을 통해 새로운 영역을 창출하고 확장시키는 일 또한 바로 이러한 장인정신의 바탕에서 이루어질 때 그 효과가 극대화되고, 지속가능한 성장을 이루어 나갈 수 있을 것이다. 자신의 분야에 대한 남다른 전문성과 자부심 그리고 투철한 장인정신을 갖춘 직업인이야말로 조직의 경쟁력을 높여 이 시대를 이끌어 나가는 원동력임을 명심해야 할 것이다.

2) 엔지니어, 전문직 종사자인가?

그렇다면 공학은 전문직의 특징을 모두 충족시키는가? 엔지니어는 과연 전문직 종사자로 규정될 수 있는가? 무엇보다도 공학은 숙련된 기술을 필요로 한다. 물론 공학적 수행 과정이 어떤 면에서는 기계적인 반복이나 복제 과정의 성격을 띠기도 한다. 일반적으로 캐드(CAD, Computer-Aided Design)[22]와 같은 소프트웨어가 공학설계에 도움을 주는 것은 사실이지만, 그렇다고 해서 그것이 엔지니어의 숙련된 기술을 대신할 수는 없다. 이는 단지 도구나 수단에 지나지 않는다. 왜냐하면 새롭게 설계하거나 기존 설계를 변경할 때는 엔지니어의 기술이 반드시 필요하기 때문이다. 즉 공학설계 시 특정한 목적을 달성하기 위해 주어진 자료들과 장치들을 어떻게 이용해야 할지에 대한 엔지니어의 신중한 판단과 분별력은 무엇보다도 중요하다. 그리고 공학은 일정한 제도적 훈련과 교육과정을 필요로 한다. 공학 프로그램 학사학위를 받기 위해서는 4년간의 학부 과정이 필수적이며, 그 후에 숙련된 엔지니어의 감독하에 실무 경험을 쌓아야 한다. 무엇보다도 엔지니어의 직업적 활동은 인간 삶의 편리를 도모하는 기술적 시스템, 제품, 공정 또는 서비스를 창출하거나 공급하는 일로서 그 어떤 직종보다 공익에 이바지하고 있다. 또한 다양한 공학의 분야마다 고유한 윤리강령을 갖춘 협회나 단체들이 우리 사회에 이미 조직되어 자신들의 역할을 다

22 캐드는 '컴퓨터 지원 설계(디자인) 또는 제도'로서, '컴퓨터를 활용한 설계 및 설계 관련 작업' 또는 '컴퓨터에 의한 설계 지원 도구(툴)'를 말한다. 캐드는 건축 · 건축기계설비 · 소방설비 · 전기설비 등 건축 및 설비 분야나 도로 · 교량 · 항만 · 조경 등 토목 분야, 자동차 · 항공기 · 선박 · 로봇 · 기계장치 등 기계 분야, 보석 · 섬유 · 포장 · 도구 등 산업디자인 분야, 인테리어나 가구와 같은 실내디자인 분야, 방송 · 광고 · 영화 · 애니메이션 등 산업예술 분야, 군사 · 과학용 시뮬레이션 분야, 가상의 세계를 보여주는 가상현실(VR) 분야 등 우리가 생활하면서 접하는 모든 것들이 캐드에서 제작된다고 볼 수 있다.

하고 있다(C.B. Fleddermann, 2009: 23~24).

이와 같은 사실을 감안해볼 때 공학은 전문직의 조건들을 충족시킨다. 그렇다면 엔지니어는 전문직 종사자다. 하지만 엔지니어는 전통적으로 전문직이라 불리는, 예를 들어 의사나 변호사와 같은 사회적 지위나 명성을 누리지 못하고 있는 현실은 부인할 수 없다. 그뿐만 아니라 우리 사회에서 엔지니어를 바라보는 시선은 앞서 언급된 전문직을 바라보는 시선과는 다르다. 왜 그럴까? 왜 같은 전문직종에 종사하면서도 선호도나 위상이 그리 높지 않는 것일까? 왜 엔지니어 스스로도 의사나 변호사에 비해 자신의 직업에 대한 자부심이 덜한 것일까? 이는 엔지니어 역시 여러 면에서 전문직 종사자로 분류될지라도, 다른 전문직종과는 구별되는 자신만의 특수성에서 비롯한다(C.B. Fleddermann, 2009: 24~25).

첫째, 다수의 엔지니어는 의사나 변호사와 달리 직접 사람을 상대하지 않는다. 즉 엔지니어와 고객 사이의 관계는 직접적이지 않다. 그러다 보니 아무래도 엔지니어의 역할에 대해 현실에서 직접 확인할 기회가 거의 없다. 당연히 그 직업의 중요성을 인식할 기회도 없다.

둘째, 다수의 엔지니어는 독립적인 행위자로 여겨지지 않는다. 물론 의사나 변호사 또한 특정 조직 체계 속에서 일을 하는 경우도 많지만 대체적으로 그들은 스스로 독자적인 결정권을 가지고 독립적인 형태를 유지하면서 활동한다. 이에 반해 엔지니어는 다른 직종들, 예컨대 전문경영인, 회계사, 비숙련 종업원들 등으로 이루어진 조직의 일부로 활동한다. 특수한 경우를 제외하고는 엔지니어는 일반적으로 거대 조직에서 요직을 차지하지 않는다. 따라서 엔지니어는 경제적 이윤을 추구하는 조직체계의 위계질서에 종속되어 상부의 명령을 수행하는 사람으로 자신이 속한 조직의 이익에 반하는 행위를 해서는 안 되며, 그 결과 엔지니어는 조직체계에 대한 충성을 강요받는다. 엔지니어는 단순히 '샐러리맨'으로 취급받기 일쑤다.

마지막으로 엔지니어는 법조인이나 의료인에 비해 제도적 훈련기간이 비교적 짧다. 또한 공학 현장에서 자격증이 담당하는 역할이 상대적으로 미미하다. 물론 특별한 자격과 지위, 그리고 보상을 위해 현행 교육제도로서 충족될 수 없는 전문지식(예를 들어 기술사 자격)을 습득하기 위한 교육제도가 보충될 수도 있다. 그렇지만 그 과정과 자격이 필수적인 것은 아니다. 그러다 보니 누구나 쉽게 엔지니어가 될 수 있다는 인식이 팽배하다. 이와 같은 이유들로 인해 여타의 다른 전문직종에 비해 엔지니어는 상대적으로 사회적 지위나 보상, 선호도가 낮은 편이다.

물론 전문가 사회에 속한다는 것은 영광스러운 일이고 전문직업인은 선망의 대상이 되기도 한다. 또한 이들은 비교적 높은 교육수준과 안정된 소득수준에 의해 사회적으로도 중산층 이상의 '지도적 계층'에 속하는 경우가 많다. 종종 존경과 명예를 얻기도 한다. 따라서 이들은 그와 같은 혜택을 받는 계층, 지도적 계층으로서의 사회적 책임과 의무 역시 부담할 수밖에 없다. 즉 일반인이나 다른 직업에 종사하는 사람들보다 더 정직하고 헌신적이며, 수준 높은 공공의식과 사회적 책임의식을 발휘해야 할 계층으로 기대된다. 이때 엔지니어는 비록 다른 직종의 전문직 종사자들에 비해 지위나 위상, 보수 혹은 선호도 등이 낮을 수는 있지만, 그 일의 중요성이나 영향력에서는 결코 과소평가될 수 없다. 오히려 더욱 특별하다. 이와 관련해서 미국전문엔지니어협회(National Society of Professional Engineers, NSPE) 윤리강령 전문(preamble)에서 밝히고 있는 엔지니어의 본분은 최고의 도덕기준을 가지고 공학적 업무를 수행해야 할 엔지니어를 전문직 종사자로 규정하고 그 정체성을 잘 드러내고 있다.[23]

23 http://www.nspe.org/Ethics/CodeofEthics/index.html

공학은 학문적 소양을 갖춘 중요한 전문직이다. 엔지니어는 전문직 구성원으로서 가장 정직하고 성실한 규범을 천명할 것으로 기대된다. 공학은 모든 사람들의 삶의 질에 직접적이고도 극히 중대한 영향을 끼친다. 따라서 엔지니어가 수행하는 일은 정직함 · 공정함 · 정당함 · 공평함을 필요로 하며, 반드시 공공의 건강 · 안전 · 복지를 지키기 위해 제공되어야 한다. 그 때문에 엔지니어들은 최고의 윤리적 원리들을 충실히 지키는 전문직 행동 규범에 따라 행동해야 한다.

2. 엔지니어와 윤리강령

엔지니어에게 윤리강령은 더 강조된다. 왜 그런가? 아마도 그것은 현대 과학기술의 공적 파급력에서 비롯할 것이다. 특히 기술의 중심에 서 있는 엔지니어가 인류 발전에 끼치는 구체적이고도 실질적인 영향력을 고려해볼 때, 뛰어난 직무능력뿐만 아니라 윤리적 감수성이 풍부한 엔지니어를 키워내는 것이야말로 이 시대의 당면 과제이다. 그렇다면 어떻게 이처럼 이상적인 엔지니어를 양성할 수 있을까? 도대체 모범적인 엔지니어는 누구인가? 그에게 어떤 가치관이 요구되고, 무슨 능력이 특별히 강조되는 것일까?

1) 엔지니어, 그는 누구인가?

미국의 한림원 연구협의체인 국립연구협의회(National Research Council)의 공학교육분과위원회(Committee on the Education and Utilization of Engineer)에서는 엔지니어를 아래에 열거한 자격 중 적어도 한 가지를 만족

시키는 자로 정의하고 있다.[24]

① 공학인증을 받은 대학에서 학사 이상의 학위를 받은 사람
② 전문 공학학회의 정회원 자격을 지닌 사람
③ 정부기관에서 인정하는 기술자격증을 소지한 사람
④ 직업 분류상 공학과 관련된 전문직에서 활동하는 사람

이처럼 엔지니어란 공학과 관련된 일을 하는 사람이다. 공학은 앞서 살펴본바 인간다운 삶을 살아가기 위해 필요한 공학적 산물을 생산하는 활동이다. 그런데 오늘날 현대사회가 점점 거대해지고 복잡해지면서 공학에 거는 기대 역시 커지고 있다. 공학이 해결하고 충족해 주기를 바라는 과제도 점점 많아지고 구체화되는 양상을 띤다. 이에 엔지니어는 우리 사회의 다양한 전공 분야에서 다양한 기술적 활동을 통해 자신의 사회적 역할을 담당한다. 그런데 과학기술이 인류에 미칠 영향력을 고려해본다면 앞으로 엔지니어 역할의 다양성은 더욱 심화될 전망이다. 이처럼 심화된 다양성은 엔지니어들로 하여금 사회적으로나 조직적으로 함께 힘을 모으는 데 어려움을 준다. 즉 사회적 요구가 다양해질수록, 엔지니어들의 역할이 다양해지고, 그들의 역할이 다양해질수록, 엔지니어들은 분화되어 갈 수밖에 없다.

그렇지만 이같은 현실적인 다원화나 세속적인 분화에도 불구하고, 그들의 연대정신은 결코 사라지지 않는다. 그들만의 독특한 가치관을 공유하고 있기 때문이다. 즉 그들은 '공학적 관점(engineering view)'[25]을 통해 세

24 http://www.nationalacademies.org/nrc/

25 필자는 'engineering view'를 '공학적 관점' 혹은 '엔지니어적 가치관' 등으로 엄격한 구별 없이 사용한다.

상을 바라보고 세상을 변화시키려는 노력을 하고 있다는 데에서 그들만의 집단적 정체성을 드러낸다. 따라서 공학적 관점을 이해하는 것이야말로 엔지니어의 가치관을 이해하는 것이고, 엔지니어의 가치관을 이해하는 것이야말로 세상 속 공학 활동의 가치를 이해하는 또 다른 방식이 될 것이다 (새뮤얼 C. 플러먼, 2007: 115~129).

공학적 관점, 즉 엔지니어적 가치관의 본질을 이해하기 위해서는 우선 '과학적 시각'을 살펴봐야 한다. 현재 엔지니어는 대부분 과학이라는 통로를 거쳐서 전문직종에 들어서고 있다. 공인된 공학교육기관에 입학하기 위해 지원자는 반드시 과학을 공부해야만 한다. 입학한 후에도 졸업하기까지 더 많은 시간을 과학에 할애하고, 특히 과학의 기본이라고 여겨지는 수학에도 많은 시간을 투자해야 한다. 실제로 엔지니어가 되기 위한 현실적인 기준 중 가장 중요한 것이 '과학을 잘할 수 있는 능력'이라고도 할 수 있다. 이때 과학을 잘 할 수 있다는 것은 과학에 대한 믿음을 가지고 있다는 의미이기도 하다. 엔지니어는 과학적 진리, 다시 말해 관찰과 실험을 통해 검증 가능한 사실을 믿는다. 그리고 가능한 한 개인적 가치관을 진리탐구 과정에 개입시키지 말아야 한다. 요컨대 과학적 진리와 이 진리를 탐구하는 과정에 필요한 가치에 대한 믿음이 바로 엔지니어적 가치관의 첫 번째 특징이다. 이것은 과학자의 가치관과 상당한 유사점을 가진다.

그런데 엔지니어에게는 과학적 진리를 추구하는 것과 더불어 그것의 적절한 응용 또한 매우 중요한 고려 사항이다. 엔지니어가 응용을 생각하게 되는 순간, 그는 실험실의 이상적인 조건들을 벗어나 여러 가지 실제적인 요인들을 염두에 둔다. 이때 그의 가치관은 과학자의 가치관과 구별되기 시작한다. 이제 그의 목표는 완벽한 진리 추구에서 기능을 제대로 수행하는 제품을 제작하는 것으로 바뀐다. 이렇게 목표가 바뀌는 순간, 엔지니어는 시간과 비용의 제약을 실감하게 된다. 엔지니어는 '완벽한' 제품이 아니라 적정한 비용을 들여 정해진 시일 내에 출시할 수 있는 '좋은' 제품을 제작하는 데 역점을 둔다. 그런데 엔지니어가 완벽함을 포기한다는 것은 실패로 귀결되는 상황으로 이어질 수 있음을 의미한다. 이러한 제약들이 불가피한 것이라면, 엔지니어는 때로는 실패의 위험을 감수할 수도 있어야 한다.

물론 무엇인가 잘못될 수도 있다는 것을 아는 상태에서 결정을 내려야 한다는 것은 매우 어려운 일이다. 제품을 오랜 기간 사용하다 보면, 처음에는 거의 실현될 가능성이 적어 보이던 위험요소도 갑자기 문제가 되어, 때로는 사고가 나기도 한다. 그렇지만 실패를 통해서도 기꺼이 배우려는 끈기와 용기, 나아가 위험이나 실패에 대한 책임을 감수하려는 도덕적 강인함이야말로 꼭 필요한 엔지니어적 가치관이다. 이처럼 엔지니어는 위험에 대한 책임감을 항상 지녀야 하는 사람이기 때문에 일반 대중에게 신뢰감을 주어야 한다. 일반 시민들에게 최선을 다하고 있다는 신뢰감을 심어주려는 부단한 노력이야말로 엔지니어적 가치관에서 빠질 수 없는 또 하나의 중요한 요소이다. 신뢰성에 대한 이러한 책임은 모든 전문직이 공유하고 있는 중요한 부분이기도 하다.

그리고 엔지니어는 어떤 측면에서 예술가와 상당히 닮아 있다. 엔지니어는 자신의 공학적 업무를 수행하는 데 조심성과 신중함도 필요하지만, 이와 더불어 상상력을 통한 도약도 필요하다. 창조성, 독창성 역시 엔지니어적 가치관의 중요한 요소를 이룬다. 엔지니어는 끊임없이 새로운 기술을 창조하고, 창조된 기술을 이용하여 인공물을 만들어 우리 삶을 변화시킨다. 그동안 엔지니어는 새로운 발견을 추구하고 인류의 지평을 넓혀줄 작업에 열중해왔으며, 앞으로도 노력을 계속해 나갈 것이다. 이때 엔지니어는 예술가다. 물론 그 노력의 과정에서 엔지니어는 더 사려 깊게 생각하고, 그 결과에 대해서도 신중하게 검토하는 자세를 갖추며 변화를 추구해

공학은 과학이자 인문학이며 예술이다. 훌륭한 공학은 숙련된 기술적 노력뿐 아니라, 인문학 및 예술적 소양 역시 필요로 하기 때문이다. 따라서 새로운 기술을 창조하여 사회변화를 주도해 나가는 엔지니어는 그 기술을 다양한 측면에서 끊임없이 성찰해 나가야 한다.

야 함은 너무나 당연한 사실이다.

이상에서 공학적 관점, 즉 엔지니어적 가치관과 관련된 주요한 특징과 요소를 살펴보았다. 요약하면 과학과 과학이 요구하는 가치에 대한 믿음, 완벽함의 추구를 잠시 제쳐두고 실제적이고 유용한 제품을 출시해야 한다는 사실의 인식, 실패의 위험요소와 관련해 기꺼이 책임을 질 수 있는 의지, 타인에게 신뢰감을 구축하려는 결심 혹은 창조적인 작업의 추구와 변화에 대한 올바른 자세 확립, 그리고 이를 위한 끊임없는 노력 등으로 정리할 수 있다. 이런 믿음, 인식, 노력을 통해 엔지니어는 사회에서 전문가로서의 자신의 활동을 더욱 의미 있고 가치 있게 만들어 나갈 것이며, 더불어 그러한 세상 속에서 우리는 더 나은 미래를 꿈꾸게 될 것이다.

2) 엔지니어, 윤리강령을 지키다

공학단체의 윤리강령은 기본적으로 엔지니어의 직업적 · 사회적 의무 및 책임 등에 대한 집단적 인식을 명문화한 것으로, 엔지니어가 어떤 직무를 수행하거나 판단하는 데 자신의 입장을 표방할 수 있는 중요한 기준이 된다. 물론 윤리강령이 복잡한 문제를 해결하는 데 그 구체적인 답을 직접적으로 제공하거나 윤리적 행위를 위한 만능의 처방전은 아니다. 그것은 올바른 선택에 도달하기 위한 '기본구조(framework)'를 제공한다(C.B. Fleddermann, 2009: 26~27). 즉 엔지니어로 하여금 보다 거시적인 차원에서 도덕원칙을 적용할 수 있도록 도와주는 지침서 역할을 담당한다. 이와 더불어 윤리강령은 공학단체가 회원들의 윤리적 행위를 고무하고 비윤리적 행위를 저지할 수 있는 기준으로도 작용한다. 예를 들어, 공학단체는 윤리강령을 통해 주요 쟁점을 공정하게 조사하고 판단함으로써 모범이 되는 회원에게는 상을 수여하거나 비윤리적인 행위를 한 회원을 처벌할 수도 있다(송성수, 2008a: 79~80).

역사적 맥락에서 최초의 엔지니어 집단은 군인이었다. 이후 본격적으로 민간 엔지니어들이 활동하면서 1800년대 중반 미국에서 전문공학협회들이 설립되기 시작하였다. 이런 단체들이 성장하면서 이들 중 상당수가 해당 분야에 종사하는 엔지니어들에게 지침을 제공할 수 있는 윤리강령을 만들어 나갔다. 당시에 그 내용은 구성원 간의 유대나 자신들의 고용주에 대한 책임을 주로 다루다가, 20세기 초반에는 전문직의 발전과 위신을 증진시키는 수단으로 공식화하기 시작하였다. 특히 1947년 '전문직 개발을 위한 엔지니어위원회(Engineers Council for Professional Development, ECPD)'가 개정한 윤리강령에 "엔지니어가 전문적 의무를 다하기 위해 공공의 안전과 건강, 복지에 최선을 다해야 한다"라는 항목이 명시되면서, 모든 전문공학학회와 협회의 윤리강령의 기반이 되었다. 그리고 1980년대부터 엔지니어의 사회적 책임에 대한 논의가 엔지니어 양성의 핵심 요소로 자리 잡기 시작하였다(한경희, 2011: 15).

오늘날 윤리강령 대부분은 안전성, 공공복지, 환경보호 등 사회에 대한 책임을 엔지니어의 중요한 의무로 강조하고 있다. 이러한 변화를 중심으로 각 공학단체들의 윤리강령이 표방하고 있는 공통된 주요 주제를 정리해보면 다음과 같다.

첫째, 공중(公衆)에 대한 의무를 강조한다. 대부분 공학단체의 윤리강령 1조는 공공의 안전, 건강, 복지를 중시한다는 점을 명시한다. 엔지니어는 자신이 설계·시공·생산한 재화나 서비스가 공중에게 어떠한 영향을 미칠 것인지에 대해 충분히 검토해야 한다. 만약 위협을 가할 수 있는 요소들을 발견하면 엔지니어는 이를 즉각적으로 공개해야 한다.

둘째, 고용주나 의뢰인에 대한 의무를 강조한다. 엔지니어는 고용주나 의뢰인의 충실한 대리인이나 수탁자가 되어야 한다. 그는 자신이 속한 조직의 영업거래 비밀을 준수하고, 연구 및 생산 기밀을 유지해야 한다. 조직의 자원을 효율적으로 사용해야 하며 조직 구성원 간의 이해충돌을 적절하게 조절해야 한다. 또한 공학적 결정을 내릴 때에는 고용주나 의뢰인에게 자신의 전문지식과 정보를 충분히 제공하고 그들을 이해시키도록 노력해야 한다.

셋째, 동료 엔지니어에 대한 의무를 강조한다. 엔지니어는 다른 사람을 차별하지 말아야 하고 정정당당하게 경쟁해야 한다. 그리고 자신의 감독하에 있는 다른 엔지니어들에게 직업적으로 발전할 수 있는 동등한 기회를 제공해주어야 하며 동료 엔지니어에 대한 신뢰를 지켜야 할 의무가 있다.

넷째, 자신의 직업에 대한 의무를 강조한다. 엔지니어는 자신이 내리는 결정이 직업적 전문지식에 따른 결정인지 충분히 검토해야 한다. 그리고 엔지니어는 전문적인 공학적 업무를 수행하는 데 걸맞은 합당한 능력과 위신을 높일 의무가 있다.

다섯째, 환경보호에 대한 의무를 강조한다. 특히 오늘날 가장 화두가 되고 있는 것이 바로 환경문제다. 공학적 업무를 수행하거나 그 결과물인 공학적 산물들이 환경에 미치는 영향을 고려해볼 때, 환경과 관련된 문제 역시 엔지니어가 일정 부분 책임져야 할 몫임을 부인할 수 없다. 이와 관련해서 미국 '전기전자공학인협회' 윤리강령 제1조는 '공공의 안전과 건강, 복지에 부합하는 공학적 결정을 만드는 데 책임감을 가지도록 하며, 공익이나 환경에 위협을 줄 수 있는 요소들을 즉시 알려야 한다'라고 환경보호를 안전과 함께 엔지니어의 제1의 의무와 책임으로 명문화하고 있다.[26] 그 밖에 다른 공학단체들도 환경문제에 대한 중요성을 감안해서 윤리강령을 차츰 보완해가고 있는 상황이다.

이처럼 윤리강령은 공인된 원칙과 기준을 제시하여 엔지니어로 하여금 스스로 도덕적 주체자로서 올바른 선택에 도달할 수 있도록 도움을 준다. 즉 공학 현장에서 부딪치는 갈등상황에서 기술적 문제뿐만 아니라 도덕적 쟁점들을 비판적으로 생각하고 해결해 나갈 수 있는 책임 있는 엔지니어의 이정표로서 훌륭한 안내자 역할을 하고 있다.[27]

26 http://www.ieee.org/about/corporate/governance/p7-8.html

27 이와 관련해서 마틴과 쉰진거는 윤리강령의 역할로 다음 8가지를 들고 있다. ① 공공에 봉사하고 공공을 보호한다. ② 엔지니어의 주요한 의무를 안내하는 데 도움을 준다. ③ 윤리적 행위를 자극하고 고무한다. ④ 도덕적 관점에 대한 명시적 기준을 공유할 수 있게 한다. ⑤ 윤리적 행위를 추구하는 전문직업인을 적극적으로 지지한다. ⑥ 도덕적 쟁점에 대한 교육과 상호이해의 기회를 제공한다. ⑦ 비윤리적 행위를 조사하고 저지할 수 있는 공식적 기초로 작용한다. ⑧ 전문직에 대한 긍정적 이미지를 제공한다(Martin and Schinzinger, 2004: 44~46).

3) 미국의 윤리강령 사례

미국의 경우에는 전기전자공학회(Institute of Electrical and Electronics Engineers, IEEE)의 전신인 미국전기공학회(American Institute of Electrical Engineers, AIEE)가 1912년에 윤리강령을 최초로 제정했으며, 뒤이어 1914년에 미국토목공학회(American Society Civil Engineers, ASCE)와 미국기계공학회(American Society of Mechanical Engineers, ASME)에서도 윤리강령을 제정하였다.

미국의 공학단체들은 사회적 환경 변화에 따라 윤리강령의 내용에도 계속적으로 변화를 꾀했다. 각 시대적 요구들을 윤리강령에 적절하게 반영해왔는데, 초창기에는 고용주나 고객에 대한 의무 혹은 동료들과의 관계를 강조한 반면, 제2차 세계대전을 계기로 공공사회에 대한 책임을 본격적으로 자각하기 시작하였고, 20세기 후반부터는 환경문제 등에 주의를 기울여왔다. 이처럼 공학단체들은 기술과 사회의 관계에 대한 재검토를 통해 꾸준히 변화를 모색해왔다.

특히 1980년대에 들어와서 공학단체 대부분이 윤리강령을 제정 · 정비하기에 이르렀고, 주요 대학들은 공학윤리에 대한 교과목을 개설하였다. 1996년에는 공학과 관련된 국가인증시험의 내용에 공학윤리가 추가되었으며, 공학기술인증원(ABET)은 2000년부터 공학윤리 수업의 여부와 수준을 공학교육을 평가하는 기준으로 채택하였다. 그리고 몇몇 공학단체들은 윤리강령 재정비작업을 거쳐 1990년대 이후부터 환경보호에 관한 조항을 윤리강령에 넣고 있다. 그러면 다음에서 미국의 대표적인 공학단체들의 윤리강령을 간략하게 살펴보기로 하자.

(1) 전기전자공학회 윤리강령[28]

전기전자공학회(IEEE) 윤리강령의 전신은 앞서 살펴본 대로 1912년 미국전기공학회 윤리강령에서 찾을 수 있다. 전기전자공학회는 1970년에 오늘날과 같은 형태의 윤리강령을 정비하였고, 가장 최근의 윤리강령은 2006년 2월에 마련하였다. 전문(全文)은 다음과 같다.

우리는 IEEE의 회원으로서 우리의 기술이 전 세계에 걸쳐 삶의 질에 영향을 미치는 중요성을 인식하고, 우리의 전문직업과 회원, 그리고 우리가 봉사하는 공동체에 대한 개인적 의무를 받아들이며, 이에 따른 최상의 윤리적·전문직업적 행위를 다짐하면서 다음과 같이 동의한다.

① 공공의 안전, 건강 및 복지에 부합하는 의사결정을 내릴 책임을 받아들이며, 공공이나 환경에 위협을 가할 수 있는 요소들을 즉각적으로 공개한다.
② 어떤 경우에도 실제적 혹은 인지된 이해충돌을 피하며, 이러한 가능성이 있으면 영향을 받을 수 있는 당사자에게 공개한다.
③ 활용 가능한 자료에 근거하여 주장이나 추정치를 발표할 때에는 정직하고 진실하게 한다.
④ 모든 형태의 뇌물을 거부한다.
⑤ 기술, 기술의 적절한 활용, 기술의 잠재적인 결과에 대한 이해를 증진시킨다.
⑥ 우리의 기술적 역량을 유지·발전시키며, 훈련과 경험으로 자격을 갖추었거나 역량상의 한계를 모두 공개한 후에 다른 사람을 위한 기술적 업

28 http://www.ieee.org/about/ethics.html

무를 맡는다.

⑦ 기술적 업무에 대한 정직한 비판을 추구 · 수용하고 제안하며, 오류를 인정하고 교정하며, 다른 사람의 공헌을 공정하게 평가한다.

⑧ 인종, 종교, 성별, 장애, 연령, 국적에 관계없이 모든 사람을 공평하게 대우한다.

⑨ 거짓이나 악의적인 행위로 다른 사람의 신체, 재산, 평판, 일자리를 손상시키지 않는다.

⑩ 동료의 직업적 발전을 도우며, 그들이 이 윤리강령을 준수할 수 있도록 지원한다.

(2) 미국토목공학회 윤리강령[29]

미국토목공학회(ACSE) 윤리강령은 1914년에 처음으로 제정되었으며, 가장 최근의 윤리강령은 2006년 7월에 공표되었다. 이는 기본원칙, 기본규범, 실천지침으로 구성되어 있으며, 그중에서 기본규범을 소개하면 다음과 같다.

① 엔지니어는 자신의 전문직업적 의무를 수행하는 데 공공의 안전, 건강, 복지를 가장 중요하게 고려하고, 지속가능한 개발의 원칙에 부응하도록 노력해야 한다.

② 엔지니어는 자신이 감당할 능력이 있는 영역의 서비스만을 수행해야 한다.

③ 엔지니어는 객관적이고 신뢰할 수 있는 방식으로만 공적 발언을 해야 한다.

④ 엔지니어는 고용주나 고객을 위한 전문직업적 문제에서 충실한 대리인 또는 수탁자로 행동해야 하며, 이해충돌을 피해야 한다.

---

29 http://www.asce.org/Leadership-and-Management/Ethics/Ethics-Resources/

⑤ 엔지니어는 훌륭한 서비스를 통해 직업적 명성을 쌓아야 하며, 다른 사람들과 불공정하게 경쟁하지 않아야 한다.
⑥ 엔지니어는 공학 전문직의 명예, 충실, 위엄을 유지하고 향상시킬 수 있도록 행동해야 하며, 뇌물, 기만, 부패를 결코 용인하지 않아야 한다.
⑦ 엔지니어는 현직에 종사하는 동안 전문직업적 능력 개발을 계속해야 하며, 자신의 감독하에 있는 다른 엔지니어들의 전문직업적 능력 개발을 위한 기회를 제공해야 한다.

(3) 미국기계공학회 윤리강령[30]

미국기계공학회(ASME)는 1914년에 엔지니어 윤리강령을 처음으로 제정하였으며, 2006년 11월에 재정비하여 공표하였다. 이는 기본원칙, 기본규범으로 구성되어 있으며, 그중에서 기본규범을 소개하면 다음과 같다.

① 엔지니어는 자신의 전문직업적 의무를 수행하는 데 공공의 안전, 건강, 복지를 가장 중요하게 고려해야 한다.
② 엔지니어는 자신이 감당할 능력이 있는 영역의 서비스만을 수행해야 하고, 훌륭한 서비스를 통해 직업적 명성을 쌓아야 하며, 다른 사람들과 불공정하게 경쟁하지 않아야 한다.
③ 엔지니어는 현직에 종사하는 동안 전문직업적 능력 개발을 계속해야 하며, 자신의 감독하에 있는 다른 엔지니어들에게 전문직업적이고 윤리적인 개발을 위한 기회를 제공해야 한다.
④ 엔지니어는 고용주나 고객을 위한 전문직업적 문제에서 충실한 대리인 또는 수탁자로 행동해야 하며 이해충돌을 피해야 한다.

30 http://sections.asme.org/Colorado/ethics.html

⑤ 엔지니어는 자선단체와 공학 분야의 전문직 단체를 포함하여 다른 사람이 소유한 정보와 지적재산권을 존중해야 한다.

⑥ 엔지니어는 평판이 좋은 개인이나 조직에만 관계해야 한다.

⑦ 엔지니어는 객관적이고 신뢰할 수 있는 방식으로만 공적 발언을 해야 하며, 해당 전문직에 불신을 유발하는 모든 행위를 피해야 한다.

⑧ 엔지니어는 자신의 전문직업적 의무를 수행하는 데 환경에 대한 영향과 지속가능한 개발을 고려해야 한다.

⑨ 엔지니어는 자신의 윤리적 행위를 통제하는 관련된 강령, 정책, 절차에 따라 합당한 이유가 존재하지 않는다면 다른 엔지니어에게 불리한 윤리적 제재를 추구해서는 안 된다.

⑩ ASME의 회원인 엔지니어는 ASME의 규정, 규칙, 정책 등을 준수해야 하며, 다른 회원이 이 윤리강령이나 이해충돌에 관한 정책을 위반한 사실을 알게 될 경우, 윤리기준심의위원회(Committee on Ethical Standards and Re-view)의 위원장에게 즉각적이고 완전하며 진실된 방식으로 공개해야 한다.

(4) 전국전문엔지니어협회 윤리강령[31]

1954년 전국전문엔지니어협회(NSPE)는 '엔지니어의 신조(Engineers' Creed)'라는 초보적인 형태의 윤리강령을 제정한 바 있으며, 1987년에 이르러 오늘날과 같은 형태의 '엔지니어를 위한 윤리강령(Code of Ethics for Engineers)'을 제정하였다. 그 이후 몇 차례의 개정을 거쳤으며 가장 최근에는 2007년 7월에 정비되었다.

윤리강령은 전문, 기본규범, 실천규정, 직업적 의무, 집행위원회 성명으로 구성되어 있으며, 그중에서 전문과 기본규범을 소개하면 다음과 같다.

31 http://www.nspe.org/resources/pdfs/Ethics/CodeofEthics/Code-2007-July.pdf

전문

공학은 학문적 소양을 갖춘 중요한 전문직이다. 엔지니어는 전문직 구성원으로서 가장 정직하고 성실한 규범을 천명할 것으로 기대된다. 공학은 모든 사람들의 삶의 질에 직접적이고도 극히 중대한 영향을 미친다. 따라서 엔지니어가 수행하는 일은 정직함, 공정함, 정당함, 공평성을 필요로 하며, 반드시 공공의 건강, 안전, 복지에 이바지해야 한다. 엔지니어는 최고의 윤리적 원리들을 충실히 지키는 전문직 행동 규범에 따라 행동해야 한다.

기본규범

엔지니어는 자신의 전문직업적 의무를 수행하는 데서 다음과 같이 해야 한다.

① 공공의 안전, 건강, 복지를 가장 중요하게 고려한다.
② 자신이 감당할 능력이 있는 영역의 서비스만을 수행한다.
③ 객관적이고 신뢰할 수 있는 방식으로만 공적 발언을 한다.
④ 고용주나 고객에 대하여 충실한 대리인 또는 수탁자로 행동한다.
⑤ 기만적인 행위를 하지 않는다.
⑥ 명예롭고 존경받으며 윤리적이고 합법적으로 행동함으로써 전문직의 명예, 평판, 유용성을 향상시킨다.

4) 한국의 윤리강령 사례

우리나라 공학 관련 대표 협회로는 한국기술사회(Korean Professional Engineers Association, KPEA), 한국엔지니어링진흥협회(Korea Engineering & Consulting Association, KENCA),[32] 한국시스템엔지니어링협회(Korea Council on Systems Engineering, KCOSE),[33] 한국과학기술단체총연합회(The Korean Federation of Science and Technology Societies, KOFST) 외에 개별 분야별 협회들이 있다.

한국기술사회는 2009년 5월 기술사윤리강령을 전면 개정하여 미국전문엔지니어협회와 같이 전문, 기본강령, 행동지침으로 나누어 구체적으로 명문화하였다. 한국엔지니어링진흥협회의 윤리요강은 제1장 기술개발과 축적, 제2장 품위유지, 제3장 기술용역의 독립성, 제4장 적정보수 등 총 4개의 장으로 구성되어 각각 한두 문장으로 간략하게 규정하고 있으며,[34] 한국시스템엔지니어링협회는 윤리강령이 없다. 그리고 한국과학기술단체총연합회는 2004년 11월 과학기술인의 덕목을 6개항으로 구성한 '과학기술인 헌장'을 매우 간략하게 제정하였으나, 2005년 국내에서 발생한 '줄기세포 논문조작' 사건을 계기로 과학기술계에 공통으로 적용할 수 있는 규범의 필요성을 인식하여 2007년 '과학기술인윤리강령'을 제정하였다. 그러면 다음에서 한국기술사회와 한국과학기술단체총연합회의 윤리강령을 살펴보기로 하자.

(1) 한국기술사회 윤리강령[35]

한국기술사회가 2009년 5월 26일 이사회 의결을 거쳐 전면 개정한 기술사윤리강령은 1987년에 제정된 미국전문엔지니어협회의 엔지니어 윤리강령과 비슷한 수준의 구성과 내용을 담고 있다. 그중에서 전문과 기본강령을 소개하면 다음과 같다.

---

32 http://www.kenca.or.kr/2011/index.jsp

33 http://www.kcose.org/

34 http://www.kenca.or.kr/2011/intro/ethics.jsp

35 http://www.kpea.or.kr/

전문

우리 기술사는 최고 전문기술인으로서 국가와 사회 발전을 위해 그 사명과 책임을 자각하고 행동지침이 될 윤리강령을 제정 · 실천함으로써 국민의 안전, 보건, 복지 및 환경을 보전 · 증진하는 데 이바지하고, 기술사 상호간 발전의 도모를 이념으로 한다.

기본강령

① 국민의 안전 · 보건 · 복지와 환경의 보전

기술사는 인간의 존엄성을 존중하고 국민의 안전, 보건, 복지를 최우선으로 고려하며, 환경을 보전하고 증진하는 데 최선의 노력을 경주한다.

② 자긍심과 직무능력

기술사는 최고 전문기술인으로서의 자긍심을 갖고, 지속적으로 직무능력을 배양하여 자신의 능력과 자격이 있는 분야의 직무만 수행한다.

③ 정직, 성실, 공평성

기술사는 정직 · 성실하고 공평한 자세로 직무를 수행한다.

④ 사명감과 품위유지

기술사는 높은 사명감과 투철한 직업의식을 가지고 품위 있게 직무를 수행한다.

⑤ 신뢰와 협동

기술사는 신뢰를 바탕으로 기술사 상호간에 협동하는 자세로 직무를 수행한다.

⑥ 비밀의 보전 유지

기술사는 직무상 얻은 정보와 지식을 누설하거나 유용하지 않는다.

(2) 한국과학기술단체총연합회 윤리강령[36]

한국과학기술단체총연합회, 한국과학기술한림원, 한국공학한림원, 유네스코한국위원회 등 4개 단체가 과학기술인이 준수해야 할 포괄적 윤리 규정을 담은 '과학기술인윤리강령'을 2007년 4월 20일 제40회 과학의 날 행사 기념식에서 선포하였다.

윤리강령은 연구와 지적 활동에서 과학기술인으로서 준수해야 할 기본 자세와 사회적 책임, 진실성 존중, 관련 법령의 준수 등에 대해 전문과 본문 12개 항목으로 구성되어 있다.[37]

과학기술은 인류가 공유하여야 할 소중한 자산으로 인류 문명의 발전과 복지향상에 기여하여왔다. 과학기술인은 과학기술을 발전시키는 전문직 종사자로서의 특권을 가질 뿐 아니라 그 책임 또한 크다. 따라서 과학기술인은 연구 및 지적 활동을 수행하는 과정에서 진실성과 정직성을 전제로 하여야 한다. 그러나 치열해가는 경쟁 풍토, 과학기술연구의 산업과의 연계로 인한 이해상충의 증가, 사회나 정치권의 불합리한 학문연구 개입 등 과학기술 환경의 변화는 진실성과 정직성을 지켜야 할 과학기술인들로 하여금 그 품위를 유지하는 데 과중한 시련을 안겨주고 있다. 이러한 시대적 변화 속에서도 과학기술인은 진실하고 보편적인 행동규범을 준수할 책임과 의무가 있다. 이에 따라 과학기술계는 다음과 같이 과학기술인이 지켜야 할 보편적 윤리강령을 제정하여, 과학기술인이 자율적으로 이를 성실히 준수함으로써 윤리의식을 제고하고, 사회적 책임을 다하며, 스스로의 위상과 긍지를 높이고, 과학기술 발전에 기여하고자 한다.

---

36 http://www.kofst.or.kr/

37 http://online.kofst.or.kr/Board/?acts=BoardView&bbid=1004&page=&nums=1063&sfl=BB_ALL&stx=과학기술인윤리강령

① 과학기술인의 사회적 책임

과학기술인은 과학기술이 사회에 미치는 영향이 지대하므로 전문직 종사자로서 책임 있는 연구 및 지적 활동을 하여야 하며, 그 결과로 생산된 지식과 기술이 인간의 삶의 질과 복지향상 및 환경보전에 기여하도록 할 책임이 있음을 인식한다.

② 과학기술인의 기본 연구윤리

과학기술인은 연구 활동에서 정직성, 진실성(integrity)과 정확성이 연구결과의 신뢰성 확보를 위한 필수 사항임을 인식하고 연구의 제안, 계획, 수행과 결과보고 등 모든 연구 활동을 수행함에 있어 이와 같은 기본 원칙을 추구한다. 특히, 날조, 변조, 표절 및 중복발표 등과 같은 부정행위를 배격한다.

③ 보편성의 원칙

과학기술인은 인종, 성, 종교, 교육 배경 등으로 차별받을 수 없으며, 평등한 권리와 의무를 갖는다.

④ 전문직 종사자로서의 품위유지

과학기술인은 새로운 지식창출과 기술개발로 인류복지 증진에 기여하는 전문직 종사자로서의 긍지와 품위를 유지한다.

⑤ 법령의 준수

과학기술인은 연구 및 지적 활동의 전 과정에서 관련 법령이 정한 규정과 윤리강령에 적시된 규범 및 국제적으로 통용되는 원칙을 성실히 준수한다.

⑥ 연구대상의 존중

과학적 연구대상이 인간인 경우 인권을 존중함으로써 생명윤리에 부합해야 하며, 동물인 경우 생명의 존엄성에 유의한다. 자연환경을 다룰 때에는 생물다양성의 보존과 환경보호의 중요성을 의식함으로써 인류복지 증진에 기여하도록 한다.

⑦ 연구 자료의 기록, 보존

과학기술인은 연구 과정에서 사용하거나 생성된 데이터, 샘플 등의 자료를 처음 단계에서 최종 단계에 이르기까지 성실히 기록하고, 정한 기간 동안 보존한다.

⑧ 저자표시와 지식재산권

저자표시는 연구의 아이디어 제시, 설계, 수행, 해석 등 연구에 직접 참여한 자로 제한하고 발표논문에는 연구과정에서 참고 · 인용한 타인의 연구 업적을 밝힘으로써 원저자의 권리와 지식재산권을 존중한다. 표시된 저자는 논문에 대한 공동책임을 진다.

⑨ 사회에 대한 권리와 의무

과학기술인은 새로운 발견이나 연구 및 지적 활동의 업적을 사회에 공표함으로써 발생되는 이득을 취할 권리가 있으며, 한편 사회가 요구하는 사항에 성실히 응할 의무가 있다.

⑩ 이해상충(conflicts of interest)에 대한 대처

과학기술인은 연구 및 지적 활동 과정에서 발생했거나 발생 가능성이 있는 이해상충에 대해서는 이를 미리 공표하고 자신의 이익보다 공익을 우선한다.

⑪ 연구 환경 조성

과학기술인은 책임 있는 연구와 지적활동을 수행할 수 있도록 지적자유, 공평성, 개방성과 상호존중의 환경을 조성하는 데 적극 참여한다.

⑫ 윤리 교육의 실시

연구와 지적 활동의 책임자는 참여자들이 이 윤리강령의 제 규범을 성실히 실천할 수 있도록 교육할 의무가 있다.

개념 읽기 6 사농공상(士農工商)

조선시대의 신분제도는 양천제(良賤制)로, 이는 국역 부담의 여부에 따라 백성을 양인(양반+중인+일반평민)과 천민(노비)으로 나누었다. 그러나 조선 후기로 가면서 법적 신분제도인 양천제 대신 반상제, 곧 양반(지배계급)과 상민(중인+일반평민+노비)으로 나뉘게 된다. 그리고 종사하는 직업에 따라 신분을 나누었는데, 이것이 바로 **사·농·공·상**의 직업 서열이다. 선비가 가장 좋고, 다음으로 당시 사회 경제력의 근간인 농사꾼, 물건을 만드는 공인, 마지막으로 물건을 파는 상인 순이었다. 선비는 양반으로 관료로 출세를 할 수 있는 신분에 해당하고, 농사꾼도 경우에 따라서 출세할 수 있었다. 하지만 공인이나 상인은 지배계급으로 부상할 수 있는 기회를 철저히 박탈당했다. 이처럼 사회적 신분의 이동을 원천적으로 봉쇄하거나 최대한 억제함으로써 계급 구조를 고착화시켰다. 따라서 사농공상이란 말은 단순히 직업을 구분한 것이 아니라 그 직업에서 파급되는 신분마저 결정됨을 의미하였다. 즉 신분의 귀천이 직업의 귀천을 결정하며 직업의 귀천이 곧 신분의 귀천으로 나타났다.

생각 읽기 2

2-1 공학이 의료계나 법조계와 유사한 사회적 위상을 갖춘 전문직이 되기 위해서 어떤 변화가 필요하다고 생각하는가?

2-2 엔지니어에게 윤리강령은 왜 특별히 중요한가? 만약 엔지니어가 윤리강령을 소홀히 한다면, 우리 사회에 어떤 일들이 빈번하게 발생하게 될지 자신의 생각을 발표해보자.

3

엔지니어의 자율성과 내부고발

4강

엔지니어의 책임 있는 불복종과 내부고발

학습목표

- 엔지니어의 자율성과 책임 있는 불복종에 대해서 이해한다.
- 내부고발과 관련된 내용들을 이해한다.

1. 엔지니어, 불복종할 수 있다!

엔지니어는 재화나 서비스를 설계 · 시공 · 생산하는 과정에서 수많은 결정을 내린다. 예를 들어 제품의 성능이나 디자인, 가격과 생산방법 등의 정책결정에 직간접으로 참여한다. 이때 엔지니어는 기술적 가능성, 제품의 상품성이나 경제성 그리고 생산의 효율성 등을 비롯한 여러 사항들을 고려해야 한다. 또한 엔지니어는 윤리적 측면을 고려해야 하는데, 이는 자신이 참여한 재화나 서비스의 설계 단계에서부터 그 결과물이 사회에 미칠 영향력까지 고려한 의사결정을 내려야 한다는 뜻이다. 이에 엔지니어는 공공의 건강, 안전, 복지를 최우선으로 생각해야 하며, 품질에 대한 높은 기준과 고도의 안전성을 유지해야 한다.

따라서 엔지니어가 자신의 직무를 수행하는 데 그 방법이나 내용 면에서 외부의 간섭 없이 스스로 통제하고 독자적으로 결정을 내릴 수 있도록, 어느 정도의 재량권이 주어져야 한다. 즉 '전문가적 자율성'이 보장되어야 한다. 왜냐하면 엔지니어는 업무상의 의사결정과 판단을 위한 전문적 기술과 지식을 장기간 교육훈련과정을 통해 준비해왔고, 충분한 능력까지 갖추고 있기 때문이다.

그러나 엔지니어는 공학적 업무의 특성상 독자적으로 활동하기보다는 대규모의 자본력과 인력으로 구성된 영리단체인 기업의 조직원으로 활동하는 경우가 많다. 거대 조직의 계층적 구조와 세분화된 분업은 공학 현장에서의 의사결정을 더욱 복잡하게 만들고, 엔지니어로 하여금 자신의 공학 활동과 그 결과가 일반 대중에게 미칠 영향력에 대해서 무감해지거나 도외시하도록 만드는 경우가 종종 있다. 이때 엔지니어는 전문가적이고 독자적인 판단보다는 경영자의 운영방침이나 지시를 따르게 된다.

그렇다면 경영자의 입장은 어떠한가. 대다수의 경영자는 엔지니어가 아니기 때문에 공학 활동의 경험이 거의 없다. 그래서 경영자는 엔지니어와 기술적 문제에 관한 대화를 나누기도, 공학적 쟁점을 실질적으로 이해하기도 쉽지 않다. 또한 그는 한편으로는 조직의 운영자로서 주로 기업의 이윤 추구에 관심을 쏟으며, 다른 한편으로는 조직의 보호자로서 기업의 이미지나 종업원들의 의욕도 고려해야 한다. 결국 경영자는 조직의 전방위적 상황과 조건, 그리고 문제점을 고려할 수밖에 없다. 따라서 그는 엔지니어에게 자신이 속한 조직의 이익을 걱정하고, 대립 없이 상관으로부터의 지시를 잘 수행하는 충성스러운 피고용인이 되길 원한다. 이를 통해 경영자는 엔지니어를 신용 있는 대리인으로 받아들인다. 공학단체의 윤리강령에서도 엔지니어가 자신의 고용주에 대해 '충실한 대리인이나 수탁자'로 행동할 것을 강조하고 있다. 이처럼 엔지니어는 조직에 충성하기를 요구받는다.

그러나 이러한 요구가 종종 남용·오용됨으로써 그동안 우리 사회는 수

많은 끔찍한 사건사고들을 경험해왔다. 따라서 책임 있는 엔지니어가 되기 위해서는 충성의 개념을 좀 더 심사숙고해볼 필요가 있다. 특히 그는 신중한 판단과 분별력으로 맹종적 충성과 비판적 충성을 구분할 수 있어야 한다(김진 외, 2003: 182~183).

우선 고용주에 대한 맹종적 충성은 고용주의 관심이 다른 고려 사항보다 우선시되는 충성을 의미한다. 이때 경영자의 입장은 대체로 도덕적 원리보다는 경영의 효율성이나 편의성을 더 앞세우는 경향이 있다. 이러한 맹종에 대한 요구는 만약 맹종적 충성이 없으면 조직의 혼란이 발생한다는 우려를 드러낸다. 조직의 혼란은 팀워크의 저해로 이어지고, 이는 제품의 품질과 생산성의 저하로 연결되어 결국 조직의 이익과 더 나아가 공공의 이익까지도 해치는 결과를 초래하게 된다는 것이다. 즉 맹종에 가까운 충성이야말로 일사불란한 조직의 운영과 더불어 공익 창출에 더 이바지할 수 있다는 입장이다. 물론 우리 사회에는 이러한 맹종적 충성이 필요한 조직들이 분명히 있다(군대를 생각해보라!). 이에 반해 고용주에 대한 엔지니어의 비판적 충성은 자율성을 지닌 전문가로서 직업윤리의 범위 내에서 충실한 종업원이어야 한다는 사실을 강조한다. 공공의 안전과 건강을 도모해야 하는 전문가의 윤리에 우선하여 고용주에 대한 충성을 강요하는 일은 정당화될 수 없으며, 이는 단호히 거부되어야 한다는 입장이다. 그렇다면 왜 엔지니어에게 맹종적 충성이 아닌 비판적 충성이 필요한 것일까?

우선 전문가적 윤리의식을 지녀야 하는 엔지니어에게 맹종적 충성을 요구하는 일은 개인의 자율성과 도덕적 충실감을 심각하게 박탈하는 행위로서 결국 그로 하여금 전문가로서의 정체성을 상실하게 만든다. 지금 당장 맹종적 충성만이 난무하는 그런 조직과 사회를 상상해보라. 오로지 영혼 없는 '예스맨'만으로 넘쳐나는 그런 곳에서 과연 무슨 일들이 일어날 것인지. 아첨과 아부에서 싹트는 각종 불법과 비리는 우리의 눈과 귀를 막아버릴 것이다. 도덕적으로 문제가 있는 행동에 참여하기를 거부하고 기꺼이 저항할 수 있는 윤리의식이 투철한 엔지니어야말로 조직과 더 나아가 우리 사회에 꼭 필요한 소중한 공공자산이라는 사실을 명심해야 할 것이다.

그런데 여전히 고용주는 맹종적 충성을 요구하고 엔지니어는 비판적 충성을 고수함으로써 의견 불일치가 심화된다면, 과연 엔지니어는 어떤 선택을 할 수 있을까? 이러한 갈등 상황에서 그의 고민은 더욱 깊어만 간다(더욱이 엔지니어는 경영자에 의해 고용된 위치가 아닌가!). 물론 당장에 맹종적 충성으로 돌아설 필요는 없다. 그것은 전문가다운 모습이 아니다. 그럴 때일수록 더욱 신중하게 상황을 정리해볼 필요가 있다. 우선 엔지니어는 자신과 고용주에게 일어나는 부정적 결과를 최소화하는 해결방법을 모색해야 한다. 만약 경영자가 자신이 요구하는 맹종적 충성이 엔지니어로 하여금 전문가로서의 윤리를 위배하는 것인지 알지 못한다면, 엔지니어는 부당한 강요에 적절한 대안을 제시하거나 그러한 결정이 가져올 수 있는 부정적 파장을 피할 수 있는 방안을 제시할 수도 있어야 한다. 즉 기술적·윤리적으로 수용 가능한 대안을 모색할 수 있는 전문가의 능력을 적극 발휘해야 함을 의미한다. 그럼에도 경영자가 다분히 문제가 있는 충성을 계속 요구하거나 결정을 강요할 때에는 이의를 제기하거나 거부하는 등의 용기 있는 선택도 필요하다. 이는 엔지니어에 의한 불복종이 이루어질 수 있음을 의미한다. 이때 엔지니어의 책임 있는 불복종은 다음의 세 가지 유형으로 구분된다(C.E. Harris 외, 2004: 220).

첫째, 엔지니어는 비참여를 통해 불복종할 수 있다. 어떤 고용주라도 자신의 고용인에게 결코 비윤리적인 일을 강요해서는 안 된다. 엔지니어 역시 자신의 합당한 공학적 결정이 허락되지 않거나 양심에 어긋나는 행위를 지시받게 된다면, 이를 거부할 수 있어야 한다. 예를 들어 신중하게 내린 전문가적 판단에 근거해서 환경에 악영향을 주는 프로젝트나 평화를 위협하는 프로젝트에 참여를 거부함으로써 엔지니어는 불복종할 수 있다. 즉 어떤 형태로든 공공의 안전과 건강에 위협적인 일이라고 판단될 경우에 이의를 제기하면서 참여를 거부하는 것이다.

둘째, 엔지니어는 반대되는 행동에 참여함으로써 불복종할 수 있다. 이는 조직의 이익에 반하는 행동을 통해 자신의 의사를 보다 적극적으로 표명하는 방식이다. 예를 들어 자신이 속한 기업이 생태계에 악영향을 미치는 폐수를 지속적으로 방출할 경우, 엔지니어는 작업현장에서 벗어나 자신의 조직에 폐수처리시설의 재정비를 요구하는 환경단체에 참여할 수 있다. 이러한 반대행동에 의한 불복종에 대해서는 법적인 책임을 묻지 않는다. 엔지니어는 고용주의 허락이나 간섭 없이 업무 외적인 시간을 활용해서 개인적인 사회활동에 참여할 수 있는 권리를 가지고 있기 때문이다. 그런데 이 같은 일련의 노력에도 상황이 전혀 개선되지 않을 수도 있다. 이때 최후의 수단으로 고려할 수 있는 불복종이 바로 공개적으로 이의를 제기하는 형태의 내부고발이다.

내부고발은 아주 극단적인 방법으로, 고발을 당하는 조직뿐만 아니라 고발주체인 당사자에게도 엄청난 부정적 파장을 몰고 올 수 있다. 따라서 먼저 사용 가능한 모든 수단과 절차를 거친 뒤에 최종적으로 신중하게 선택해야 하는 것이 바로 내부고발이다. 그러면 이제 내부고발에 대해 좀 더 구체적으로 살펴보기로 하자.

2. 내부고발, 그것이 알고 싶다

내부고발(whistleblowing)이란 조직 구성원이 내부의 비리나 불법·부당행위 등을 조직 내 상급자 또는 외부의 공공기관 등에 알리는 행위를 말한다. 이는 공동체의 안전과 권익에 가할 수 있는 위해를 방지하기 위한 용감한 행동이다. 이때 내부고발자는 '휘슬블로워(whistle-blower)', 즉 '호루라기 부는 사람'으로 통한다. 운동경기 중에 규칙을 위반한 선수에게 신호를 보내는 심판처럼, 조직에서 일어나는 부정부패를 공개적으로 알리는 사람이라는 뜻이다. 그런데 이처럼 용기 있고 양심적인 선언의 끝이 고발자 개인에게는 가혹할 때가 많다. 왜냐하면 불법행위나 비리 등이 폭로된 조직들은 예외 없이 내부고발자에게 방어적·보복적 대응(주로 조직의 명예훼손이나 업무상 취득한 비밀을 누설한 행위에 대해서 형사책임을 묻는다)을 하기 때문이다. 이렇듯 공익의 호루라기를 불려면 커다란 희생을 각오해야 한다. 다행히도 이러한 조직의 횡포에서 내부고발자를 보호하기 위한 법적 장치가 국가 차원에서 마련되어 있다.

미국은 내부고발자 보호를 위한 주요 법률로 1986년에 개정된 '부정주장법(False Claims Act, FCA)'이 있다. 이 법은 기업이 정부와 맺은 계약과 관련하여 부정이나 비리를 저지를 경우, 그러한 상황을 잘 아는 내부의 고용인이 나서서 그 부정과 비리에 대하여 불만을 제기할 수 있도록 허용한다.[38] 이에 따라 개인이 연방정부를 위하여 기업을 상대로 고소나 소송을 제기할 수 있는데, 이른바 '퀴탐소송(Qui Tam Action)'이라고 불리는 절차이다.[39]

---

38 미국의 내부고발자 보호제도는 1989년 '내부고발자 보호법(Whistleblower Protection Act)'의 제정을 통해 더욱 강화되었다. 이 법은 정부기관의 불법, 부정행위를 보고하는 내부고발자를 보호하기 위해 제정되었는데, 연방정부 내에서의 위법행위, 규정위반, 재원낭비, 권력남용 등의 비위 사안을 제보한 공무원에 대해서 공익을 증진시키는 사람이라고 규정하고, 그가 조직의 횡포로 인사에 불이익을 당하지 않도록 보호하고 있다. 만약에 내부고발자로부터 불이익을 받았다는 신고가 접수될 시 미연방특별조사국(U.S. Office of Special Counsel, OSC)은 그 내부고발자와 관련된 해당 정부기관의 보복행위에 대한 수사를 착수한다.

39 퀴탐(Qui Tam)이란 '국왕 또는 자기 자신을 위해 소송을 거는 사람(Qui Tam pro domino rege, quam pro se ispo, sequitur)'이라는 라틴어에서 유래된 말이다. 퀴탐소송의 기원은

기업의 부정을 인지한 개인이 소송을 제기하면 법무성(Department of Justice)은 그 주장을 조사하여 소송의 인계 여부를 결정한다. 이때 정부가 사건을 인계받아 조사 절차를 거쳐 소송에서 승소하면 비리기업에 물린 추징금의 15%에 해당하는 금액을 내부고발자에게 포상한다. 만약 내부고발자가 실질적으로 소송을 수행하여 승소하고, 정부는 단지 동참만 했다면 개인에 대한 보상가는 15~25%까지 높아진다. 내부고발자가 정부의 개입 없이 단독으로 소송을 제기하여 승소하면, 환수한 금액의 25~30%와 변호사비용 등 엄청난 포상금이 주어진다. 이처럼 부정주장법은 납세자의 돈인 정부예산을 보호하는 데 공헌을 한 내부고발자에 대하여 거대한 보상을 규정하고 있다.

영국에서는 1998년에 입법된 '공익제보법(Public Interest Disclosure Act, PIDA)'으로 위법행위를 신고하는 근로자를 보호하는 규정을 본격적으로 도입하였다. 이를 통해 조직 내 범죄나 부정행위, 건강과 안전상의 위험 또는 환경의 침해 등 위법에 대한 제보행위로 신고자가 불이익을 당하지 않도록 보호함으로써 부정부패를 제거하고, 각종 사회적 재난을 방지하고 있다. 그동안 내부고발로 인한 불이익을 우려한 근로자가 불법을 방관하거나 때로는 근로자나 현장감독자의 내부고발을 중간감독자나 경영진이 무시함으로써 시민의 건강이나 안전을 위협했던 큰 사고들이 몇 차례 있었다. 이를 계기로 영국 사회 내에서는 부패행위 신고를 적극적으로 장려하여 공공의 안전에 대한 위협을 미리 인지할 수 있는 제도를 갖출 필요성이 강력하

1860년대 초 미국의 남북전쟁으로 거슬러 올라간다. 그 당시 군수업자들의 납품사기에 골머리를 앓던 링컨 정부가 내부고발자에게 보상금을 지급함으로써 정부에 대한 민간의 부정을 차단하기 위한 하나의 해결책으로 고안한 데서부터 비롯되었다. 그래서 이 소송을 '에이브러햄 링컨법(Abraham Lincoln Law)'이라고도 부른다. 현재는 '퀴탐 백만장자'라는 신조어가 생겨날 만큼 제도적으로 정착되어 내부고발자 보호에 기여하고 있다.

게 제기되었다. 이에 영국 의회는 공공부문과 민간부문을 구별하지 않고 포괄적으로 적용하는 공익제보법을 제정하기에 이른다. 이 법은 1996년에 제정된 기존의 '근로권리법(Employment Right Act, ERA)'에 근로자가 내부공익신고를 이유로 자신의 고용주에게서 어떠한 불이익도 받지 않을 권리 조항을 포함하여 1999년 7월부터 시행중에 있다(김성천, 2005: 59).

우리나라도 예외가 아니다. 내부고발 제도의 필요성을 절실히 느끼고 이 제도를 정착시키기 위해 많은 노력을 해왔다. 국내 내부고발자 보호는 2002년 1월 25일부터 시행된 '부패방지법'을 통해 부패행위 신고 시 신분보장, 신변 보호, 책임 감면 및 비밀 준수, 포상 및 보상이 이루어져왔다. 그러나 이 법에서의 신고대상은 공직자의 부패행위나 공공기관에 재산상 손실을 주는 행위로 한정되어 있었기 때문에 민간기업 내부에서 비리나 공익에 반하는 행위가 발생하더라도 공직자나 공공기관에 연루된 경우가 아니면 보호 자체를 받지 못하는 실정이었다. 이에 2006년 법 개정을 거쳐 공익제보자 보호조항이 대폭 강화되기도 했다(김창준, 2005: 2~3). 그러다 마침내 2011년 3월부터 공공의 건강과 안전, 환경을 해치는 각종 공익침해 행위를 신고하는 자를 보호하기 위한 조치로서 '공익신고자보호법'이 제정(3월 29일) · 시행(9월 30일)되면서, 정부 차원에서 공 · 사기업을 막론한 내부고발자 보호제도가 마련되었다. 이제 각종 부패와 부조리함에 당당하게 맞서는 자를 보호하고 지원함으로써, 국민생활의 안정과 건전한 사회풍토 확립을 위한 초석이 세워졌다.

그런데 이 같은 법률적 시행과 더불어 제도적 효율성에 대해서도 충분히 반성해볼 필요가 있다. 특히 온정주의나 연고주의 등의 유교 전통에 익숙한 기업문화를 고려해본다면, 상사나 동료의 비리를 고발한다는 것은 용서할 수 없는 배신행위로 여겨질 때가 많다. 이로 인해 우리 사회에서 내부고발자는 영웅이나 정의의 수호자 대접은 커녕 오히려 배신자나 역적으로 폄훼되고, 왕따까지 당하는 등 사회적 편견과 비난 속에서 잔혹하게 박해를 받는 것이 현실이다. 이런 이유로 내부고발 건수가 미국이나 영국 등과 비교했을 때 실제적으로 현저히 낮은 것은 어쩌면 당연한 결과일 수밖에 없다. 따라서 지금 우리 사회는 무엇보다도 내부고발에 대한 인식의 전환이 시급한 실정이다.

다음에서 내부고발과 관련된 내용들을 좀 더 구체적으로 살펴보기로 하겠다. 내부고발을 주제로 한 영화나 그동안 국내외에서 일어난 실제 사례들 혹은 건전한 내부고발을 활성화하기 위한 방안 등을 소개할 것이다. 이를 통해 우리는 내부고발자들의 형편과 사정을 좀 더 이해하고, 그들을 바라보는 우리의 인식을 돌아볼 계기를 마련하게 될 것이다.

사건사고 읽기 2

파이퍼 알파 참사 · 클랩햄 철도 참사 · 제부럭 페리 참사

1988년 7월 6일 북해의 영국 해역에서 옥시덴탈 정유사가 운영하는 파이퍼알파 해상 유전 플랫폼 폭발로 인해, 167명이 사망한 **파이퍼 알파 참사**(Piper Alpha Disaster)의 경우나 같은 해 12월 12일에 30명이 사망하고 500여 명이 부상을 당한 **클랩햄 철도 참사**(Clapham Rail Disaster)는 현장 근로자들이 시설의 결함을 미리 발견하고도 내부고발로 인한 불이익을 염려해 보고를 미루다가 발생한 사고였다.

1987년 3월 6일 193명의 사망자가 발생한 **제부럭 페리 참사**(Zeeburgge Ferry Disaster) 역시 현장 관리인이 사고 발생의 가능성을 감지하고 미리 상급자에게 보고하였음에도 불구하고, 상급자가 이를 무시한 결과 엄청난 사고로 이어지게 되었다.

1) 공익의 호루라기를 불다 – 〈인사이더(The Insider)〉(1999)

세계 굴지의 담배회사의 수석과학자이자 부사장인 J. 와이건(Jeffrey Wigand)[40] 박사는 회사가 담배 맛을 더 좋게 하기 위해서 폐암을 유발시키는 화학물질을 첨가한다는 사실을 알고 이의를 제기하였으나 오히려 해고를 당하고 만다.[41] 해고 후에도 그가 회사 관련 비리를 외부로 알릴 경우, '비밀 준수 약정' 위반으로 의료보험 말소, 형사 처분 등을 받을 수 있다는 협박과 괴롭힘에 시달린다. 결국 그는 2년간의 월급과 건강보험을 보장받는 대가로 회사의 비밀을 발설하지 않는다는 조건에 서명을 한다. 그러나 소비자의 안전에는 전혀 관심도 없고, 오로지 자사의 수익을 위해 끊임없이 거짓말을 일삼는 담배회사들의 불법적이고 비윤리적 행태를 세상에 밝히기로 결심한다. 마침내 그의 용기 있는 내부고발로 그동안 불법을 저질러온 담배회사들의 사악함이 만천하에 드러난다. 이를 계기로 세계보건기구(WHO)가 담

---

40 25년간 제약회사의 고위직이었던 와이건 박사는 미국의 거대 담배회사 B&W(브라운앤윌리엄슨)에서 '안전한 담배'를 고안한다는 제안에 1988년 11월 이 회사 연구소 부사장으로 자리를 옮긴다. 그는 평소 사람의 생명과 건강을 보호하는 데 관심이 많았기 때문에 이 직책을 선택했다고 한다. 당시 B&W는 니코틴의 체내 흡수를 적게 하여 흡연으로 인해 발병하는 질병을 줄일 수 있는 'Airbus'라는 담배를 개발 중에 있었다. 그러나 그가 4년간 B&W에 근무하면서 알게 된 회사의 실체는 판이하게 달랐다. '안전한 담배' 개발은 겉으로 내세운 명분이었고, 오직 회사는 청소년 흡연자를 늘리고 소비자가 담배를 끊지 못하게 해서 이윤을 극대화하는 데만 관심이 있었다고 한다. 또한 담배의 중독성과 유독성 성분에 관해 대중이 무관심하도록 최대의 노력을 기울였고, 담배는 중독성이 없으며 흡연행위는 자유의지에 의한 개인의 선택이라고 강조하는 홍보 전략 구사에만 총력을 기울였다고 한다. 결국 그는 미국 담배산업의 반사회적 행태를 용기 있게 폭로하였다. 더 자세한 와이건 박사의 이야기는 그의 개인 홈페이지(http://www.jeffreywigand.com)를 참조할 것.

41 와이건 박사는 이미 1954년 FDA가 사용을 금지시킨 A급 발암물질 '쿠머린'이라는 화학물질을 담배의 첨가물로 계속 사용하고 있다는 사실을 알게 된 후 최고경영자에게 쿠머린 사용문제를 제기한다. 그러나 쿠머린을 제거하면 담배 판매에 당장 악영향을 초래할 것을 염려한 회사 측은 오히려 와이건 박사에게 해고통지를 한다.

배규제를 위한 조치를 마련하는가 하면, 당시 미국에서 진행되던 여러 건의 담배 관련 소송에서 원고(흡연피해자) 측 승소의 전환점이 되기도 했다.[42]

〈인사이더(The Insider)〉는 이 실제 사례를 영화화한 작품이다. 1999년 M. 만(Michael Kenneth Mann, 1943~)이 감독하고 러셀 크로우(Russell Ira Crowe, 1964~)가 주연했다. 이 영화로 만은 72회 아카데미 시상식과 57회 골든 글로브 시상식에서 감독상을 수상했으며, 열연을 한 러셀 크로우 역시 남우주연상을 수상했다. 이제 영화 속으로 들어가 보자.

미국의 3대 담배회사 중 하나인 'B&W(브라운엔윌리엄슨)'의 연구개발부 책임자이자 부사장 제프리 와이건(러셀 크로우 분) 박사는 '의사소통능력 미달'이란 납득할 수 없는 이유로 갑자기 해고를 당한다. 그러나 그가 해고된 진짜 이유는 회사가 매출을 늘릴 목적으로 인체에 치명적인 암모니아 화합물을 담배에 첨가해 중독성을 높여 판매해왔던 사실을 지적했기 때문이다. 해고를 당한 후에도 회사 측의 감시와 괴롭힘은 계속된다. 한편 CBS 방송의 유명 시사프로그램 〈60분(60minutes)〉의 프로듀서 로웰 버그만(알 파치노 분)은 어느 날 익명의 제보자에게서 담배회사 '필립 모리스'의 내부

---

42 미국에서 담배소송은 이미 1950년대부터 시작되었다. 당시 담배회사들은 최고의 엘리트 변호사를 기용해서 가급적 소송을 오래 끌고 나갔다. 그러면 원고 측은 법률소송비를 감당하지 못해서 중도에 포기하는 경우가 많았다. 그리고 원고 측 변호사들에 대해서도 이런저런 추악한 짓을 하여 소송을 취하시키곤 하였다. 예를 들면 사설탐정을 고용해서 변호사의 사생활을 조사하는 등 약점을 잡아 협박하는 수법이나 온갖 이의신청을 남발하여 소송비용을 감당하지 못하도록 만들어 원고 측 변호사를 파산시켜 소송을 취하하게 만드는 전략 등을 사용하였다. 그러나 점차로 개인들이 벌이던 법리공방전에 시민단체가 연대하고, 주정부가 참여하면서 거대 담배회사를 굴복시키기에 이른다. 당시 미국의 주정부들은 흡연 피해자에게 지급해야 하는 엄청난 의료비 때문에 담배회사들을 상대로 선전포고에 나서던 상황이었다. 미시시피 주에서 시작된 소송은 이후 미국 40여 개 주정부로 이어졌다. 결국 엄청난 손해배상금 지급이라는 타협안에 담배회사들은 도장을 찍어야만 했다. 1998년 11월 최종적으로 2,060억 달러(한화 약 310조 원)라는 민사상 최고 배상금을 25년간에 걸쳐 46개 주정부에 지급하기로 합의했다.

영화 〈인사이더〉의 실제 모델인 와이건 박사는 자사의 이익을 위해 소비자의 건강을 해치는 발암물질을 모른척하는 거대 담배회사의 실체를 목격하면서 내부고발자의 길을 걷게 된다. 그는 담배가 얼마나 중독성이 강하며, 건강에 치명적인지 그리고 그동안 거대 담배회사들이 어떻게 불법적으로 이윤 추구를 해왔는지 용기 있게 증언했다.

문서를 전해 받고 심각한 비리가 있음을 알아챘다. 온통 전문용어로 쓰인 문서를 이해할 수 없었던 그는 자신을 도와줄 전문가를 물색하던 중 와이건 박사를 만나게 된다. 1990년대 중반 담배산업의 비리가 속속 폭로되면서 온 국민의 분노가 증폭되던 터라, 와이건 박사의 자문을 받던 로웰은 그의 해고 사유를 듣고 미심쩍은 압력이 개입되었음을 직감한다.

그런데 와이건 박사가 언론인과 접촉하는 것을 수상하게 여긴 B&W 측은 피고용인의 비밀엄수 서약서를 빌미로 집요하게 위협하기 시작한다. 가족 모두를 살해하겠다는 협박마저 서슴지 않는다. 이 같은 협박과 회유에도 불구하고 와이건 박사는 담배회사의 비리와 거짓을 폭로하기로 결심한다. 마침내 와이건 박사는 로웰의 시사프로그램에서 증언을 하게 된다. 그러나 CBS 측은 회사의 안위를 위해 와이건 박사와의 인터뷰를 삭제할 것을 명령한다. 기업과 방송국의 유착으로 결국 프로그램은 방영되지 못한다. 그 와중에 와이건 박사는 담배회사 측의 협박을 견디지 못한 아내에게 이혼당하고, 그의 작은 비리라도 캐내어 언론 플레이를 하려는 회사 측의 계략에 만신창이가 되고 만다. 절망스럽기는 로웰 역시 마찬가지다. 권력에 유린당하고 진실 보도를 외면해버리는 동료들에 큰 배신감을 느낀 로웰은 언론인으로서 실망감을 금치 못하고, 자신이 취재한 내용과 CBS 내부의 비리를 다른 언론사를 통해 공개함으로써 자기 스스로도 내부고발자가 된다. 이로써 거대 담배회사 B&W뿐만 아니라 방송국 CBS의 불법 행위마저 세상에 알려진다.

영화 〈인사이더〉는 내부고발자들의 용감한 행동이 우리 사회의 공익에 얼마나 지대한 기여를 할 수 있는지, 그러나 그것을 위해 그들이 감내해야 할 고통과 희생이 얼마나 큰지를 씁쓸하게 보여주고 있다.

2) 진실의 입 혹은 배신의 덫?

세상에 와이건 박사나 로웰 같은 용감한 '인사이더'는 더 없을까? 진실을 위해 기꺼이 용기를 내는 사람들은 없을까? 당연히 있다! 우리에게도 혹은 저 멀리 남의 땅에도 영화 속 주인공 같은 정의의 수호자들은 얼마든지 있다. 물론 슈퍼맨이나 배트맨은 아니다. 우리와 동시대를 살아가는 실제 인물들이고 평범한 직장인들이다. 이제 그들을 찾아 나서 보자.

우리의 첫 번째 주인공은 미국인 J. 코프친스키(John Kopchinski)다. 그는 세계 최대 제약회사인 화이자(Pfizer)에서 근무했다. 그런데 회사가 각종 부작용이 심각한 관절염 치료제 '벡스트라(Bextra)'를 불법적으로 마케팅하고 있다는 사실을 알게 된다.[43] 게다가 그는 마케팅 담당자로부터 약의 부작용을 지적하는 사람들에게는 악의에 찬 비방이라고 해명하도록 강요받

43 심근경색이나 발작 등 심각한 부작용에도 불구하고 회사 측은 수단과 방법을 가리지 않고 벡스트라의 판매에 열을 올렸다고 한다. 코프친스키에 따르면, 화이자는 불법 마케팅으로 벡스트라를 처방하는 의사들에게 50달러의 수당을 지급하는가 하면, 벡스트라 처방 시 용량을 최대화하라고 요구하여 실제로 편두통 환자에게 허용량의 8배까지 처방했다고 한다.

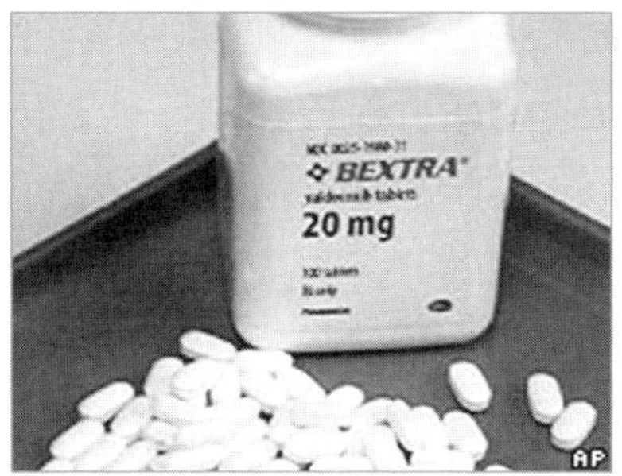

거대 다국적 제약회사인 화이자는 각종 부작용이 심각했던 '벡스트라'의 불법적인 마케팅으로 인한 비리가 드러나면서 천문학적 액수의 벌금을 물어야 했고, 결국 이 약은 2005년 제약 시장에서 완전히 퇴출당했다.

는다. 설령 많은 사람들을 위험에 빠뜨리더라도 회사의 이윤을 위해서라면 어떤 수단과 방법을 가리지 말 것을 강요받았던 것이다. 마침내 2003년 3월, 코프친스키는 화이자의 불법행위를 고발하기에 이른다. 화이자는 즉각적인 보복대응에 나섰고 그는 회사를 떠나야만 했다. 내부고발과 함께 끝이 보이지 않는 고난이 시작되었다. 그나마 다행스러운 것은 그의 고발이 있은 2년 뒤 벡스트라는 제약 시장에서 완전히 퇴출되었다.

해고 이후 코프친스키는 거대 기업 화이자를 상대로 부정주장법에 보장된 퀴탐 소송을 제기하였다. 기약할 수 없었던 고통스러운 법정 싸움은 6년이 지난, 2009년에야 마침내 종지부를 찍었다. 결과는 그의 승리였다. 그는 법이 보장하는 대로 내부고발자 포상금 5,150만 달러(약 638억 원)를 받게 되었다. 이른바 그는 '퀴탐 백만장자'가 되었다. 그의 이야기는 이렇게 해피엔딩으로 막을 내린다.

두 번째 주인공은 한국인 정국정 씨다. 그는 국내 대기업 LG전자에 근무했던 엔지니어다. 그리고 본사와 하청업체 간의 검은 거래를 낱낱이 밝혀낸 용감한 내부고발자다. 1996년 11월 납품비리를 밝혀낸 그의 고발은 감사 결과 사실로 드러났으며, 비리의 관련자들은 징계를 받았고 문제의 업체와 거래도 중단되었다. 부당하게 지출된 회사 돈 역시 환수되었다. 회사에 대한 애착과 자부심이 어느 누구보다 강했던 정국정 씨의 시련은 정작 그 이후부터 시작되었다. 1998년과 1999년 정기 인사에서 별다른 이유 없이 승진이 누락된 데 이어 별안간 구조조정 대상자로 지목되어 명예퇴직을 권유받게 된다. 정씨가 이를 단호히 거부하자, 회사 측은 개인용 PC, 전자메일 ID, 개인 사물함 등을 모두 회수하였다. 그 어떤 일도 그에게 주어지지 않았다. 정씨는 복도에 별도로 마련된 책상에서 근무하는 지경에까지 이르렀다. 본격적인 조직 내 '왕따'도 시작되었다. 결국 2000년 2월 정씨는 직무태만과 업무수행 거부라는 황당한 이유로 LG전자에서 부당해고를 당한다. 그 후로 회사 측과 정씨 간의 크고 작은 20여 개의 소송들이 이어졌고, 다행히 대부분 정씨가 승소하였다. 그런데 정씨는 무엇보다도 복직을 원했다. 복직만이 그동안 실추되었던 자신의 명예를 회복할 수 있다고 생각했다. 그의 소원이 얼핏 이루어지는 듯 보였다. 2010년 2월 5일 고등법원은 그에 대한 복직 판결을 내렸기 때문이다. LG전자는 이 판결에 불복하여 상고하였고, 2011년 4월 3일 드디어 대법원 판결이 내려졌다. 놀랍게도 대법원은 정씨의 해고가 정당하다는 기업의 손을 들어주고 말았다. 10년이 넘는 긴 고통의 세월 동안 꿈꾸어오던 복직을 향한 그의 바람은 이제 사라지고 말았다.

> 저의 소원은 억울하게 쫓겨난 첫 직장 LG전자에 다시 돌아가, 당당하게 사표를 쓰고 회사를 걸어 나오는 것입니다.

정녕코 그의 스토리는 이렇게 새드엔딩이 되고 말 것인가?

세 번째 주인공은 공익제보자들이 대접받는 세상을 꿈꾸는 김용환 씨이다. 그는 대한적십자사에 다니는 평범한 직장인이었다. 어려운 업무처리가

해고 이후 정국정 씨는 대기업 LG전자의 부당함을 알리기 위해 오랫동안 1인 시위를 해왔다. 그러나 그의 복직은 물거품이 되어 사라지고 말았다. 황당한 사유로 해고당하기 직전에는 복도에서 근무해야 하는 굴욕마저 견뎌야 했다.

있으면 야근도 마다하지 않았다. 혈액을 관리하는 만큼 국민 건강을 책임지고 있다는 자긍심도 컸다. 그런 그가 사측으로부터 소송을 당한 전례가 있다.

김용환 씨는 2003년 7월 19일에 방영된 KBS의 〈추적 60분〉에 출연해서 대한적십자사의 허술한 혈액 관리 실태의 문제점에 관해 자신의 동료와 함께 자문을 한 적이 있다. 얼굴에 모자이크 처리를 하고 음성변조를 한 후 2~3분 정도 인터뷰를 했고, 이 내용은 전파를 타고 전국에 방영되었다. 그런데 그의 양심선언의 끝 역시 여느 내부고발자와 다르지 않았다. 방송 직후 적십자사의 경영진은 혈액 관리의 쇄신보다는 내부고발자 색출에만 몰두하는 모습을 보였고, 결국 내부고발로 회사의 명예를 실추시키고 근무기강을 문란케 했다는 이유로 징계위원회를 열어 김용환 씨의 징계절차를 밟아나갔다. 내부고발자의 처벌을 위한 고발장도 접수하였다. 이러한 고초를 겪는 동안에 김용환 씨를 더 고통스럽게 만든 것은 무엇보다도 상당수의 동료들에게서 조직의 배신자로 취급받아야 하는 현실이었다. 물론 감사원의 조사 결과에서 김용환 씨가 방송에서 말한 내용은 거의 대부분 사실로 드러났다. 대한적십자사의 부적격 혈액 유통(에이즈에 감염된 수혈 피해 사례 7건, B · C형 간염에 감염된 사례 8건, 말라리아 감염 4건 등)과 관련하여 혈액관리법을 명백히 위반한 범법행위들이 속속히 드러났다.

다행스레 김용환 씨는 '해고'라는 파국을 맞지는 않았다. 그렇지만 그 역시 한동안 시련의 나날을 보내야만 했다. 내부고발자의 고통을 누구보다도 잘 아는 그는 자신이 겪었던 경험을 교훈삼아 홀로 싸우는 공익제보자를 찾아다녔다. 서로 정보를 공유하고 함께 맞서기 위해 '공익제보자와 함께하는 모임(www.insider.or.kr)'을 만들어, 양심선언이나 공익신고 뒤에 불이익을 당하는 이들에게 적극적으로 도움을 주고 있다. 오늘도 김용환 씨는 공익제보자가 대접받고 보호받을 수 있는 공정한 세상을 꿈꾼다.

이처럼 내부고발자들의 용기 있는 선택 덕분에 우리 사회의 부당하고 위험한 일들이 결국 바로잡히고 있지만, 정작 그 잘못을 지적한 내부고발자들은 자신의 일자리를 잃어버리거나 돌이킬 수 없는 큰 상처를 입은 채 여전히 고통 속에서 헤매는 것이 바로 대한민국의 현주소다. 이들이 제보한 내용들은 감사원이나 법원에서 대부분 사실로 드러났지만, 그들을 기다리고 있던 것은 포상은커녕 오히려 배신자라는 낙인이었고, 동료들로부터의 철저한 외면이었다.

만약 이들의 내부고발이 없었다면, 여느 다른 사람들처럼 그들도 불법행위에 모른 척 눈감아 버렸더라면, 과연 지금쯤 무슨 일들이 벌어졌을까?

아마도 감염된 혈액은 여전히 아무도 모르게 우리를 위협했을 것이고, LG전자의 납품 비리는 현재진행형일 가능성이 높다. 상상만으로도 끔찍하고 충분히 혼란스럽다. 그렇지만 그들의 용기 있는 내부고발로 인해 국민들은 제대로 된 혈액을 공급받을 수 있게 되었고, LG전자는 불필요한 지출을 막게 되었다. 칭찬받아 마땅한 일임에도 그들은 조직으로부터, 동료들로부터 철저히 외면당하고 버림받았다. 그들이 원했던 것은 커다란 포상금이 아니라 어쩌면 동료들의 따뜻한 격려였을지도 모른다. 그들의 진심 어린 위로였을지도 모른다. 그러나 내부고발자들의 정의로운 행동에 우리 사회는 여전히 차가운 시선을 보내고 있다.

불법이나 비리 사실을 폭로·고발하는 것이 올바른 행동이라는 데에는 누구나 동의하면서도 막상 자신이 속한 조직 내의 부정부패나 비리 그리고 비윤리적 행위를 알게 되면 머뭇거리는, 우리 사회의 이중적 태도는 여전하다. 게다가 정의로운 내부고발의 행위마저 마치 큰 잘못을 저지른 양 폄하해버리기 일쑤다. 지금 우리 사회는 무엇보다도 내부고발자에 대한 인식 변화가 시급하다. 부정부패는 우리 주위의 침묵을 먹고 자란다. 누군가가 용기 있게 그 침묵을 깨지 않으면 환부는 더욱 곪아서 결코 돌이킬 수 없는 상황으로 치닫게 될 것이다. 건전한 내부고발이 활성화할 수 있을 때야 비로소 올바른 기업문화, 나아가 청렴한 대한민국을 만들어갈 수 있다는 사실을 명심해야 한다.

3) 내부고발의 목소리, 외부가 듣게 하라!

내부고발은 기업이나 사회의 부조리를 막기 위한 정의로운 행동이다. 그러나 내부고발자의 현실은 앞선 사례에서 본 것처럼 암울하기 짝이 없다. 건전한 내부고발의 활성화를 위해서는 무엇보다도 내부고발자에 대한 사회적 보호가 절실하다. 물론 '신문고'나 '신고포상금제' 등 내부적으로 자정의 노력도 있지만, 조직 내 만연한 온정주의나 내부고발자에 대한 신변보호가 취약한 풍토 탓에 그 효과는 미비한 수준이다. 그런데 최근에는 그동안 자체적으로 운영하던 내부고발 시스템을 외부 민간업체에 위탁하는 내부고발 시스템의 아웃소싱을 도입하는 곳이 점차로 늘고 있다.

공공기관이나 민간기업이 내부고발 시스템을 민간업체에 위탁하는 가장 큰 이유는 바로 내부고발자를 보호하기 위함이다. 자체 고발 시스템을 운영했을 때 조직 내 상급자나 경영진에 의해 제보자 색출작업이 쉽게 이루어지고, 그들에 대한 보복 대응이 예외 없이 이루어져왔다. 그런데 외부의 제3자에게 위탁하여, 독립기관이 온라인상에서 익명 제보를 받은 뒤 해당 기관 감사 담당자에게 직접 전달할 경우, 제보자의 신원이 노출될 가능성은 최소화된다. 1970년대부터 이런 제도를 도입한 미국은 현재 내부고발 아웃소싱 회사 2곳에 마이크로소프트사와 하버드대 등 3,400여 개의 기업과 관공서가 가입해 있고, 일본도 500여 개 기관이 내부비리 관리를 외주 업체에 맡기고 있다.

우리나라에서는 한국기업윤리경영연구원(KBEI, www.kbei.org) 산하 'KBEI 헬프라인(Help-Line)'이 국내 최초로 내부고발을 대행한다.[44] 민간기업인 신세계가 2007년 첫 의뢰기관이 된 이후 고용노동부와 해양경찰청 등 정부기관과 서울시 · 경기도 · 부산시 · 경상북도 등 지방자치단체, 그리고 한국수자원공사와 한국가스공사 · 한국지역난방공사 등 공기업을 포함해 현재 27곳이 헬프라인을 통해 내부고발 시스템을 운영하고 있다. 특히 공공기관의 성과평가에 반부패, 청렴도 등의 지표가 반영되면서 적극적으로 외부 아웃소싱을 활용하게 되어 상당한 정도의 성과를 올리고 있다.

44 http://kbei.org/home/02/help01.php

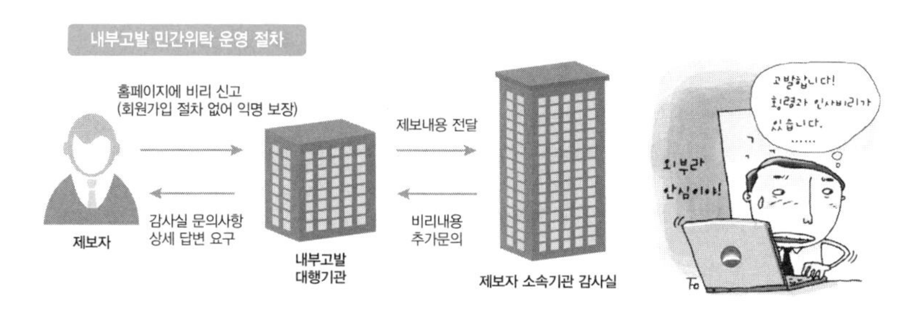

조직 내 비리와 부정부패를 신고하는 내부고발자의 익명성을 보장하기 위해 내부고발 시스템을 외부 전문기관에 맡겨 관리하는 사례가 늘고 있다.

이처럼 새로운 내부고발 시스템에 힘입어 각종 비리 고발이나 부조리 신고가 늘어나면서 각급 조직에서는 운영상의 문제점을 전반적으로 보완하고 개선해 나가고 있다. 그러나 일각에서는 여전히 의혹이 제기되기도 한다. 내부비리 접수 대행기관이 고객인 회원사 간부들의 입김에서 자유로울 수 있는 확실한 대책 마련에 여전히 의문이 일기 때문이다. 실제로 회원 기업의 일부 임원들은 자사의 비리를 제보한 내부고발자를 '배신자'로, 그리고 내부고발 시스템을 자신들에 대한 위협으로 인식하는 경우가 있다. 더욱이 비리를 고발당한 회원 기관에서 제보자를 알려 달라는 요청마저 종종 있다. 구조적으로 고착화된 내부고발자를 향한 냉대는 여전하다. 그렇지만 헬프라인의 존재 이유가 내부고발자의 신변을 보호하는 일인 만큼 무엇보다도 제보자의 신원보호라는 중차대한 과제는 반드시 지켜져야 한다. 따라서 내부고발 대행기관은 제보자가 보복에 대한 두려움 없이 안심하고 신고할 수 있는 메커니즘을 확립·유지함으로써 꾸준한 신뢰를 받을 수 있도록 노력해야 한다. 물론 내부고발을 대행시킨 조직에서도 건전한 내부고발이 조직의 경쟁력을 강화시킨다는 인식의 개선이 필요하다.

3. 엔지니어, 당신은 어떤 선택을 하시겠습니까?

앞서 살펴본 사례들은 우리 엔지니어를 움츠러들게 하여 내부고발을 더욱 어렵게 만든다. 정부 차원에서 법적 보호장치가 마련되어 있기는 하지만, 민간기업 내에서의 고발을 향한 시선은 여전히 싸늘하다. 그리고 그 속에서 엄청난 고통을 감수해야 하는 것은 온전히 내부고발자의 몫으로 남아 있다. 그렇지만 그동안 용기 있는 내부고발자의 호루라기가 비윤리적이거나 비합법적인 행동들을 막아내고 좀 더 건전하고 안전한 사회로 발돋움하는 데 큰 역할을 한 것은 분명한 사실이다. 따라서 엔지니어는 자신의 조직 내의 잘못된 행동을 사회에 알림으로써 대중의 건강과 안전을 지키는 전문가로서의 '의무'를 다해야 한다. 물론 쉽지 않는 일이다. 그러나 충분히 의미 있는 일임에는 틀림이 없다. 그렇다면 내부고발은 언제, 어떤 절차를 거쳐 이루어져야 하는가?

1) 내부고발, 언제 시도해야 하는가?

당신은 공학 현장에서 몇몇의 불법 행위들과 마주칠지도 모른다. 물론 당신은 두 눈을 질끈 감고 모른 척할 수도 있다. 다른 사람들처럼 입을 꾹 다물고 있을 수도 있다. 아니면 소극적인 불복종으로 시작하여 내부고발까지 나아갈 수도 있다. 전적으로 당신의 선택에 달렸다. 마침내 당신이 내부고발을 결심했다면, 과연 언제 해야 하는가? 도대체 그때를 어떻게 알 수 있는가? 부정부패가 어느 정도 진척될 때까지 기다려야 하는가, 아니면 일이 더 커지기 전에 애당초 진작 뿌리를 뽑아야 하는가? 이제 우리는 내부고발이 이루어질 수 있는 적정한 상황들을 알아본 뒤에 그 시점에 대한 답을 시도할 것이다. 만약 당신이 조직 내 비리나 부정부패에 맞닥

뜨린다면 먼저 다음 네 가지 조건을 신중히 검토해보라(C.B. Fleddermann, 2009: 115).

① 필요(need)

내부고발을 통해 막을 수 있는 명백하고 중요한 해(害)가 틀림없이 있어야 한다. 물론 당신은 모든 것에 대해 고발할 필요는 없다. 그런데 지속적이면서도 개선의 여지조차 보이지 않는다면 이것은 고발이 요구된다. 예를 들어 만약 당신의 회사에서 의도치 않게 유독성 폐수를 방출했다면, 이 우연한 사건은 아마 외부로 알려지지 않는 것이 더 나을지도 모른다. 그러나 이러한 사건이 반복적으로 발생하고, 이 문제의 개선을 여러 차례 시도했음에도 전혀 나아질 조짐이 보이지 않는다면, 아마도 이 상황은 내부고발의 필요성을 심각하게 고려할 만하다.

② 근접(proximity)

당신은 내부고발에 대한 분명하고 충분한 지식을 지녀야 한다. 떠도는 소문이나 풍문만으로는 부족하다. 당신이 직접 알게 된 지식, 즉 관련 분야에서 충분한 전문가적 지식을 가지고 있어야 한다. 그래야만 당신의 고발은 신뢰를 얻을 것이다.

③ 역량(capability)

내부고발을 통해 불법적이고 해로운 행동을 중단시키는 데 성공할 가능성이 어느 정도 있어야 한다. 큰 용기를 내어 고발했지만 상황이 나아질 조짐이 보이지 않거나 개선될 수 있는 적절한 통로가 보장되지 않으면, 혹은 이 사건에 끝까지 매달릴 형편이 되지 않으면, 과연 실직의 위기와 그에 따른 재정적 위험을 무릅쓰면서까지 내부고발을 할 필요가 있을까? 아마 그렇지는 않을 것이다.

④ 최후의 호소(last resort)

내부고발은 당신이 충분히 다른 시도들을 다하고 나서도 다른 대안이 전혀 없을 때, 고발 이외의 다른 방법들이 모두 차단되었을 때 비로소 시도할 수 있다. 만약에 열두 번을 생각했다면, 주저 말고 열세 번을 생각해라. 아무리 심사숙고해도 지나치지 않다.

이제 위의 네 가지 조건을 갖추었고, 무엇보다도 동료 엔지니어나 조직에 대한 사적인 보복심이 아니라 순전히 공공의 이익을 보호하기 위한 의도를 지녔다면, 비로소 당신은 내부고발에 용기를 내어볼 만하다.

2) 내부고발, 어떤 절차로 이루어져야 하는가?

내부고발을 위한 조건을 다 갖추었고 공익보호라는 선한 의도를 지녔다면, 이제는 성공적으로 내부고발이 이루어질 수 있는 방안을 모색해야 한다. 즉 성공적인 내부고발을 위해 거쳐야 하는 절차들이 있다. 당신은 최소한 다음의 내부고발 절차를 밟아나감으로써 공익을 지키면서 자신도 보호할 수 있을 것이다(C.E. Harris 외, 2004: 223~226). 물론 내부고발 직전까지도 신중해야 함은 너무도 당연한 일이다. 여기서 그만두어도 당신을 탓하지 않을 것이다. 이제 준비되었는가? 그럼 시작해보자.

① 당신은 자기 주장의 합당성을 보장받기 위해 모든 노력을 기울여야 한다. 필요하다면 문서화된 증거도 확보해야 한다. 이때 문서는 이의제기를 뒷받침해야 한다.

② 이의제기의 정당성을 확보하기 위해서는 다른 사람의 의견도 들어야 한다. 필요하다면 관련 전문직단체의 윤리위원회나 외부의 기업윤리

상담전문가의 조언, 전문 기술평가 등을 요청할 수 있다.

③ 회사 내 믿을 수 있는 동료들의 지지도 비공개적으로 모아야 한다.

④ 직속상관에게 예의를 갖추어 이의를 제기한다. 이때 비윤리적 문제를 해결하기 위한 긍정적이고 구체적인 제안도 포함되어야 한다.

⑤ 직속상관이 냉담하면 더 높은 상관들에게 자료를 제출하고 지원을 요청한다. 이때 전문가적 책임감에 입각한 자신의 제안에 따라 비윤리적 문제의 해결이 회사의 경영과 이익에도 도움이 됨을 설득한다.

⑥ 모든 노력이 실패하면 최후 수단으로 공공의 언론이나 정부의 담당기관에 내용을 알려야 한다. 이때 공공의 안전이나 복지에 영향을 끼치는 문제라면, 이 같은 사회문제를 해결하고자 노력하는 시민사회단체의 전문가들과 사전에 협의해 도움을 구할 수 있다.

지금까지 엔지니어 입장에서 내부고발을 살펴보았다. 그런데 내부고발은 고용주의 입장에서도 커다란 이슈거리다. 명백한 불법행위가 대중에게 알려지는 것은 분명 조직의 이미지에 큰 타격을 입힐 것이고 회사의 전망을 어둡게 할 것이기 때문이다. 그렇다면 고용주로서 과연 어떻게 이러한 손상을 막을 수 있을까? 물론 애당초 불법이 자행되지 않는 건전한 조직이나 비리가 발견되더라도 신속하게 처리하여 확대 · 재생산되지 않는 조직을 만들어 나가는 것이 바람직하다. 쉽지는 않겠지만 다음의 노력들을 해나간다면, 불가능한 일만은 아니다(C.B. Fleddermann, 2009: 116).

첫째, 조직 내 윤리문화를 조성하도록 노력한다. 이는 경영자를 포함한 모든 고용인들이 지속적으로 윤리훈련을 해야 한다는 의미다. 이를 통해 조직 구성원들의 윤리적 감수성을 북돋우고, 윤리적 행동을 장려하는 풍조를 세울 수 있다.

둘째, 조직 내의 원활한 의사소통에 대한 기회나 가능성이 열려 있어야 한다. 경영자는 고용인들이 자신들의 관심을 분명하게 표명할 수 있는 고정된 통로를 제공해야 한다. 그러기 위해서는 조직 내의 구조를 어느 정도 유연하게 이끌어나갈 필요가 있다. 즉 엄격한 위계질서에서 벗어나 누구나 자유롭게 의견을 나눔으로써 서로 이해하고 절충해 나가는 토론의 장이 마련되어야 한다. 이를 통해 서로간의 대립과 갈등을 줄일 수 있다.

셋째, 조직 내 불법행위의 제보에 대해서 그 어떤 보복적 대응이 없어야 한다. 오히려 건전한 제보를 환영하고 보상함으로써 조직 내 윤리적 행위를 증진시킬 수 있는 기틀을 마련해야 한다. 마지막으로 경영자의 입장에서도 자신의 실수를 공개적으로 인정할 수 있는 분위기를 조성해야 한다. 아무리 활발한 의사소통과 공감대 형성을 위한 노력을 하더라도 조직의 리더가 경직된 관료적 태도에서 벗어나지 못하면 상대방은 쉽사리 마음의 문을 열지 못할 것이다. 격식과 권위에서 벗어나 포용하는 리더십이야말로 모든 고용인들의 윤리의식을 한 단계 높이는 계기로 작용할 수 있다.

이와 같은 노사 공동의 노력이야말로 건전한 조직문화를 정착시키고, 성숙한 사회문화를 만들어 나가는 데 기본 바탕이 될 것이다.

생각 읽기 3

3-1 만약 당신이 영화 〈인사이더〉의 주인공 제프리 와이건 박사라면, 과연 어떤 선택을 하겠는가? 그런 선택을 한 이유는 무엇인가?

3-2 국내외 내부고발 사례들을 직접 찾아 각각의 경과를 비교해보자. 그 결과에 대해 자신이 느낀 점을 발표해보자.

4

기술재해와 엔지니어의 사회적 책임

5강

예고된 재앙과 엔지니어의 책임

학습목표

- 공학 활동이 우리 삶과 사회에 미치는 직접적인 영향력에 대해 실제 사례들을 통해 확인한다.
- 끊임없이 새로운 기술을 주도하는 엔지니어의 사회적 책임에 대해 이해한다.

1. 이상 징후, 사고는 이미 시작되었다!

공학적 산물은 '양날의 검'과 같다. 그것은 우리의 생명을 구하기도 하지만, 때때로 위협하기도 한다. 지금 당장 신문을 펼쳐 보기만 해도 알 수 있다. 수많은 사건사고들의 파노라마가 펼쳐져 있을 것이다. 뒤에서 살펴보겠지만, 하얏트 리젠시 호텔 고가통로 붕괴·삼풍백화점 붕괴·대구지하철 화재 등과 같은 대형 참사, 포드 사의 핀토 소송이나 샌프란시스코만의 고속철도시스템 결함 등과 같이 일상적으로 일어나는 교통사고, 우리 식탁을 위협하는 식품의 안전성 문제에 이르기까지 크고 작은 공학적 사고들이 우리의 삶을 끊임없이 위험에 빠트리고 있다. 그런데 이처럼 다양한 기술재해들은 발생에 앞서 이상 징후들을 드러내기 마련이다. 즉 지속적인 위험신호에도 불구하고 별 대수롭지 않게 넘겨버린 일들이 돌이킬 수 없는 참사로 이어지는 경우가 흔하다. 따라서 새로운 공학적 산물을 생산하는 엔지니어는 그것의 긍정적인 측면을 극대화하려는 시도뿐만 아니라 그것이 안고 있는 위험성 역시 최소화하려는 노력을 게을리해서는 안 된다. 무엇보다도 그것들이 암시하는 이상 징후들에 결코 소홀해서는 안 된다.

이제 그동안 국내외에서 발생했던 몇몇 기술재해 사례들을 통해 엔지니어의 공학 활동이 우리 일상과 얼마나 근접해 있는지 확인해볼 것이다. 그리고 엔지니어의 공학적 실패는 곧 우리의 안전과 건강, 그리고 복지의 실패와 직결됨을 확인할 것이다.

1) 포드 사의 핀토(Pinto) 소송사건

1968년 포드 사는 소형차 핀토를 시장에 투입하기로 결정한다. 그 당시 미국 소형차 시장에서는 일본산 자동차가 불티나게 팔리고 있었다. 포드 사는 시장점유율을 높이기 위해 핀토 개발을 무리하게 서둘렀다. 그 결과 핀토는 통상적인 승용차 제작 기간의 절반 수준의 시간이 소요되었다. 드디어 1971년 8월 핀토는 출시와 함께 판매호조를 보이면서 '국민차'의 지위를 누릴 정도로 엄청난 인기를 끌기 시작하였다. 그러나 핀토는 차량 뒤쪽 연료탱크에 중대한 결함을 가지고 있었다.[45]

1972년 5월 L. 그레이(Lily Gray)는 자신의 신형 핀토에 이웃 소년 13세의 리처드(Richard Grimshaw)를 태우고 가던 중, 뒤따르던 차에 추돌 사고를 당한다. 비록 경미한 충돌이었지만 연료탱크가 폭발해 화재사고로 이

---

45 자동차 뒤쪽 트렁크 밑에 장착 된 연료탱크를 보호하는 지지구조물이 없는 설계상의 결함 때문에, 경미한 후방충돌에도 연료탱크가 앞좌석까지 밀려들어가 파열되고, 이로 인해 자동차의 앞좌석 문이 열리지 않아 화재 시 탑승자가 재빨리 차 밖으로 빠져나올 수 없는 경우가 종종 있었다. 이 같은 설계상의 결함에 빗대어 핀토를 '4인용 바비큐'라고 불렀다.

핀토의 안전성을 검사하는 후방충돌 모의실험 장면. 핀토는 경미한 추돌에도 연료탱크가 폭발하여 곧 화염에 휩싸였다.

어지면서 리처드는 전신에 큰 화상을 입었고, 그레이는 불에 타 현장에서 사망하였다. 이에 피해자 측은 포드 사가 핀토의 안전성을 충분히 고려하지 않았다는 이유를 들어 손해배상을 요구하는 소송을 제기하였다.

사실 포드 사는 핀토의 연료탱크에 대한 안전성을 충분히 고려하지 않았다. 이 때문에 핀토의 추돌사고 시 연료가 새어 나와 폭발의 위험성이 매우 높았다. 더욱이 포드 사는 핀토를 출시할 때부터 연료탱크의 잠재적 결함을 알고 있었고, 한 대당 대략 11달러 정도를 들여 안전조치를 취한다면 후방 충격에 따른 폭발사고는 어느 정도 방지할 수 있다는 사실 역시 알고 있었다. 그렇지만 포드 사는 연료탱크의 보완을 미루고 있었고 이러한 사실들이 재판과정에서 드러나기 시작하였다. 특히 포드 사의 경영진과 의견대립으로 해직당한 기술담당 부사장이 원고 측의 증인으로 출석하여 충격적인 사실을 증언했다.

시장에 출하되어 결함이 있는 핀토를 모두 회수하여 안전대책을 취하기보다는 화재사고의 빈도를 감안할 경우 화상 등의 피해자에게 배상금을 지불하는 편이 경제적 측면에서 오히려 이득이 있다고 보았습니다.

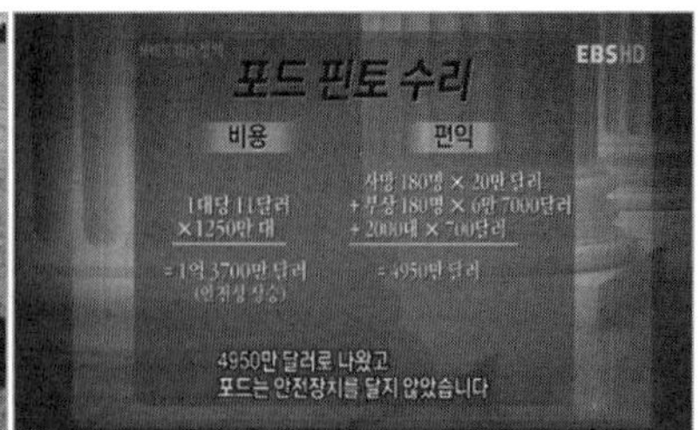

1대당 11달러의 안전장치를 설치하는 데 대략 1억 3,700만 달러의 비용이 소요되는 반면, 사고발생 시 사망자와 부상자의 보상비용과 파손된 자동차 수리비용을 추가로 계산해도 4,590만 달러가 소요된다. 계산상 연료탱크를 개선하기보다는 사고 시 손실비용을 지불하는 것이 포드 사에 훨씬 더 이익이다.

즉 자동차 1대당 11달러의 비용을 들여 안전장치를 설치하는 것보다 차라리 사고 후에 보상처리하는 편이 비용 면에서 훨씬 더 절감된다는 판단에 따라 포드 사는 핀토의 설계상 위험성을 사전에 인지하고 있었음에도 그 어떠한 조치도 취하지 않았다는 것이다. 분명 포드 사의 입장에서는 훨씬 더 이익을 보는 계산법이었다.

1978년 2월 법정에서 포드 사의 금전적 이익만을 고려한 비용-편익분석(cost-benefit analysis)이 폭로되자 배심원들은 크게 분노하여 통상의 손해배상금 350만 달러에 더하여 일종의 제재금인 징벌적 배상금(punitive damages)으로 1억 2,500만 달러의 지급을 명하도록 평결하였다.

2) 하얏트 리젠시 호텔 고가통로 붕괴사고

1981년 7월 17일, 미국 미주리 주 캔자스시티 하얏트 리젠시 호텔 아트리움 로비에서는 댄스파티가 한창이었고, 참가자와 구경꾼을 합쳐 2,000여 명의 사람들이 모여 있었다. 그때 별안간 2층과 4층의 고가통로가 연쇄적으로 아래로 떨어졌다. 천장에서부터 그 통로를 지지하고 있던 버팀대와 빔들이 부서지면서 구조물이 사정없이 무너져 내렸고, 그 구조물에 깔려

SYRACUSE
HERALD-JOURNAL
FINAL
Briefly
Cloudy
Hotel disaster toll at 111
10 found alive under debris of two 'sky bridges'
'Get me out of here, I beg you'
'Like something in a movie'

안전보다는 비용절감을 고려한 설계 변경이 돌이킬 수 없는 큰 참사로 이어졌다. 이튿날 이 사고 소식은 《헤럴드저널》 1면에 대서특필되었다.

114명이 숨지고, 200명 이상의 부상자가 발생하였다.

붕괴의 원인은 애당초 계획했던 통로의 설계구조와 다른 방식의 버팀대 구조였다. 이 새로운 버팀대 구조는 원래의 방식보다 비용이 절감되고 시공하기도 훨씬 쉬웠지만, 버팀대에 더 많은 부담을 줌으로써 고가통로의 무게를 제대로 버텨내지 못하였다. 이 설계대로라면, 버팀대는 필요한 강도의 60% 정도밖에 되지 않았다.

그런데 호텔이 완공되기 전인 1979년 10월, 호텔 중앙 홀의 천장이 부분적으로 무너지는 사고가 발생하면서 이미 이날의 사고는 조짐을 드러내었다. 당시 설계 및 시공을 담당한 외주업체 길럼앤어소시에이츠(Jack D. Gillum & Associates, GCE) 사는 자체 조사를 통해 강재와 콘크리트 사이의 불량 접합과 작업자의 설비 불량이 원인이었다고 밝혔다. 호텔 측도 자체적으로 독립적인 조사를 위탁했고, 이와 동일한 결론을 얻었다. 이에 따라서 호텔 측은 외주업체에 모든 철골구조의 설계를 검토할 것을 요구하였고, 담당업체 역시 관련 엔지니어들에게 중앙 홀 천장에 있는 철골구조 검토를 지시하였다. 그런데 GCE의 설계 총책임자 D. 덩컨(Daniel M.

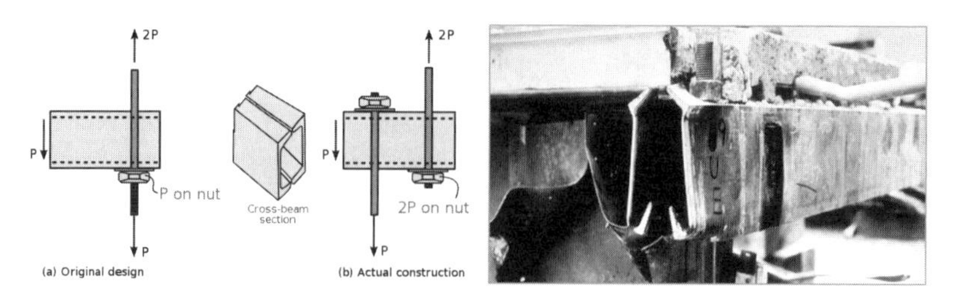

처음에는 연결통로들이 아트리움 천장에 연결된 하나의 연결봉으로 지지될 수 있도록 설계되었다. 이 경우에 전체 길이의 긴 연결봉이 필요하기 때문에 비용이 큰 폭으로 상승한다. 하청업체는 비용절감을 위해 설계를 변경하였다.

Duncan)은 담당엔지니어 G. 루스(Gregory P. Luth)가 모든 철골구조를 알아서 잘 검토하였을 것으로 지레 짐작하여 감리를 소홀히 한 것이다.

사건의 전말이 밝혀지면서, 사고 관련 엔지니어들에게 '직무상 고의적인 태만죄'가 선고되었다. 맨 처음 하얏트 호텔 개발프로젝트에서 구조공학 컨설팅을 맡았던 길럼-콜라코(Gillum-Colaco) 사와 그 자회사 GCE의 과실, 무능력, 태만 등의 잘못이 여실히 드러났기 때문이다. 이 회사 대표 J. 길럼(Jack D. Guillum)과 총괄 설계자 덩컨은 유죄판결을 받고 엔지니어의 면허를 박탈당했으며, GCE사 역시 공학기업 면허를 취소당했다. 이 판결 사례는 엔지니어가 자신의 행위뿐만 아니라 자신이 감독하는 다른 사람의 행위에 대해서도 책임을 져야 한다는 사실을 보여주었다.

3) 삼풍백화점 붕괴사고

1995년 6월 29일 저녁, 겉으로는 멀쩡해 보이던 건물이 스스로 무너져 내렸다. 순식간에 건물의 기둥들이 모두 붕괴되기 시작하면서 고작 20초도 걸리지 않아 건물은 감쪽같이 사라지고 1,500여 명이 잔해 속에 묻혀버렸다.

사고 원인 규명을 위한 전문가조사위원회의 종합적인 검토 결과, 삼풍

1995년 6월 29일 오후 5시 57분, 서울 서초구 서초동에 있던 삼풍백화점 5층 건물이 갑자기 무너져 내려 사망자 502명, 부상자 937명, 실종자 6명의 인명 피해가 발생하였다.

백화점의 붕괴는 설계에서부터 시공, 감리와 안전 관리상의 문제점 등 총체적 부실이 복합적으로 작용한 참사였다.

삼풍백화점은 사업계획의 승인이 이루어지고 나서도 준공검사 때까지 무려 세 차례에 걸쳐 설계 변경이 있었으며, 이로 인해 최종 설계도면이 완성되기도 전에 이미 공사가 진행되었다. 잦은 설계 및 용도 변경에 따라 구조적 안정성이나 설계에 대한 치밀한 검토가 미흡할 수밖에 없었고, 결국 기초와 구조물은 보강하지 않은 채 증축공사와 보수공사를 강행하였다.[46] 또한 골조공사를 시행할 때 현장 관리 및 감독의 소홀로 부실한 철근 배근, 콘크리트의 품질 저하, 구조 단면의 치수 감소나 누락 등 심각한 부실시공을 야기했다. 더욱이 부실한 골조공사 완성 후 마감공사 과정에서 또다시 반복된 무단 설계 및 용도 변경으로 과중한 하중을 정확하게 계산하지 못하는 실수마저 범하였다.[47] 여기에 덧붙여 행정기관의 미흡한 안전 관리 역시 붕괴의 주요 원인으로 지적되었다. 삼풍백화점은 설계 단계에서부터 여러 문제를 안고 있었지만, 종합적인 안전성 검토가 거의 이루어지

46 애당초 삼풍백화점은 4층짜리 근린상가로 설계되었지만 건물주가 공사 도중에 5층 백화점으로 변경을 원했다. 건설을 맡은 시공업체가 이를 거부하자 건물주는 자신의 요구를 문제없이 받아들인 건설업체에 공사를 다시 맡겼다.

47 5층 역시 애초에 허가된 롤러 스케이트장 대신에 식당가로 용도 변경되면서 예상했던 하중을 훨씬 초과하게 되었다.

지 않았다. 특히 관리의 책임이 있는 해당 구청의 담당 공무원들 대부분이 비전문가여서 잦은 설계 변경이나 용도 변경이 얼마나 위험 요인이 되는지를 파악하지 못했다고 한다.[48]

이처럼 총체적인 부실로 건립된 삼풍백화점은 5년 동안 미관상으로는 별 탈 없는 듯 보였지만, 이미 예고된 붕괴의 징후가 나타나기 시작하였다. 건물 전반에서 위험신호가 발견되었기 때문이다. 건물의 벽면에 조금씩 균열이 생기고 그 수도 점점 늘어났으며, 마침내 뼈대 구부러짐 현상마저 생기더니 백화점 건물 전체가 서서히 기울기 시작하였다. 5층 식당가 천장에서는 균열 사이로 모래가 떨어지고, 바닥마저 눈에 띌 정도로 기울었다. 하중을 견디지 못한 5층 기둥은 천장의 지판을 뚫고 옥상바닥으로 솟아올랐다. 사고 당일 오전에 5층 식당가 영업이 전면 중단되었다.

사고 2시간 전에 건물 검사관은 붕괴 위험을 알리고, 즉시 백화점을 폐쇄하고 고객과 직원을 대피시킬 것을 경영진에게 권고했다. 하지만 경영주는 이 경고를 가볍게 무시해버린다. 물론 신속한 보수공사를 지시했지만, 정상영업을 강행하였다. 결국 삼풍백화점은 준공 5년 만에 사망자 502명, 부상자 937명, 실종자 6명이라는 엄청난 인명과 재산 피해를 남기고 마치 폭탄을 맞은 듯 처참하게 무너져 내렸다.[49]

48 삼풍백화점의 관할 구청인 서초구 주택과의 경우 과장을 포함한 직원 32명 가운데서 건축직 공무원은 4명에 불과했고, 이들을 제외하고는 모두 행정직 공무원이었다. 그동안 이들이 건물 등에 대한 모든 인·허가를 처리해왔다고 한다.

49 붕괴사고 이후 삼풍백화점 회장에게는 업무상 과실치사상 혐의로 7년 6개월이, 백화점 측으로부터 뇌물을 받고 설계 변경 등을 승인해준 혐의로 구속된 공무원 2명에게는 각각 징역 10개월과 추징금이 선고되었다. 이 밖에도 이 사건과 관련하여 업무상 과실치사상 또는 뇌물수수로 혐의로 기소된 피고인은 25명에 이른다.

영화 읽기 4 〈가을로〉(2006)

영화 〈가을로〉는 삼풍백화점 붕괴사고로 사랑하는 이를 잃은 사람들의 슬픔을 그리고 있다.

사법고시에 합격한 현우(유지태 분)와 그의 오랜 연인 민주(김지수 분)는 결혼을 앞두고 행복한 나날을 보낸다. 결혼 준비를 위해 쇼핑을 함께 하기로 한 날, 현우는 갑자기 급한 일이 생겨 혼자 가기 싫어하는 민주를 억지로 백화점으로 들여보낸다. 일을 끝낸 현우가 백화점 앞에 도착한 그 순간, 백화점은 처절한 굉음과 함께 무너져 내리고 만다. 거대한 건물 두 채가 순식간에 완전히 무너져, 이내 아수라장이 되어버린 광경을 현우는 바로 눈앞에서 목격한다. 그리고 10년의 세월이 흘렀다.

자신의 삶에서 유일한 사랑이었던 민주를 잃어버린 상실감과 그녀를 죽음으로 내몰았던 것이 바로 자신이라는 죄책감을 안고 살아가는 현우. 시간이 흘러도 가슴 깊이 새겨진 상처는 아물지 않았다. 원래 인권 변호사를 꿈꾸었던 현우는 이제 웃음을 잃어버린 냉정한 검사로 일상을 살아간다. 그러던 어느 날 현우는 일기장을 한 권 선물받는다. '민주와 현우의 신혼여행'이라는 제목의 그 일기장은 10년 전 민주가 현우를 위해 준비한 깜짝 선물이었다. 현우는 민주가 준비한 여정을 따라 길을 떠난다. 그런데 현우가 닿는 곳마다 늘 마주치는 한 여자(엄지원 분)가 있다. 그녀는 도대체 누구일까? 그들의 만남은 과연 우연일까? 그렇게 그들의 '가을로'의 동행이 시작된다.

4) 대구지하철 화재참사

대구지하철 참사는 2003년 2월 18일 오전 9시 53분 대구지하철 1호선에서 한 승객의 방화로 인해 화재가 발생하여, 192명의 사망자와 148명의 부상자를 낸 사고이다. 평소 세상을 비관하다가 자살을 결심한 50대 남자가 막 중앙로역에 도착한 1079호 객차 내에 휘발유를 뿌린 뒤 불을 붙였다. 그러자 순식간에 불길이 타올랐다.

최초로 발화된 1079호의 기관사는 방화 사실을 인지한 직후 이를 종합사령실에 보고할 겨를도 없이 화재 진압을 시도하다가 이내 실패하고 화상을 입은 채 승객들과 함께 현장을 탈출하였다.[50] 그런데 맞은편에서 운행하던 1080호는 화재 발생 후 약 2분 뒤에 이미 전 역을 출발하였으며, 그때 1080호 기관사는 사령실로부터 중앙로역 화재 발생 사실과 주의 운전을 통보받는다.[51] 1080호가 중앙로역에 정차하여 출입문을 열었을 때 차내로 연기가 들어오자 이를 막기 위해 기관사는 출입문을 닫고 사령실에 위급상황을 알렸다.[52] 그는 불이 옮겨 붙을 것이라고는 생각하지 못하

---

50 9시 53분쯤 지하철공사 기계설비사령실 폐쇄회로(CCTV) 화면에 화재 발생이라는 문자경보와 함께 화재경보음이 울렸지만 당시 기계설비사령실의 근무자들은 이를 오작동이라 여기고 보고조차 하지 않았다. 결국 2분이 지나서 40대 남자 승객이 소방본부 상황실에 최초 화재신고를 하고서야 종합사령실에도 화재 사실이 보고된다. 한편 1079호 기관사는 화재 발생 22분이 지난 10시 15분쯤 휴대폰으로 운전사령에게 화재 사실을 보고하였다. 그런데 대구지하철공사 소방안전대책에는 화재 발생 시 기관사는 운전사령에게 화재 발생 상황을 신속하게 보고하고 난 후 지시에 따를 것을 규정하고 있다.

51 거의 9시 56분이 다 되어갈 즈음에 종합사령실은 운행 중인 모든 전동차에 '중앙로역에 불이 났으니 조심하라'고 통보했고, 중앙로역으로 향하던 1080호 기관사 최씨도 이때 화재 발생 사실을 알게 된다. 그런데 사령실은 1079호 전동차가 아니라, 중앙로역에 화재가 발생한 것으로 알고 있었으니 그때까지 화재의 위치나 규모를 제대로 파악하지 못한 상태였다.

52 1080호 기관사 최씨는 "엉망입니다, 답답하니까 빨리 조치바랍니다. 대피시킵니까? 어떻게 합니까?"라며 종합사령실의 지시를 기다렸고, 이에 종합사령실의 운전사령은 "침착하게 하세요"라고 출발을 독려했다. 이 대화를 끝으로 통신이 두절된다.

화재현장 상황을 제대로 파악하지 못한 종합사령실은 "대기하고 승객들에게 안내 방송하라"는 지시를 내렸고, 1080호의 기관사는 "잠시 후 출발할 것이니 기다려 달라"는 안내방송을 한다. 승객들은 영문도 모른 채 연기가 가득한 객차에서 그저 기다릴 수밖에 없었고, 결국 대피할 기회조차 없이 화염 속에 휩싸이고 말았다.

고 지시를 기다리다가 뒤늦게 열차의 출발을 시도했으나 실패하고 말았다. 1079호에서 방출되는 고온의 화염과 복사열로 인해 1080호에 불이 옮겨 붙자 기관사는 수칙에 따라 마스콘키(Master Controller Key)를 가지고 현장을 탈출하였다.[53] 이로 인해 열차 출입문이 자동 폐쇄되어, 승객들은 꽉 닫힌 객차 안에 갇힌 채 화염과 유독 가스에 휩싸이고 말았다.

이처럼 어이없는 방화가 만들어낸 화재사고가 대규모 인명피해의 참사로 이어질 수밖에 없었던 원인은 두 가지 측면에서 생각해볼 수 있다. 먼저 공학기술적 측면에서의 실패다. 지하철은 불특정 다수가 이용하는 대중교통 시설이기 때문에 위험 발생 시 무엇보다도 대중의 안전 확보가 가장 중요하다. 가령 화재 발생 시 초기에 이를 제어할 수 있도록 설계하거나 피해를 최소화할 수 있는 장치들이 구비되어 있어야 한다. 그런데 사

53 마스콘키를 뽑으면 자동으로 문이 잠기게 되어 있다. 그러나 이미 전동차 전체에 번진 불로 모든 전기회로가 다 타버린 상태였던 만큼, 설령 마스콘키를 뽑지 않았다 하더라도 객차 출입문은 수동으로 열 수 없었던 상태였다. 그리고 기관사가 열차를 떠날 때는 반드시 마스콘키를 소지해야 하는 것은 기관사 수칙이다. 따라서 1080호 기관사는 그 수칙에 따라 마스콘키를 가지고 대피한 것이었다. 또한 기관사 수칙에 의하면 화재 발생과 같은 긴급 상황에서도 기관사는 반드시 종합사령실에 보고하고 명령을 받아야 한다. 이러한 수칙 준수 때문에 1080호 기관사는 화재에 능동적으로 대처하지 못한 채 사령실에 연락을 취하느라 머뭇거리게 되었다.

고 당시 대구지하철 역사의 소방시설은 화재에 매우 취약했으며,[54] 전동차량 차체 및 실내설비 역시 화재안전기준에 현저히 미흡했다.[55] 더욱이 화재 확산을 막기 위해 고안된 전력자동차단 시스템이 오히려 피해를 가중시켰다. 그 결과 마주 오던 1080호의 운행이 중단되면서 출입문이 자동으로 폐쇄되고 역사 내 조명과 환풍 기능이 정지하였으며, 사령실과 기관사 간의 통신마저 두절되어버렸다. 전원 차단에 대비한 비상전력 시스템이 전혀 구축되어 있지 않았기 때문이다. 그뿐만이 아니다. 수익성만을 고려한 중층 구조의 공간설계로 대합실과 상가 밑 지하 3층에 승강장이 설치되어 있어, 승객의 지상 대피와 유독성 가스 배출이 쉽지 않았다. 그 결과 객차에서는 탈출했지만 칠흑 같은 어둠 속에서 출구를 찾지 못해 우왕좌왕하다가 역 계단이나 복도에서 질식한 사망자들로 인해 더욱 많은 사상자가 발생하였다. 다수가 이용하는 공공시설을 설계하거나 시공할 때에 엔지니어는 무엇보다도 대중의 안전을 가장 우선적으로 고려해야 한다는 사실을 이 사고에서도 여지없이 보여주었다.

참사의 다른 원인은 조직운영 시스템 측면에서의 실패다. 이는 총체적인 위기관리능력의 부재에서 비롯한 실패다. 먼저 종합사령실의 화재차량에 대한 초동대처의 미흡과 기계설비사령실의 화재경보 무시로 초기진압

54 사고 당시 역사에는 에어컨, 난방 등 공조설비(air conditioning facility)에 배연시설이 포함되어 있었다. 이 같은 겸용설비는 화재 발생 시 배연시설로 기능을 전환하도록 되어 있었다. 그러나 유독가스는 한순간에 내뿜어지거니와 연기는 분산속도가 빠르기 때문에 겸용설비로 이를 완전히 배출하는 데는 한계가 있었다. 안전성 확보를 위해서는 반드시 전용 배연설비를 갖추어야 한다.

55 건설교통부는 1998년 전동차량 내 내장재에 대한 안전기준을 마련하여 객차 내장재의 규제기준을 강화하였다. 그러나 대구지하철 객차는 이미 1997년에 제작되었기 때문에 강화된 규제기준이 적용되지 않았다. 그래서 차체 및 실내설비가 불연화 기준에 현저히 미흡했다. 특히 내장재의 경우 천장은 섬유강화 플라스틱인 FRP, 바닥은 염화비닐, 의자는 폴리우레탄품 등으로 제작되어 화재 발생 시 방출되는 고염과 유독가스는 질식사고의 원인으로 작용하였다.

이 실패하자 화재가 빠르게 확산되면서 대형 참사로 이어졌다. 그리고 지하철공사에서 수립한 '종합안전방재관리계획서'의 기본 안전수칙마저 가볍게 무시되면서 더 큰 피해를 초래하고 말았다.[56] 더욱이 비상시 기관사의 승객안전 대피조치 역시 얼마나 허술한지 적나라하게 보여주었다. 만약 1079호 기관사가 화재를 인지한 즉시 신속하게 보고만 했더라면 애당초 1080호의 중앙로역 진입을 막을 수 있었을 것이다. 또 1080호 기관사가 자율적이고 능동적으로 대처했더라면 더 많은 승객들이 대피할 수도 있었을 것이다. 그러나 1079호 기관사는 화재 발생 당시 종합사령실에 보고도 하지 않고 불을 끄려고 시도하다가 시간을 다 허비하고 말았다. 1080호 기관사 역시 사고지점에 진입한 후 긴급한 사태에 대처하기는커녕 기관사 수칙에 따라 사령실 명령만 무작정 기다리는 어이없는 상황이 벌어졌다. 사실상 화재가 발생하는 등의 급박한 상황에서도 기관사는 반드시 종합사령실에 보고하고 명령을 받아야 한다. 그러나 만약 1080호 기관사가 사태의 심각성을 재빨리 알아차리고 자발적인 판단으로 중앙로역을 무정차로 통과했다면 어떻게 되었을까? 결국 지시를 기다리는 동안 열차에 불이 옮겨 붙은 데다가 출입문까지 열리지 않았던 탓에 피해가 더욱 커졌다.[57]

사고 발생 다음 날 정부는 대구를 특별재난지역으로 선포하고 사태수습에 들어갔으며, 6월 29일에는 사망자 192명에 대한 합동영결식을 거행하였다. 이 사건과 관련하여 9명은 구속 기소, 2명은 불구속 기소되었으며 방화범에게 무기징역이 선고되었다.

---

56 기본 수칙은 화재 발생 시 초기진압이 실패할 경우 진입열차를 무정차로 통과시키고 후속 열차는 반드시 운행을 중지시키라고 정한다. 그러나 종합사령실에서는 '주의 운행하라'고 지시함으로써 1080호 전동차를 결과적으로 화염 속으로 밀어 넣어버린 셈이 되고 말았다.

57 발화가 시작된 1079호 전동차보다 1080호 전동차가 더 많이 연소되었고, 200여 명의 사상자들 중 90%가량이 1080호 전동차 승객들이었다.

5) 샌프란시스코 만 BART 사고

미국에서 가장 큰 광역권 중 하나인 샌프란시스코 만 지역의 여러 도시들을 잇는 BART(Bay Area Rapid Transit, 샌프란시스코 고속철) 시스템 공사가 1970년대 초 거의 완성되어가고 있었다. ATC(Automatic Train Control, 자동열차제어시스템)이라는 고도로 자동화된 무인제어방식의 혁신적 기술이 도입된 이 시스템은 1972년부터 운행되었다. 그런데 ATC의 개발에 참여했던 엔지니어 R. 호르츠방(Roger Hjortsvang), R. 브루더(Robert Bruder), M. 블랭켄지(Max Blankenzee)는 이미 계획 단계에서부터 이 시스템의 안전성에 대해 우려를 표했다.

세 명의 엔지니어는 이 문제를 자신들의 선임자에게 알렸지만 그 어떤 대답도 듣지 못하게 되자, 시스템의 안전성에 대한 문제점을 자세히 설명한 익명의 투서를 BART의 경영진에게 보냈다. 그러나 이 역시 외면당한다. 결국 1972년 1월 그들은 BART 중역회의 위원들을 만나 관련 사항을 알린다. 이 과정에서 그들이 작성한 자료들이 언론에 보도되었고(BART 중역회의 위원 중 하나가 이 자료들을 지역신문에 제공하였다), 이에 회사는 즉각 보복 조치를 단행, 그들을 해고해버렸다.

그러나 BART의 본격 운행과 함께 예견된 사고가 발생하기 시작했다. 기술적 결함들이 하나둘씩 드러나면서 승객들이 부상을 입는 사례까지 속출하였다. 여러 가지 안전조사들이 시행된 이후, 이들 엔지니어의 경고가 옳았음이 입증되었다. 그런데도 회사 측의 입장은 강경했다. 자신들의 태도를 반성하기는커녕 오히려 엔지니어 호르츠방이 새로운 일자리를 찾는 것마저 방해하였다. 이 과정에서 그는 혹독한 정신적·재정적 고통을 받아야만 했다.

결국 1974년 세 명의 엔지니어는 회사를 상대로 87만 5,000달러의 손

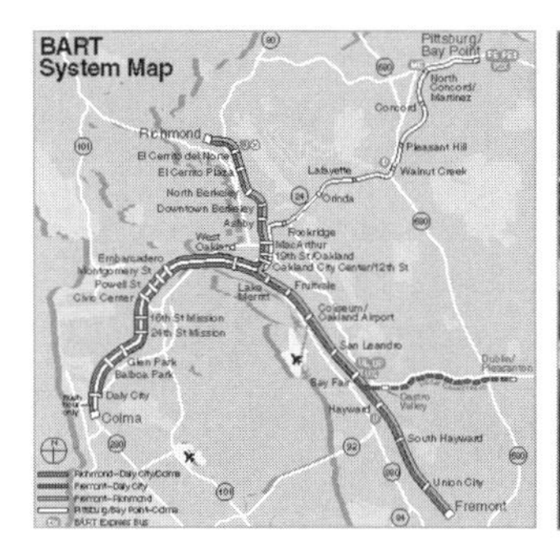

1966년 공사를 시작하여 1972년부터 샌프란시스코 만의 여러 지역을 운행하기 시작한 BART는 승무원이 제어하는 기존의 열차와는 달리 자동열차제어시스템을 처음으로 도입하였다.

해배상 소송을 제기한다. 이 과정에서 전기전자공학회(Institute of Electrical and Electronics Engineers, IEEE)는 이들의 법정 조력자로서 변론 취지서를 제출하였다. IEEE는 이들이 자신들의 안위보다는 공공의 안전을 도모하기 위해 지속적으로 문제점을 지적한 것은 전문가로서 당연한 의무라고 변호해주었다. 엔지니어 편에 서서 그들의 전문가적 정신을 옹호한 것이다. 그러나 아쉽게도 이들 엔지니어는 사소한 형식상의 문제 때문에 재판에 불리할 수 있다는 변호사의 조언에 따라 7만 5,000달러의 보상금을 받는 조건으로 회사와 합의하기에 이른다. 이 사건은 전국 단위 공학 전문가단체가 전문직 윤리규정에 따라 자신의 의무를 다했던 엔지니어를 대리하여 법률 소송에 개입한 첫 번째 사례가 되었다. 1978년 IEEE 산하의 사회관련기술협회(The Society on Social Implications of Technology, SSIT)는 세 명의 엔지니어에게 공익을 위해 활동한 공로를 인정해 '제1회 최우수 공공 봉사상'을 수여하였다.

사건사고 읽기 3 인도 보팔 참사

1984년 12월 2일 100만 명의 보팔시 주민들이 깊이 잠든 한밤중, 미국의 다국적기업 유니언 카바이드(Union Carbide Corporation) 인도 현지공장의 한 직원은 '메틸이소시아네이트(Methyl Isocyanate, MIC)'를 저장하는 610번 탱크의 온도가 급증하는 것을 발견했다. 농약과 살충제의 원료로 사용되는 MIC는 맹독성 화학물질로서, 이를 보관하는 탱크 내부는 항상 0도로 유지되어야 한다. 그런데 속수무책 온도가 계속 높아지면서 탱크 안이 무려 24도까지 올랐고, 압력도 빠르게 상승하여 이미 측정 한계를 넘어서고 있었다. 결국 610번 탱크의 콘크리트에 균열이 생기면서 폭발했고, 42톤 규모의 MIC가 본격적으로 유출되기 시작하였다. 이때가 자정 무렵이었다.

가스가 유출되고 무려 1시간이 지나서야 주민대피경보가 울렸다. 그러나 이마저도 몇 분 만에 꺼져버렸다. 통상 소규모의 가스 유출이 발생했을 경우 주민들의 혼란을 막으려고 경보가 곧 꺼지곤 했기 때문에 이 날도 주민들은 경보를 심각하게 생각하지 않았다. 그러나 공기보다 무거운 이 유독가스는 지상에 낮게 깔려 고요한 도시 구석구석에 스며들기 시작했다. 새벽 3시에 경보가 다시 작동했지만 이때는 이미 수백 명이 사망한 뒤였다. 사고 다음 날 보팔 시내에는 죽은 사람들과 동물 사체들이 가득했다. 하루 만에 사망자가 무려 8,000여 명에 이르렀고, 사고 이후 후유증으로 인한 사망자도 2만 명을 넘어서는 것으로 추정됐다. 도시 전체에 시체 썩는 냄새가 코를 찌르고 일부 시신들은 강으로 버려지기도 했다. 주변 공기와 물이 오염되고 먹거리마저 찾기 어려워지면서 사람들은 계속 죽어갔다.

그동안 보팔 공장에서는 시설 유지와 보수, 안전기준 준수가 제대로 이루어지지 않아 크고 작은 사고들이 지속적으로 일어났음에도 여전히 안전관리가 미비하고 비상대책이 부족했던 것으로 드러났다. MIC 저장탱크는 온도가

올라가면 내부 압력이 높아질 우려가 있어 항상 저온 상태를 유지해야 한다. 그 때문에 MIC 저장탱크에는 냉각장치가 달려 있어, 탱크 온도를 일정하게 유지시키고 액체 MIC의 기화를 방지하여 탱크 내의 압력도 조절한다. 그러나 사고 당시 냉각장치는 이미 5개월 전에 고장난 이후로 전혀 수리되지 않은 상태였다. 게다가 공장 직원들에게 위험 온도를 알리기 위해 탱크에 장착된 조기경보장치마저 작동되지 않아 피해는 더욱 컸다. 이뿐만 아니다. 유독성 증기를 중화시키는 데 사용되는 가스세정기도 전혀 작동되지 않았으며, 가스세정기와 소각탑(flaretower)을 연결하는 배관마저도 수리 중이었다. 그 어떤 안전시스템 하나도 제대로 작동하지 않았다.

이처럼 어이없는 참사로 공장 인근의 지역 주민 2만 5,000여 명이 사망하였고, 대략 15만~60만 명의 피해자가 발생하였다. 피해자들 중에서 약 2만 명 정도가 나중에 더 사망한 것으로 추정되고 있다. 인도 정부는 약 50만 명의 주민이 MIC 가스에 노출됐고 약 10만 명이 영구 장애를 입은 것으로 추정된다고 공식적으로 발표했다. 사고를 당한 임산부들 중에는 아이를 사산하거나 유산한 경우도 많았다. 더욱이 치명적인 맹독성 물질이 흘러들어간 오염된 지하수를 마시고 자란 당시의 아이들이 훗날 성인이 되어 출산했을 때, 그들의 2세들은 선천적으로 몸이 뒤틀리거나 기형인 경우가 많았던 것으로 보고되었다. 다행스레 기형이 아니더라도 심장질환, 언청이, 정신지체 등 장애를 가진 경우도 많았다고 한다. 이렇듯 보팔 대참사는 30년의 세월이 지났지만 그 고통은 대물림되어 여전히 현재 진행 중에 있다.

2. 엔지니어의 사회적 책임 어디까지인가?

이제 우리는 '기술전쟁', '특허전쟁', '기술경쟁력 강화', '기술패권주의' 등으로 표현되는 공학적 기술력을 가장 중시하는 시대에 살고 있다. 많은 기업들은 더 나은 기술력 확보를 위해 첨단 연구소를 운영하고 있으며, 막대한 양의 경제적 · 제도적 투자를 아끼지 않는다. 그들은 기술에 사활을 건다. 이처럼 엄청난 기대와 지원의 중심에 바로 엔지니어가 있다. 그리고 엔지니어의 공학적 산물은 우리의 능력을 향상시키고, 우리 삶의 조건을 지속적으로 개선시켜 나감으로써 우리의 일상에 직접적인 영향을 미친다. 그렇지만 다른 한편으로 그것들에서 더욱 가시화되는 문제들 역시 우리의 현실이다. 이런 상황을 고려해볼 때 엔지니어는 자신의 사회적 역할과 책임에 대해 충분히 숙고할 수 있어야 한다.

1) 엔지니어, 왜 사회적 책임이 강조되는가?

엔지니어의 책임의식 결여가 기술재해로 연결되는 경우를 종종 목격한다. 물론 우리가 기술재해라고 부르는 사건 · 사고들의 유형과 양태는 매우 다양하고 복잡하여 단순히 엔지니어 개인의 도덕의식의 문제로 한정지어 이해한다면 상당히 곤란하고 위험하다. 특히 일차적으로 최대 이윤을 추구하는 기업이나 조직에 소속된 엔지니어의 업무상 특징을 고려해볼 때 더더욱 그러하다. 그러나 앞서 살펴본 몇몇의 기술재해 사례들에서도 확인할 수 있듯이, 오늘날 과학기술의 총체적인 의미와 그 가치를 고려해본다면 엔지니어의 역할과 그에 따른 책임감은 간과할 수 없을 뿐만 아니라 결코 소홀히 해서도 안 된다. 단순히 피고용인으로서의 엔지니어로만 이해하는 것 역시 곤란하다. 그렇다면 좀 더 구체적으로 엔지니어의 사회적 책임이 강조될 수밖에 없는 이유는 무엇인가?

우선 엔지니어는 과학기술과 공학적 산물에 관한 문제에 '근접성'을 가지고 있다는 점에서 사회적 역할과 책임감이 특별히 강조된다. 엔지니어는 일반 대중과는 달리 과학기술에 대한 전문 지식을 보유하고 있거나 그것을 쉽게 확보할 수 있기 때문에 그러한 지식을 바람직한 방향으로 활용해야 하는 책임이 있다. 엔지니어의 근접성을 구체적으로 다음의 세 가지로 정리할 수 있다.

첫째, 엔지니어는 이미 전문적인 교육을 받았기 때문에 과학기술과 관련된 사회적 논쟁에서 주요 쟁점들을 명확하게 파악할 수 있는 위치에 있다. 둘째, 과학기술이 지니고 있는 현재적·잠재적 위험들을 발견하고 평가하는 데 가장 먼저 참여하는 집단이 바로 엔지니어다. 셋째, 엔지니어는 현재의 과학기술이 지닌 문제점들을 해결할 수 있는 대안을 탐구하고 제안할 수 있는 능력을 갖추고 있다.

다른 한편으로 엔지니어가 제공하는 서비스는 의학이나 법률에 비해 '공공성'이 매우 크다는 사실 또한 엔지니어에게 사회적 책임이 강조되는 중요한 조건이 된다. 의학이나 법률은 개별 고객의 필요에 맞추어 제공되는 반면 공학적 산물은 의뢰한 고객뿐만 아니라 일반 대중에게까지 영향력을 미친다. 게다가 그 영향력의 범위나 규모는 우리가 가늠할 수 있는 정도를 넘어선다. 즉 공학적 산물은 공간적 외연의 확장으로는 지구 전체에, 시간적 외연의 확장으로는 모든 생명체들의 미래에까지 관여하게 되었다는 사실이다.[58] 그리고 공학 프로젝트는 대개 국민의 세금에 의존하여 추진되기 때문에 직·간접적 형태로 국민의 동의를 받아 이루어진다고 할 수 있다. 따라서 엔지니어는 무엇보다도 대중의 안전과 복지에 우선적으로 관심을 기

58 1강에서 요나스가 지적한 현대 과학기술의 속성을 떠올려보라!

울여야 한다. 이처럼 공학은 한 사회에 막강한 영향력을 행사하고 대체로 국민의 세금에 의존한다는 점에서 다른 전문직업에 비해 상당한 공공성을 가지고 있다(송성수, 2013: 12~13). 바로 이러한 이유들로 엔지니어의 사회적 책임은 막중하다고 할 수 있다.

2) 엔지니어, 무엇을 책임져야 하는가?

기술공학의 시대를 맞이하여 엔지니어의 지위와 역할을 구분하는 일이 복잡하고 어려워졌다. 그럼에도 엔지니어의 사회적 특성과 기능에 주목해 볼 때, '피고용인', '직업인', '전문적 지식을 갖추고 있는 자', '과학지식을 현실에 적용하는 자', '과학기술로 사회변화를 주도하는 자' 등으로 이해할 수 있다. 이를 세 가지 관점에서 요약하면, 엔지니어는 '직업인'이자 '전문가'이면서, 누구보다도 사회변화를 주도해 나가는 '실천가'이다. 결국 엔지니어는 전문적 지식과 기술에 의한 직업 활동을 통해 시대적 변화를 주도적으로 이끌어 나간다. 이때 어느 누구보다도 시대를 앞서 나가는 자로서의 역할과 그에 따른 책임이 강조될 수밖에 없다. 구체적으로 살펴보면 다음과 같이 정리할 수 있다(김양현 · 임채광, 2007: 104~105).

먼저 엔지니어는 직업인으로서 자신에게 주어진 과제를 충실히 이행해야 한다. 즉 자신의 직업적 책무와 관련하여 고용주의 사업적 이익과 목표를 잘 따르는 신용 있는 수탁자(trustee)나 관리자(agent)로서 행동해야 한다. 이는 곧 직업적 활동을 위한 계약을 체결할 당시 이해 당사자나 조직에 긍정적 효력을 발휘해야 한다는 의미다.

그러나 엔지니어는 전문지식을 기반으로 하는 전문가다. 전문가적 지위는 사회적으로 용인된 직업교육기관에서 어느 정도의 교육과정을 거친 이후 그 자격이 부여되는데, 이때 습득한 지식과 기술은 사회적 가치와 이익을 도모하는 데 활용해야 할 의무가 있다. 곧 전문가로서 자격을 얻는다는 것은 단순히 전문지식이나 기술의 확보에만 있는 것이 아니라 사회적 규범과 제도적 규칙의 준수에 충실할 것까지 요구받는다는 뜻이다. 바로 여기에 전문직 종사자로서 사회적 책임을 위임받아야 하는 이유가 있다. 따라서 최대 이윤 추구를 최고의 목적으로 삼는 기업에 종사하는 대다수 엔지니어는 기업이 지나치게 이윤만 앞세운 나머지 공공의 복지나 건강, 안전을 위협하지는 않는지 늘 관심을 가지고 견제해야 한다. 또한 엔지니어는 전문가 집단으로서 사회의 안전과 시민의 안녕을 위하여 높은 도덕성을 유지하면서 경우에 따라서는 자기가 속한 조직이나 기업의 잘못된 관행에 맞서 고쳐 나가려는 적극적인 노력 역시 게을리해서는 안 된다. 곧 엔지니어가 거대한 기업이나 조직에 묻혀, 그저 주어진 조건에서 어떻게 자신의 안위를 지키며 일할 것인가에만 몰두한다면 비판받을 수 있음을 뜻한다. 더욱이 '기술만능주의' 혹은 '기술지상주의'가 팽배한 오늘날, 인류를 포함한 지구 전 생태계의 미래가 그 누구도 장담할 수 없는 상황으로 치닫고 있는 현실 앞에서 엔지니어는 기술에 대한 도덕적 책임을 숙고할 수 있어야 한다. 자신이 속한 공동체와 세계가 미래로 나아가는 동안 탈 없이 유지되어야 하는 거시적 임무 역시 고려해야 한다는 의미다.

이제 엔지니어는, 특히 21세기가 간절히 바라는 엔지니어는 '착하고 똑똑한' 과학기술을 이용해 인류를 포함한 전 지구적 생태계의 지속가능한 성장을 실현해 나가는 데 기여하는 공학 활동이야말로 '역사적 실천이자 사명'임을 굳게 명심해야 한다. 엔지니어는 이 같은 공학 활동에 대한 진지한 성찰을 통해 전문직업인으로서의 긍지와 책임을 깊이 인식하게 될 것이다.

생각 읽기 4

4-1 자신의 전공 분야와 관련된 공학적 실패 사례를 찾아, 그 사고의 원인과 과정 그리고 결과를 일목요연하게 정리해보자. 또 그 사고에서 배울 수 있는 교훈은 무엇인지 생각해보자.

4-2 엔지니어로서 사회적 책임을 잘 수행하기 위해 우리 사회에 어떤 제반요건들이 더 갖추어져야 하는지 생각해보자.

5

인간과 환경

6강

지구의 위기, 인간의 위기

학습목표

- 70억 인구와 함께 이 땅을 살아가는 지구인으로서 지구의 위기는 결국 우리 인간의 위기임을 확인한다.
- 오늘날 심각하게 대두되고 있는 환경의 문제에 왜 '윤리'가 필요한지 이해한다.

1. 이슈로 읽는 환경이야기

유감스럽게도 오늘날 인류는 다양한 위기에 직면해 있으며, 특히 전 지구적인 환경오염과 생태계의 위기는 매우 심각한 양상을 띠면서 우리에게 도전해오고 있다. 더욱이 환경문제의 심각성은 인류 전체뿐만 아니라 이 지구상에 살고 있는 모든 생명체의 생존마저도 위태롭게 할 지경에 이르렀다. 지구 반대편에서 연일 들려오는 우울한 소식들은 이제 우리 인류의 종말을 예고하는 듯하다. 하루에도 엄청난 규모의 밀림이 사라지고, 황폐한 사막이 나타난다. 원인을 알 수 없는 허리케인은 그 영향권을 넘어 낯선 도시를 휩쓸고, 매년 더워지고 있는 지구의 환경에 적응할 수 없는 동식물들은 하루에도 수백 종씩 멸종해간다. 지구에서 사라지는 것이 비단 이름을 알 수 없는 동식물뿐이랴. 머지않아 남태평양에 있는 아름다운 섬나라가 이 지구상에서 영원히 사라질 운명에 처해 있다는 소식도 들려온다. 그

도시 전체를 휩쓸어버릴 만큼의 거대한 토네이도와 하늘에서 별안간 떨어지는 얼음 덩어리. 홀 박사의 주장대로 지구 곳곳에서는 이미 이상기후의 징후가 나타나기 시작한다.

럼에도 우리 인간은 인류 전체의 생존을 위협하는 것들에 둘러싸인 채 여전히 무덤덤하게 하루하루를 살아가고 있지는 않은가? 도대체 무엇이 문제이고, 어디에서부터 잘못된 일인가? 자, 이쯤에서 다시 영화 〈투모로우〉 속으로 돌아가보자.

기후학자 홀 박사는 인도 뉴델리에서 개최된 국제기후회의에서 지구의 기상변화에 대한 연구결과를 발표한다. 그는 과거 북대서양 해류의 중단이 빙하기의 원인이었다는 사실을 지적하면서, 현재 활발히 진행 중인 지구온난화가 새로운 빙하기의 도래를 재촉하고 있다고 경고한다. 물론 회의에 참석한 다수의 사람들은 그의 주장에 관심조차 보이지 않는다. 차라리 폭염을 걱정해야 할 판국에 빙하시대라니! 그런데 영화 속 장면이 바뀌면서 거대한 토네이도가 LA지역을 강타하여 도시 전체를 휩쓸어버리는가 하면, 일본의 어느 도시에서는 별안간 큰 우박이 떨어지고 뉴욕은 거대 해일로 초토화가 되는 등 지구 곳곳에서 홀 박사가 예견한 이상기후가 나타난다. 그것은 지구의 북반구가 점차 빙하로 덮이게 될 것임을 암시한다. 홀 박사의 예견은 100년 이후가 아니라, 바로 지금 시작된 것이다.

이러한 급박한 위기 상황에서 오고 간 홀 박사와 미국 부통령의 대화를 잠깐 들어보기로 하자.

홀 박사: 지금 당장 행동을 취하지 않으면, 우리의 자손들이 대가를 치르게 됩니다.

부통령: 그럼 교토의정서[59]에 따른 비용은 누가 댈 건가요? 세계 경제에 수천 억 달러의 손실을 입힐 겁니다.

홀 박사: 부통령 각하! 아무런 조치를 취하지 않는 것이 더 손해를 입힐 것입니다. 이 상태로 화석연료를 계속 사용한다면 빙하는 곧 사라집니다.

부통령: 홀 교수! 경제도 환경만큼이나 불안정합니다.

끔찍한 환경 재앙의 경고에도 여전히 자국의 경제 상황만을 염려하는 미국의 부통령은 홀 박사의 의견을 무시하고, 결국 영화 속 상황은 점점 파국으로 치닫는다. 그런데 유감스럽게도 현실의 투발루에서 〈투모로우〉의 징후가 드러나고 있다.

이미 지구온난화의 무서운 시련을 날마다 경험하고 있는 투발루는 결국 2001년 국토를 포기할 수밖에 없는 상황에 이르렀다. 지구온난화가 낳은 재앙의 상징인 투발루의 국민들은 이제 '환경난민'이 되어 세계를 떠돌아 다녀야 할 처지가 되어버렸다. 그럼에도 투발루에 인접한 호주와 피지 등

59 1992년 6월 브라질 리우 유엔환경개발회의(United Nations Conference on Environment and Development, UNCED)에서 채택된 기후변화협약(UNFCCC)을 이행하기 위해 1997년 12월 일본 교토에서 개최된 지구온난화 방지 교토회의(COP3) 제3차 당사국 총회에서 채택된 협약으로 2005년 2월부터 발효되었다. '교토기후협약'이라고도 하는데, 정식 명칭은 '기후 변화에 관한 국제연합 규약의 교토의정서(Kyoto Protocol to the United Nations Framework Convention on Climate Change)'이다. 지구온난화가 범국제적인 문제라는 것을 인식한 세계 정상들이 1992년 브라질 리우데자네이루에 모여 지구온난화를 야기하는 화석연료 사용을 제한하자는 원칙을 정하면서 이를 추진하기 위해 매년 당사국총회(COP)를 개최하기로 합의했다. 그 후 1997년 일본 교토에서 열린 제3차 당사국총회에서 선진국 위주의 이산화탄소 배출량 감축을 위한 교토의정서를 발표하였다. 이에 따르면 온실가스 배출량의 55%를 차지하는 선진 38개국들은 온실가스 저감목표를 2008~2012년까지 1990년 수준으로 평균 5.2% 넘게 줄여야 한다. http://co2.kemco.or.kr/

투발로 국민들의 호소를 외면하는 것이 어쩌면 우리 인류의 미래를 외면하는 일은 아닐까?

의 나라는 투발루 국민들이 이주해오는 것을 이미 거부했고, 뉴질랜드는 단계적으로(1년에 75명씩) 까다로운 심사조건(신체 건강하고 영어에 능통하며 뉴질랜드에 직장을 가진 45세 미만)을 통과한 사람들에 한해서만 이주를 허가한 상태다.

이러한 절망적인 상황에서도 투발루 국민들은 지구온난화를 막기 위한 노력을 계속하고 있다. 그들은 이산화탄소를 줄이기 위해 자동차나 오토바이 이용은 가급적 자제하고 있으며, 가축에서 발생하는 메탄가스조차 줄이기 위해 가축의 분뇨를 가정용 연료로 전환하는 사업을 추진 중에 있다. 투발루의 지도자들 역시 각종 국제환경회의에 참석해서 자신들의 처지와 지구온난화에 대한 국제사회의 관심을 강력하게 호소하고 있다. 잠시 그들의 목소리를 들어보자.

> 우리나라는 조만간 인간이 야기한 지구온난화로 바다 속으로 침몰할 것입니다. 작은 우리나라로서는 해면 상승을 막을 수 없습니다. 선진국뿐 아니라 전 세계 모든 국가가 이산화탄소 배출을 줄여야 합니다.

> 미국은 협약 비준을 거절함으로써 투발루의 다음 세대들에게 조상들이 수천 년에 걸쳐 살아온 땅에서 살아갈 기본적인 자유를 실제로 박탈한 셈입니다.

미국을 비롯한 강대국이나 선진국이 지구온난화문제를 일으켜놓고, 정작 책임은 지지 않고 있습니다. 우리에게는 죽느냐 사느냐의 문제입니다. 우리는 희생자입니다.

최근 유럽위원회 공동연구센터(European Commission's Joint Research Centre, JRC)[60]와 네덜란드 환경평가청(PBL Netherlands Environmental Assessment Agency)[61]이 공동으로 발간한 보고서 「지구 이산화탄소 배출의 장기 경향(Long-Term Trend in Global CO_2 Emissions, 2011 report)」을 분석한 결과에 따르면, 2010년 전 세계 이산화탄소 배출량은 약 330억 톤에 이른다.[62] 이는 지난 해 2009년보다 5.8% 증가한 것으로 20년 만의 최대 증가율이라는 점에서 충격을 주었다. 이처럼 놀라운 증가 추세는 교토의정서를 비준하지 않은 인구 대국이자 신흥국인 중국과 인도 등 개발도상국들의 지속 성장과 교토의정서에서 탈퇴한 미국 등 선진국들의 경제 회복이 주원인으로 지목되었다.

아래 표에서도 확인할 수 있는 것처럼 국가별 이산화탄소 배출량 1위는 89.4억 톤을 배출한 중국이 차지했으며, 미국은 52.5억 톤으로 2위에 올랐다. 인도(3위), 러시아(4위), 일본(5위), 독일(6위)이 그 뒤를 잇고 있다. 그런데 여기서 눈여겨볼 점은 지난 20년간 우리나라의 온실가스 배출량은 136% 증가하고 있어, 그 증가 속도가 중국(256%)과 인도(179%)에 이어 세계에서 세 번째로 빠른 것이다. 이는 매년 세계 이산화탄소 배출량의 순위를 한 단계씩 상승해 나가는 실정에 비추어볼 때도 충분히 확인할 수 있다. 우리나라의 이산화탄소 총배출량은 2008년 세계 9위에서 2009년은 8

60 https://ec.europa.eu/jrc/
61 http://www.pbl.nl/en/
62 http://edgar.jrc.ec.europa.eu/news_docs/C02%20Mondiaal_%20webdef_19sept.pdf

국가	1990년 (10억 t)	2009년 (10억 t)	2010년 (10억 t)	2010년 국가 순위	1990년 대비 (%)	2009년 대비 (%)
미국	4.99	5.04	5.25	2	5.2	4.2
EU-27	4.35	3.94	4.05	–	-6.9	2.8
러시아	2.44	1.67	1.75	4	-28.3	4.8
일본	1.16	1.09	1.16	5	0.0	6.4
독일	1.02	0.79	0.83	6	-18.6	5.1
캐나다	0.45	0.52	0.54	8	20.0	3.8
영국	0.59	0.48	0.50	9	-15.3	4.2
한국	0.25	0.54	0.59	7	136.0	9.3
중국	2.51	8.10	8.94	1	256.2	10.4
인도	0.66	1.69	1.84	3	178.8	8.9

기후변화행동연구소(자료 : European Commission's Joint Research Centre & Netherlands Environmental Assessment Agency, 2011)

우리나라의 경우 해마다 이산화탄소 배출량이 증가하고 있다. 이 같은 추세라면 최상위권 진입도 그리 머지않아 보인다.

위로, 2010년에는 5억 9,000만 톤으로 다시금 한 단계 더 상승해 세계 7위를 기록하였다. 이러한 증가 추세라면 불명예스러운 최상위권 진입도 그리 머지않아 보인다. 그런데 여기에서 간과해서는 안 될 점은 바로 국가별 인구 차이를 고려해야 한다는 사실이다. 즉 국민 1인당 이산화탄소 배출량을 국가별로 비교해보면 그 사정은 사뭇 달라진다.

2010년 우리나라 1인당 이산화탄소 배출량은 12.3톤으로 나타났다. 이는 1990년의 5.9톤에 비해 두 배(109%) 이상 증가한 것이다. 현재의 증가 추세가 그대로 지속될 경우 빠르면 2017년, 늦어도 2020년경에 미국의 배출량을 추월할 것으로 전망된다. 물론 중국은 무려 3배(205%) 이상 증가한 것으로 나타난다. 그런데 각국의 국민 1인당 이산화탄소 배출량을 비교해보면 18톤을 차지한 호주가 단연 1위다. 호주는 이산화탄소 총배출량에서는 순위가 10위권 밖이었지만, 국가별 인구의 차이를 고려하면 그 사정이 현저

국가	1990년(t)	2010년(t)	1990년 대비(%)
미국	19.7	16.9	-14
EU-27	9.2	8.1	-12
일본	9.5	9.2	-4
독일	12.9	10	-22
캐나다	16.2	15.8	-2
영국	10.2	8.1	-21
호주	16	18	12
중국	2.2	6.8	205
인도	0.8	1.5	100
한국	5.9	12.3	109
브라질	1.5	2.2	51
멕시코	3.7	3.8	4

기후변화행동연구소(자료 : European Commission's Joint Research Centre & Netherlands Environmental Assessment Agency, 2011)

국가별 이산화탄소 총배출량에서 1위를 차지했던 중국은 인구 1인당 배출량을 따져보면 9위로 밀려난다. 반면에 총배출량에서 10위권 밖에 있던 호주는 1인당 배출량에서 단연 1위다. 그 뒤를 이어 미국과 캐나다가 각각 2위와 3위를 차지했다.

히 달라진다. 그 뒤를 16.9톤의 미국과 15.8톤의 캐나다가 뒤따르고 있다.

오늘날 심각한 지구온난화의 주범이 바로 선진국 위주의 산업화에 기인한다는 사실을 감안해볼 때, 지구온난화의 피해를 직접적으로 당하고 있는 투발루의 입장에서는 충분히 억울할 수밖에 없다. 더욱이 2005년 교토의정서가 발효되어 2008년부터 2012년까지 선진국 중심으로 온실가스 감축 의무가 이행돼야 할 상황에서 국민 1인당 이산화탄소 최대 배출국인 호주를 비롯하여 미국과 캐나다가 돌연히 교토의정서 서명을 거부해버렸다. 이처럼 이기적인 태도로 일관하는 그들은 지금 당장에는 투발루 국민들의 처지를 실감할 수 없겠지만, 머지않아 자신에게 닥칠 운명일 수 있다는 사실을 분명히 간과하고 있다. 비단 미국과 호주만의 모습이겠는가. 지구가 더워지는 데 날마다 나름의 일조를 하면서 무덤덤하게 살아가는 우리 모두의 모습은 아니겠는가.

2. 환경문제에 왜 '윤리'가 필요한가?

지구 곳곳에서 우리가 예측하기 힘든 일들이 여전히 벌어지고 있으며, 결국 그런 일들은 고스란히 인간이 감당해야 할 문제로 남는다.[63] 앞으로 얼마나 더 엄청난 일들이 기다리고 있을지 지금으로서는 짐작조차 할 수 없다. 우리는 기술적 행위를 통해 삶을 영위해 나가지만, 동시에 이런 행위가 우리의 삶과 터전을 파괴할 수도 있다는 사실을 충분히 실감하고 있다. 이제 스스로에게 더 큰 불행이 되지 않도록 진정 우리가 무엇을 소중히 여기며, 이 땅에서 어떤 삶을 살아가야 하는지, 우리는 어떤 세계를 미래 세대에게 물려주어야 하는지, 혹은 바람직한 지구는 과연 어떤 모습인지 등을 진지하게 물어야 한다. 이 물음을 묻기 시작할 때 비로소 환경의 문제가 윤리와 만나게 된다. 그리고 바로 이 시점에서 우리는 환경문제에 윤리학이 필요하다는 사실을 인정하게 된다. 결국 환경의 문제는 우리의 행위를, 우리의 삶을 되묻는 문제다. 그렇다면 이 물음에 앞서 인간의 기술적 행위로 인해 그동안 이 땅에 어떤 변화들이 있었는지 지난 세기의 시간으

---

63 특히 지난 2010년은 그동안 유례를 찾아볼 수 없었던 이상기후가 세계를 뒤흔들었다. 남반구는 마치 극지방이 남하한 듯한 추위와 눈폭탄에 시달렸고, 북반구 국가는 때 아닌 폭염으로 난리를 겪었다. 1880년 이래 1~10월 전 지구 평균기온이 역대 최고를 기록하기도 했다. 한마디로 '기후변화 종합재해세트'라고 불릴 만큼 변화무쌍한 해였다. 이에 우리 정부는 이상기후의 원인 분석, 분야별 영향, 대응 방안을 검토하기 위해 녹색성장위원회와 기상청이 공동 주관하여 관계부처 합동으로 2010년부터 해마다 '이상기후 보고서'를 발간해오고 있다. 전문은 다음을 참조할 것. http://www.climate.go.kr/index.html

로 거슬러 올라가보자.

1) 인류가 만들어낸 '절대무기', 원자폭탄[64]

1945년 7월 16일 새벽 미국 뉴멕시코 주의 황량한 사막 앨라모고도(Alamogordo)에서 인류 최초의 핵실험 '트리니티(Trinity)'가 시행되었다. '가젯(Gadget)'이라는 이름이 붙여진 이 플루토늄 원자폭탄은 엄청난 폭음과 강렬한 섬광을 내뿜으면서 폭발하였다. 사전 예측을 훨씬 뛰어넘는 폭발력을 보인 이 실험은 12km 상공까지 치솟는 버섯구름과 깊이 3m, 폭 330m의 거대한 웅덩이를 만들어냈다. '핵시대'의 개막을 알리는 성공적인 실험이었다.[65]

이로부터 채 한 달이 지나지 않은 8월 6일 새벽 6시, 미국 폭격기 '에놀

---

64 제2차 세계대전이 발발하기 직전인 1938년 독일 베를린의 과학자 O. 한(Otto Hahn, 1879~1968)과 F. 슈트라스만(Fritz Strassmann, 1902~1980)은 우라늄의 '중성자 포격 실험'을 통해 원자번호 56인 바륨이 생성되는 결과를 얻게 된다. 한은 이 사실을 동료 과학자 L. 마이트너(Lise Meitner, 1878~1968)에게 알려 이론적인 설명을 요청하는데, 이에 우라늄 원자핵이 중성자 포격을 받고 바륨과 크립톤으로 쪼개지며 이때 생기는 질량 결손이 막대한 에너지로 방출된다는 결론에 도달한다. 이러한 내용의 논문이 독일과 영국의 전문 학술지에 실리면서 과학자들은 그것이 지닌 엄청난 의미를 곧 알아차린다. 그들은 우라늄의 이러한 반응에 '핵분열'이라는 이름을 붙였다. 그리고 1939년 9월 제2차 세계대전이 발발한다. 전쟁이 터지자 미국과 영국의 망명 과학자들은 핵분열 현상이 발견된 곳이 나치 독일의 베를린이었다는 점에 주목했고, 만약 핵분열 연쇄반응을 이용한 폭탄이 A. 히틀러(Adolf Hitler, 1889~1945)의 수중에 들어간다면 전 세계에 돌이킬 수 없는 재앙이 빚어질 것이라고 걱정했다. 이에 일부 과학자들[특히 헝가리 출신의 물리학자 L. 질라드(Leo Szilard, 1898~1964)]은 당시 미국으로 망명해 있던 A. 아인슈타인(Albert Einstein, 1879~1955)을 설득해서 F. 루즈벨트(Franklin Delano Roosevelt, 1882~1945) 대통령에게 이런 사실을 경고하기에 이르렀고, 결국 미국 정부는 1941년 12월 원자탄 개발 계획(맨해튼 프로젝트)을 추진하기로 결정하였다.

65 이 실험을 목격한 실험책임자 K. 베인브리지(Kenneth Bainbridge, 1904~1996) 박사는 R. 오펜하이머에게 "Now we are all sons of bitches"라고 탄식했으며, 오펜하이머 역시 힌두교의 한 경구를 인용해 "나는 죽음의 신이요, 세계의 파괴자가 되었다"라고 자책했다고 한다.

폭격기 '에놀라 게이'는 히로시마로 날아가서 원자폭탄 '리틀보이'를 투하했다. 이내 도시는 초토화되어 버렸다.

라 게이(ENOLA GAY)'가 일본 히로시마로 날아가고 있었다. 이 폭격기에는 '리틀보이(Little Boy)'라고 불리는 우라늄 원자폭탄이 실려 있었다. 일본군의 레이더망을 피해 마침내 히로시마에 도착한 폭격기는 상공에서 유유히 폭탄을 투하한다. 잠시 후 원자폭탄의 폭발 순간, 눈부신 섬광과 화염의 태풍이 인구 34만의 히로시마를 휩쓸었고 거대한 버섯구름은 지표면 1만 7,000m 상공까지 솟아올랐다. 눈 깜짝할 사이 약 7만 명이 즉사하였고, 또 다른 7만 명의 부상자들 역시 끔찍하게 죽어갔다. 이것이 끝이 아니었다. 며칠 뒤 나가사키에 '팻맨(Fat Man)'이라는 이름의 플루토늄 원자폭탄이 다시 투하된다. 나가사키 역시 한순간에 잿더미로 변했다. 엄청난 폭발력을 보인 이 한 발의 원자폭탄은 또다시 14만 명의 목숨을 앗아갔다. 그리고 이어진 일본의 무조건적인 항복은 제2차 세계대전의 종말을 고했다.[66]

---

66 미국은 당분간 자국의 핵독점이 유지될 것이라 기대했다. 그러나 이러한 낙관적인 예상은 얼마 가지 않아 빗나간다. 미국에 뒤질 새라 소련 역시 원자폭탄 개발을 서둘러 결국 1949년 8월 핵실험에 성공했기 때문이다. 소련의 최초 핵무기가 미국의 예상보다 빨리 등장한 셈이었다. 이에 미국은 더욱 강력한 파괴력을 지닌 수소폭탄으로 무장할 수밖에 없었고(1952년), 소련 역시 이를 뒤쫓아 1953년 수소폭탄 개발에도 성공한다. 이렇게 앞서거니 뒤서거니 새로운 무기들이 세상에 쏟아져 나왔다. 이처럼 아슬아슬하게 이어지는 강국들 간의 '공포의 균형' 속에서 그 밖의 국가들도 핵무기 개발의 움직임을 보였다. 결국 핵 군비경쟁을 통해 상대를 견제하고, 자국의 안보추구라는 명목하에 또다시 대립하고 경쟁하는 악순환이 시작된 것이다.

전쟁 종식 후, 많은 과학자 및 과학기술자들은 곧바로 조직적 움직임에 나섰다. 그들은 누구보다도 핵의 위험성을 절감했기에 망설일 시간이 없었다. 맨해튼 프로젝트(Manhattan Project)에 참여했던 과학자들을 비롯한 84명의 노벨상 수상자들을 중심으로 1945년 10월 '미국과학자협회(Federation of American Scientists, FAS)'가 결성되었다. 핵무기를 비롯한 과학기술의 발전이 오히려 인류 문명을 위협하는 치명적인 살상행위로 급변하는 것을 목격한 이들은 일반 대중과 정책결정자들에게 이러한 위험을 경고하고 현명한 정책결정의 필요성을 알리는 것이 '과학자의 책임'이라고 생각했다(정욱식, 2012: 84). 그리고 맨해튼 프로젝트의 추진에 관여했던 A. 아인슈타인(Albert Einstein, 1879~1955) 역시 핵무기의 국제적 통제와 핵확산 방지를 위한 활동에 대해 고민하기 시작했다. 특히 1954년에 마셜제도(Marshall Islands)의 비키니(Bikini) 섬에서 실시된 '캐슬 브라보(Castle Bravo)' 실험은 히로시마에 투하된 원자폭탄의 1,000배가 넘는 위력을 가진 수소폭탄이 실전에서 얼마든지 활용 가능하다는 사실을 증명해 보였다.[67] 마침내 과학기술자들의 반전·반핵 운동은 보다 본격적이고 조직적

67 수소폭탄은 핵융합반응 시 방출되는 에너지를 이용한 폭탄으로 개발 당시부터 격렬한 논쟁에 휩싸였다. 특히 1949년 예기치 않았던 소련의 핵실험 성공으로 H. 트루먼(Harry S. Truman, 1884~1972) 미 대통령은 1950년 서둘러 수소폭탄 개발을 결정한다. 원자폭탄개발에 참여했던 과학자들 대부분은 반대의 입장을 표명했지만, 결국 1952년 최초의 수소폭탄 실험인 '마이크(Mike)'가 태평양의 마셜제도에서 성공적으로 이루어진다. 이후 1954년에는 수소폭탄을 비행기에 탑재하여 실전에서의 활용가능성을 확인한 '브라보' 실험이 실시되었는데, 이 실험 역시 비키니 섬에서 진행되었다. 당시 이 실험을 주도했던 과학자들의 예상보다 무려 3배가 더 큰 폭발이 이루어졌는데, 히로시마 원폭보다 1,000배가 넘는 위력이었다고 한다. 예상치 못한 큰 폭발로 미군 및 미군기지 시설들이 거의 다 파괴되고 마셜제도의 아름다운 섬에 거대한 구멍이 생겼으며, 수백 킬로미터 떨어진 곳까지 낙진이 퍼지면서 일본 어부들이 방사능 피폭을 입는 등 엄청난 피해가 발생했다. 이 같은 치명적인 피해를 남긴 브라보 실험으로 인해 비키니 섬의 대부분이 적나라하게 발가벗겨졌다. 비키니 수영복이란 명칭도 이 섬에서 유래한 것이다.

으로 전개되어 나갔다. 1955년 7월 아인슈타인은 철학자 B. 러셀(Bertrand Russell, 1872~1970)과 함께 인류 절멸의 위기를 경고하고 핵전쟁 회피를 호소한 '러셀-아인슈타인 선언(Russell-Einstein Manifesto)'[68]을 발표한다. 이후 이 선언의 정신을 이어받아 1957년 7월 영국의 물리학자 J. 로트블랫(Joseph Rotblat, 1908~2005)의 주도하에 '과학과 세계문제에 관한 퍼그워시 회의(Pugwash Conference on Science and World Affairs)'가 출범하였다.[69]

이처럼 제2차 세계대전을 끝내기 위해 사용된 단 두 발의 원자폭탄은 인류 문명은 물론 수많은 생명체가 공존하고 있는 지구 생태계를 한순간, 완전히 멸절시킬 수 있을 만한 치명적 위력을 가지고 세계무대에 등장하였다.

---

68 미-소 간 수소폭탄 경쟁이 심화되던 1955년, 영국의 철학자 러셀과 미국의 물리학자 아인슈타인이 중심이 되어 핵무기 폐기와 과학기술의 평화로운 이용을 호소한 선언문이다. 전문은 다음을 참조할 것. http://www.pugwash.org/about/manifesto.htm

69 핵전쟁의 위험을 줄이고 세계 안보에 대한 해법을 모색하기 위해 1957년 로트블랫과 러셀의 주도하에 창설된 국제조직이다. 조직의 이름은 첫 번째 회의가 캐나다 노바스코샤 주의 퍼그워시에서 개최된 데에서 비롯하였다. 냉전기에 미-소 관계가 경직될 때마다 비공식 대화 채널로서 유용한 역할을 했고, 부분적 핵실험금지조약, 핵확산금지조약 등의 체결에도 기여한 점을 인정받아 1995년 로트블랫과 함께 노벨 평화상을 수상하기도 했다. http://www.pugwash.org/

인물 읽기 6 로버트 오펜하이머

'원자폭탄의 아버지(Father of the Atomic Bomb)' **R. 오펜하이머**(Robert Oppenheimer, 1904~1967)는 뉴욕의 부유한 유대인 가정에서 태어나, 1925년에 하버드대학 화학과를 3년 만에 최우등으로 졸업하였다. 이후 영국에서 학업을 이어가던 오펜하이머는 케임브리지대학 캐번디시 연구소에서 원자구조에 관한 선구적 연구로 국제적 명성을 얻기 시작하였다. 그리고 M. 보른(Max Born, 1882~1970)의 초청으로 독일 괴팅겐대학으로 옮긴 그는 N. 보어(Niels Bohr, 1885~1962)와 P. 디랙(Paul Dirac, 1902~1984)과 같은 저명한 물리학자들과 교류하면서 1927년 그곳에서 박사학위를 취득한다. 1929년 여름 UC버클리의 교수로 초빙되어 고국으로 돌아온 그는 연구에 매진하면서 뛰어난 성과를 이루어 나간다.

유능한 물리학자로 순탄한 삶을 살던 오펜하이머는 1943년 로스앨러모스의 연구소장으로 부임하여 원자폭탄 개발을 총지휘, 감독하면서 생의 전환기를 맞는다. 그는 누구도 예상하지 못했던 탁월한 능력을 발휘해 '맨해튼 프로젝트'를 성공적으로 이끌었고 자신의 인생 최고 정점에 올라선다. 단 두발의 원자폭탄은 일본의 무조건적 항복을 받아내고 제2차 세계대전을 승리로 이끄는 결정적 계기가 되었다. 전쟁 종식 후 그는 대통령 직속 자문 기관인 원자력위원회(Atomic Energy Commission, AEC)의 의장에 임명된다. 그런데 1949년 소련이 서둘러 원자폭탄 실험에 성공, 미국의 핵독점이 무너지면서 마침내 핵전쟁의 위기가 시작된다. 이에 오펜하이머는 원자폭탄 생산을 억제할 수 있는 협의체를 만들 것을 제안하지만, 정부 당국은 오히려 수소폭탄 개발을 서두른다. 그런 와중에 AEC 산하의 일반자문위원회

(Governmental Advisory Committee, GAC) 대다수는 수소폭탄 개발에 반대하였고, 오펜하이머 또한 의장직에 사표를 제출했지만, 반려되고 말았다. 수소폭탄의 개발에 대한 열띤 찬반 논쟁에서 오펜하이머는 끝까지 반대 입장을 내세워 정부와 갈등을 빚었고, 그의 위치는 점차 위태로워졌다. '원자폭탄의 아버지'가 '핵군축의 아버지'로, 다시 '수소폭탄 개발의 반대자'로 돌아선 것이다. 이런 과정에서 그는 공산주의자, 반미주의자로 몰리는 크나큰 고초를 겪으면서, 한순간 국민의 영웅에서 국민의 배신자로 전락해버리고 만다.

급기야 프린스턴대학 부설 고등연구소(The Institute for Advanced Study, IAS) 소장으로 재직 중(1947~1966)에는 위험인물로 지목되었고, 국가에 대한 충성심과 신뢰도를 문제 삼아 기소까지 당하는 일마저 벌어진다. 이를 계기로 그는 국가의 모든 직책을 박탈당한다. 그 이후 오펜하이머는 고등연구소에서 자신의 남은 생애 동안 과학과 사회의 관계에 관한 사상을 정립하는 데에 전념한다. 1963년에 와서야 L. 존슨(Lyndon Baines Johnson, 1908~1973) 대통령이 오펜하이머에게 원자력위원회의 '엔리코 페르미 상(Enrico Fermi Award)'을 수여함으로써 공식적으로 그를 복권시킨다. 1966년 연구소를 퇴직한 그는 그 이듬해 후두암으로 세상을 떠났다.

2) 카슨의 경고, 봄이 침묵할지니!

> 새벽부터 새소리가 끊이지 않던 뒷마당에 더 이상 아무런 소리도 들리지 않는다. 무시무시한 경적, 생명이 꺼져 가는 땅, 몇 마리의 새가 눈에 띄지만 더 이상 날지 못하고 힘겨운 상태로 땅에서 비틀거린다. 봄이 왔지만 종달새도 꾀꼬리도 노래를 부르지 않고 산비둘기의 구구 소리도 더 이상 들리지 않는다. 사과나무에는 꽃이 피었지만 꽃가루를 옮겨줄 벌과 나비가 사라졌으니 열매를 맺지 못한다. 길가의 식물도 말라비틀어지고 졸졸 흐르는 개울에도 이제 생명은 없다. 물고기가 모두 사라졌다. 봄을 알리는 소리가 멈추어버린 섬뜩한 현장, 벌레도 새도 동물도 인간도 다 함께 스러진 마을, 도대체 무슨 일이 있었던 것일까?(레이첼 카슨, 2002: 35)

1962년 R. 카슨(Rachel Carson, 1907~1964)의 『침묵의 봄(*Silent Spring*)』이 발표되면서, DDT를 비롯한 살충제 · 제초제 · 살균제와 같은 화학물질이 생태계에 미치는 치명적 결과에 대한 관심이 전 세계적으로 일었다. 그녀는 이 책에서 미시건 주립대학 교정의 느릅나무를 좀먹는 해충을 잡기 위해 뿌려진 DDT가 먹이사슬을 통해 전달되면서 모든 생명체에 영향을 끼치고, 결국 어느 날엔가 그 어떤 생명의 소리도 없이 다가오는 고요한 봄을 생생하게 그리고 있다. 빼어난 문학적 역량과 과학자적 면모를 여실히 드러낸 이 책은 출간 즉시 수십만 부가 팔려 나가 베스트셀러가 되었고, 미국 사회 전역에 큰 파장을 불러일으켰다.[70]

---

70 어릴 때부터 글쓰기 재능을 보였던 카슨은 작가를 꿈꾸던 소녀였다. 자신의 바람대로 1925년 펜실베이니아 여자대학(오늘날 채텀대학)에 입학해서 영문학을 공부하다가 2학년 때 기초생물학 강의를 듣고 심취해서 전공을 바꾼다. 카슨에게 이 수업은 인생을 바꾸는 계기가 되었다. 그 당시에는 여성들이 과학교육을 받는 것이 흔하지 않았지만 그녀는 1929년 생물

수년에 걸친 DDT에 대한 카슨의 연구는 『침묵의 봄』이라는 20세기 기념비적 작품을 탄생시켰다.

전염병이 창궐하는 곳에서 DDT는 수많은 생명을 살려내는 '인류의 구세주'였고, 식량이 모자란 곳에서 DDT는 농업생산성 향상에 기여하는 '기적의 살충제'였다. 기아와 질병에서 인류를 구원하는 이 기적의 물질은 열광적으로 받아들여졌고, 광범위하게 살포되었다. 그러나 카슨은 단호하게 이의를 제기한다. 만약 이 기적의 물질의 사용을 멈추지 않는다면 자연이 어떤 끔찍한 반격을 불러일으킬 것인지에 대해 이 책에서 낱낱이 고발하고 있다.

> 세상은 비탄에 잠겼다. 그러나 이 땅에 새로운 생명 탄생을 금지한 것은 사악한 마술도 아니고 악독한 적의 공격도 아니었다. 사람들 자신이 저지른 일이었다(레이첼 카슨, 2002: 35).

헬리콥터에 실려 상공에서 무차별하게 살포된 DDT는 해충뿐만 아니라 울새의 떼죽음을 불러왔다. 물론 살충제가 울새에게 직접적으로 치명적인 것은 아니었다. 문제는 먹이사슬의 경로였다. 나뭇잎에 묻어 있던 살충제

학 전공으로 학위를 받은 이후, 과학자의 삶을 살게 된다.

가 빗물에 씻겨 땅으로 스며들어 지렁이를 죽이고, 겨우 살아남은 지렁이를 울새가 잡아먹는다. 흙으로 스며들고 강이나 바다로 흘러들어간 살충제는 먹이사슬 과정에 따라 전파되고 점점 축적되어, 오랫동안 자연에 머물면서 생명체들의 생식과 발육을 저해하고 급기야 생태계 전체의 죽음을 몰고 올 수밖에 없다고 카슨은 경고한다. 특히 이 살충제는 먹이 사슬의 맨 위쪽을 차지하는 인간에게 더욱 치명적일 수밖에 없으며,[71] 더욱이 그것은 다음 세대에까지 영향을 미치게 된다. 악순환의 연결고리가 끝도 없이 이어지게 되는 것이다.

『침묵의 봄』은 방대한 현장조사와 자료수집 그리고 치밀한 분석과 연구[72]를 거쳐 마침내 출간되었지만, 하마터면 세상의 빛을 보지 못할 뻔했다. 농무부(United States Department of Agriculture, USDA), 화학업계, 대농장주 등이 연대를 공고히 하면서 각종 중상모략으로 이 책의 발간을 방해했기 때문이다. 발간 이후에도 그들의 조롱과 협박은 계속 이어졌다. 그들은 살충제 사용을 줄이거나 포기한다면 곤충과 질병이 지구를 덮칠 것이라고 경고하고, 세상은 암흑의 시대로 돌아갈 것이라고 주장하였다. 이 책을 발간한 출판사를 명예훼손으로 고소하겠다고 협박하기도 했다. 그러나 이 책을 읽은 대중들은 소리 높여 각 언론사며 정부기관에 진상규명을 요

71 이러한 현상을 '생물농축(biological concentration)' 현상이라고 한다. 예를 들어 공장 폐수나 농약 등에 들어 있는 어떤 화학물질은 물속에서 잘 분해되지 않는다. 이러한 난분해성 오염물질이 호수나 강 또는 바다로 흘러 들어가고, 거기서 일단 수중 생물에 흡수되면 생물체로부터 배출이 잘 되지 않는다. 이 오염물질은 먹이 연쇄를 통해 고차 소비자로 이동하면서 생물의 체내에 농축된다. 이 같은 농축 현상은 상위의 영양단계로 올라갈수록 점점 심해진다. 그 결과 하위 영양단계에 있는 생물에서는 비록 오염물질의 양이 해가 없을 만큼 미량이라 할지라도, 상위의 영양단계에서는 생물에게 각종 생리적 장애를 일으키고 생명까지 위협하는 치명적 결과를 가져오기도 한다.

72 카슨은 살충제에 노출된 사례들을 철저히 추적해서 생태적 위협의 증거들을 충분히 확보했다. 전문 용어에 대해서는 교수나 학자들을 통해 꼼꼼히 검증받았다. 이러한 카슨의 노력은 자신의 책 맨 뒤의 600여 개 색인에서도 확인할 수 있다.

구했고, 정부 역시 이 같은 대중들의 폭발적인 관심을 정책의제로 받아들임으로써 환경문제에 대해 적극적으로 고민하기 시작하였다.

1962년 7월 J. F. 케네디(John F. Kennedy, 1917~1963) 대통령은 자신의 과학자문위원이었던 J. 위즈너(Jerome Wiesner, 1915~1994)에게 살충제의 사용실태조사를 위한 대통령특별자문위원회를 구성하도록 지시했다. 1963년 시민들의 동의하에 살충제 살포 법안 발의를 시작으로 1969년에는 미국 역사상 가장 중요한 법률인 국가환경정책법(National Environmental Policy Act, NEPA)이 제정되어 살충제 · 제초제 · 살균제 등과 같은 화학물질이 생태계에게 미치는 영향을 지속적으로 조사할 수 있는 제도적 장치를 마련하였다. 그리고 1970년 1월 환경보호청(Environmental Protection Agency, EPA)이 연방정부의 독립기관으로 설립되어 환경문제를 전담하게 되었다. 그해 4월 22일에는 제1회 지구의 날(Earth Day) 행사가 개최되어 약 2,000만 명의 시민들이 더 나은 환경을 요구하며 거리로 나섰다. 이날은 미국 환경운동 역사상 커다란 기점이 되었다. 마침내 1972년 미국에서는 DDT를 비롯한 9종류의 살충제 사용이 전면 금지된다.

카슨의 『침묵의 봄』은 문학적 감수성이 빼어난 작품으로 딱딱한 과학적 사고와 지식을 설득력 있고 감동적으로 전달하고 있다. 또한 환경오염의 심각성을 알리는 데만 그치지 않고 사람들의 의식과 행동을 바꾸어놓기 시작하였다. 마침내 그녀의 책은 현대 환경운동을 촉발시키는 기폭제가 되었고 각종 환경운동 단체가 생겨나는 데 결정적 역할을 했다.[73]

73 카슨은 『침묵의 봄』을 집필하던 1960년부터 이미 자신이 유방암에 걸렸다는 사실을 알고 있었다. 유감스럽게도 자신의 기념비적 저서가 출판되고 2년이 지난 1964년 4월, 메릴랜드 주 실버스프링에 위치한 자택에서 56세의 나이로 세상을 떠난다. 훗날 1980년 당시 대통령이던 J. 카터(Earl Jimmy Carter, Jr., 1924~)는 미국 정부가 민간인에게 수여하는 가장 영예로운 상훈인 '대통령 자유훈장(Presidential Medal of Freedom)'을 그녀에게 추서했다.

3) 영혼까지 병들게 하는 고엽제여!

> 전쟁의 성격이 본질적으로 게릴라전이니만큼 밀림에 출몰하는 게릴라에 대한 특수무기가 더욱 발달했다. …… 밀림 속에 숨은 베트콩을 노출시키기 위한 '낙엽제'로서 무서운 화학약제와 독가스가 살포되고 있다(《동아일보》 1966.4.28).

> 바다에서 산악까지 짙푸르던 천연정글이 트랙터로 대패질 당해 공중에서 보면 푸른 수목 속에 검붉은 펀펀한 들판이 역력히 드러났다. …… 불도저로 훑고 트랙터로 땅을 고르고 흙속에 깊이 박힌 식물뿌리를 뽑아내도 불과 몇 달 만에 정글이 다시 생기니까 고엽제를 아주 충분히 뿌려 초토작전을 끝낸다(《동아일보》 1967.5.4).

1960년 중반부터 1970년대 초 베트남전쟁[74]에 대한 관심이 고조되면서,

74 제2차 세계대전 후 베트민(Viet Minh, 베트남 독립동맹)의 지도자 호치민(Ho Chi Minh, 1890~1969)은 베트남이 프랑스로부터 독립했음을 공식적으로 선포한다. 그러나 프랑스는 베트남의 종주국임을 주장하며 자신들의 지배권을 유지하고자 했다. 미국 역시 베트남의 독립을 인정하지 않고 프랑스가 다시 베트남에 대한 지배권을 회복하기 바라는 입장을 취한다. 1946년 12월 하이퐁(Hai Phong) 항구에서 베트민과 프랑스의 직접적 무력충돌이 일어나면서 시작된 베트남전쟁은 프랑스가 디엔비엔푸(Dien Bien Phu) 전투에서 패배한 1954년까지 무려 9년간 지속되었다. 결국 1954년 7월 베트민의 승리로 전쟁은 끝이 난다(제1차 베트남전쟁). 이후 베트남은 북베트남과 남베트남으로 나뉘어 통치되는데, 북베트남은 호치민이 지도하는 '베트남사회주의공화국(the Socialist Republic Vietnam)'이, 남베트남은 미국의 후원을 받아 응오 딘 디엠(Ngo Dinh Diem)을 대통령으로 하는 '베트남공화국(the Republic of Vietnam)'이 1955년 건국되면서 서로 대립한다. 그런데 남베트남에서는 디엠 정권의 족벌정치에 의한 부정부패가 기승을 부리면서 정치적·사회적 혼란이 극에 달하고 곳곳에 봉기가 일어나 확산되면서 1960년 12월 남베트남민족자유전선(National Liberation Front of South Vietnam, NLF)이 결성된다. 마침내 1963년 11월 군사 쿠데타가 일어나 디엠 대통령이 암살되고, 남베트남 혁명세력의 공세가 점점 강해지자 미국은 "공산주의의 확

미군의 무자비한 고엽제 살포로 인해 베트남 전역이 초토화되었다.

미국뿐만 아니라 세계 전역에서 반전운동이 거세게 일어났다. 그 와중에 미군이 전쟁 중에 사용한 고엽제가 환경뿐만 아니라 인체에 심각한 문제를 일으킨다는 비판이 일기 시작하였다. 전쟁에서 고엽제가 살포된 이유는 간단하다. 적의 식량이 될 수 있는 농작물이나 적군이 숨어 있을 만한 밀림을 없애기 위해서였다. 미군은 1961년 11월부터 시작해서 10년 동안 베트남의 산악과 농경지 2만 4,000km^{2}에 고엽제를 살포했다. 이는 베트남 전 경작지의 10%, 전 삼림의 30%에 이르는 면적이다.

고엽제가 생태계에 끼친 악영향은 실로 엄청났다. 고엽제는 혼합 제조하는 과정에서 독극물인 다이옥신(dioxin)이 생성된다. 무색무취의 맹독성 물질인 다이옥신은 분해되거나 다른 물질과 결합하지 않아 자연적으로 사라지지 않는다. 더욱 심각한 것은 이것이 인체에 축적돼 10여 년이 지나면 암 유발과 기형아 출산의 원인이 된다. 1960년대 후반 당시 베트남

산을 막는다"는 명분으로 전투 병력을 파병하여 베트남전쟁의 개입을 시도한다. 그러던 중 1964년 8월 북베트남 해안에서 남베트남군 특공대를 지원하던 미 구축함이 공격을 받자 미국이 월남전에 본격적으로 개입하면서 제2차 베트남전쟁(1964~1975)이 발발한다. 무려 10여 년간의 긴 전쟁은 1975년 4월 사이공이 함락되어 남베트남 정권이 붕괴되면서 마침표를 찍는다. 이후 베트남은 통일된 사회주의 정부를 수립하게 되었다.

국민 약 400만 명이 고엽제에 노출되었고, 기형아 출산이 급증하는 등 부작용이 속속 보고되었다. 그렇지만 인간에 미친 직접적인 피해는 전쟁이 종식되고 나서 한참 뒤인 1970년대 후반에 들어서 확연히 나타나기 시작하였다. 전쟁은 이미 끝이 났지만, 고통은 대물림되어 여전히 현재 진행형이다.

그런데 그 고통은 베트남에만 국한된 것이 아니었다. 당시 전쟁에 참전한 한국 군인들도 전쟁이 끝난 뒤 오랫동안 끔찍한 고통에 시달려야 했다.[75] 한국인의 고엽제 피해가 국내 신문에 처음 보도된 것은 1992년 2월이었다.[76] 베트남전쟁이 미국의 패배로 끝난 지 17년 후, 한국군이 해외 전쟁에 참여한 지 28년 만에 비로소 고엽제 피해 사례가 알려지기 시작한 것이다. 나중에 드러난 사실이지만 참전군인 중 상당수는 고엽제 후유증을 앓으면서도 정확한 발병 원인을 몰라 누구에게도 하소연하거나 항의하지 못했다고 한다. 오히려 그들이 베트남에서 무분별하게 전염되어 온 고약한 성병의 결과라는 오해까지 받았다고 하니, 이 얼마나 억울한 누명이란 말인가. 그렇게 우리의 전쟁영웅들은 말 없이, 쓸쓸하게 병들어 죽어갔다.

75 1964년 3월 미 L. 존슨(Lyndon Baines Johnson, 1908~1973) 정부는 베트남 사태에 보다 적극적으로 개입할 것을 공식적으로 결정하고 5월 한국 등 25개 우방국에 남베트남 지원을 요청하였다. 당시 미국 정부가 우리 정부에 서한을 보내 '1개 이동외과병원'을 파병해주도록 요청했다. 이에 우리 정부는 130명 규모의 이동외과병원과 10명으로 편성된 태권도 교관 등 140명을 파병키로 결정, 마침내 1964년 9월 11일 이들을 실은 해군 수송분대(LST)는 부산항을 출항했다. 제1차 파병을 시작으로 추가 파병이 계속 이어졌다.

76 1992년 2월 13일 《경향신문》 사회면에 '월남 참전용사 고엽제 후유증' 기사가 처음으로 보도되었다.

4) 지속가능한 성장을 도모하라!

그동안 우리 사회에서는 기술이야말로 사회성장을 주도해 나가는 기본 동력이라는 생각이 지배적이었다. 즉 기술진보가 곧 사회진보와 동일시되며, 기술의 발전은 무한한 경제성장을 동반한다는 인식이 팽배해 있었다. 과학적 진리를 맹신하고 지구의 무한성을 전제하면서 자연에 대한 지배와 진보에 대한 열망으로 유토피아를 실현할 수 있다는 믿음을 축적해 나갔다. 때때로 삶의 다양한 국면에서 불확실성과 위기가 드러나기도 했다. 특히 지구 자원의 한계와 공간의 유한성을 무시한 개발의 신화는 생태계를 파괴시키고, 인류를 돌이킬 수 없는 위험에 빠트릴 수 있다는 사실을 깨닫게 만들었다. 그러나 혁신적인 기술로 옛 기술을 대체해 나간다면 얼마든지 그러한 위기를 극복할 수 있다는 신뢰는 굳건했다. 그러다 차츰 이러한 신뢰에 회의가 일기 시작했고, 특히 일련의 문제들은 더욱 심화되어 나갔다. 이에 국제 협력을 통해 공동으로 대처할 필요성이 대두될 즈음, 때마침 제1차 유엔인간환경회의(UN Conference on Human and Environment, UNCHE)가 1972년 6월 5일부터 11일간 한국을 비롯한 113개국 대표와 257개 민간단체의 참여로 스웨덴의 스톡홀름에서 개최되었다.

'하나밖에 없는 지구(Only One Earth)'라는 주제로 열린 이 국제회의를 통해 지구환경문제에 대한 국제적 관심이 시작되었다. 특히 인간의 무분별한 산업화·공업화가 만들어낼 끔찍한 결과들을 경고함으로써 자연에 관한 인간의 인식을 근본적으로 바꾸는 계기가 마련되었다. 이때 최초의 국제 환경선언문인 '인간환경선언(Declaration on the Human Environment)'[77]이 채택되고, 이 회의 개최일인 6월 5일이 '세계환경의 날(World

77 전문은 다음을 참조할 것. http://www.unep.org/Documents.Multilingual/Default.asp?d

Environment Day)'로 지정되었다. 각국 정부는 매년 이날을 기념하는 행사를 개최함으로써 환경보전에 대한 인식을 전 세계적으로 확산시켜 나가고 있다. 또한 이 회의의 결정에 따라 '유엔환경계획(United Nations Environment Programme, UNEP)'이 설립되어 환경에 관한 제반 활동을 종합적으로 조정 · 지휘하면서 국제 협력을 지속적으로 추진하고 있다.

무엇보다도 이 회의에서 눈길을 끌었던 것은 '로마클럽(Club of Rome)'이라는 국제미래연구기관에서 발표한 「성장의 한계(The Limits to Growth)」라는 보고서였다. 이 보고서는 현대사회의 무한 성장과 발전에 '한계'를 강조하면서, 결국 인류는 종말론적 파국을 경험하게 될 거라고 예언한다. 즉 무한 경제성장의 가능성을 재검토할 것을 엄중하게 충고하고 있다.

로마클럽은 자신들의 논의 결과를 계량화하기 위해 MIT공과대학의 시스템다이내믹스 연구팀에 정량적인 분석을 의뢰했다. 이들 연구진은 역사적으로 세계의 발전을 이룩해온 물리적 · 경제적 · 사회적 관계의 모든 요인들을 고려한 후, 이들 가운데 다섯 가지 요인을 중심으로 미래의 현상을 예측하였다. 즉 인구증가, 산업 및 식량생산, 자원고갈과 환경오염 등의 분석을 통해 100년 이내에 성장은 한계에 직면할 것이라는 결론을 내린다. 이들 각각의 요소들은 상호의존적 관계에 얽혀 있기 때문에 어느 하나를 해결하려면 다른 요소를 훼손시킬 수밖에 없는 상황으로 치닫는다. 예를 들어 식량의 증산을 위해서는 더 많은 삼림을 파헤쳐야 하고, 더 많은 화학물질을 사용해야 한다. 이는 다시 환경을 해치게 되어 결국에는 사람들이 살 수 없는 환경을 만들게 된다. 늘어나는 인구를 먹여 살리기 위해서는 더 많은 투자를 해야 하지만 이는 다시 자원고갈을 앞당기게 된다. 그러다가 어느 한 분야에서 결정적인 문제가 불거지게 되어 그 심각성

ocumentid=97&articleid=1503

을 안 순간 이미 때는 늦어버린다. 그들은 유한한 지구에서 무한한 성장은 결코 가능하지 않다는 명제를 컴퓨터 시뮬레이션을 통한 데이터를 근거로 예측했다.

이 보고서는 발표와 동시에 엄청난 충격과 파장을 일으켰다. 특히 지구의 미래와 과학기술의 기여도를 지나치게 비관적으로 전망하고 있다는 비판이 일었다. 그러나 1970년대 이후 경제성장의 한계와 환경문제에 대한 전 지구적인 관심을 증폭시키는 데 결정적인 역할을 한 것으로 평가받는다.

개념 읽기 7 로마클럽

로마클럽(Club of Rome)은 이탈리아의 실업가인 A. 페체(Aurelio Peccei, 1908~1984)가 심각한 세계문제들에 대한 연구의 시급함을 절감하고 1968년에 결성한 민간단체다. 서유럽의 과학자, 경제학자, 교육자, 경영자 등의 지식인들로 구성된 이 클럽은 지구의 유한성에 대한 문제의식을 갖고, 특히 천연자원의 고갈, 공해에 의한 환경오염, 개발도상국의 폭발적인 인구증가, 군사기술의 진보에 의한 대규모 파괴력의 위협 등 인류의 위기에 대한 각성과 그에 대응할 수 있는 길을 모색할 것을 조언하는 활동을 펼쳐 나갔다.

로마클럽이라는 이름은 1968년 4월에 로마에서 첫 회의를 가졌기 때문에 붙여진 것으로, 클럽의 본부는 로마에 있으며 제네바와 헤이그에 연구소를 두고 있다. 특히 로마클럽은 1972년 경제성장의 한계를 강조하면서 파국적 미래를 예언한 보고서 「성장의 한계」를 발표하면서 국제적 명성을 얻기 시작하였다.

그 후 외적 · 물리적 한계의 강조보다는 지구상의 지역 간 불균형, 인류 공통의 세계상에 대한 탐구나 상호이해의 시스템 제창 등으로 활동의 영역을 넓혀 나간다. 그들의 꾸준한 연구 활동에 대한 결과물로서는 「전환기에 선 인간사회(Mankind at the Turning Point)」(1974), 「국제질서의 재편성(Reshaping the International Order)」(1976), 「인류의 목표(Goals for Mankind)」(1977), 「낭비의 시대를 넘어서(Beyond the Age of Waste)」(1979), 「한계 없는 학습(No Limits to Learning)」(1979) 등 총 30여 개의 보고서들이 있다.

1986년 4월 26일 토요일 새벽 1시 23분 구소련 우크라이나 북부 체르노빌 시에서 16㎞ 거리에 있는 원자력발전소 4호기는 안전비상대책 점검 중이었다. 자동안전장치가 꺼지고 원자로가 정지되었다. 그런데 점검을 하던 엔지니어의 조작 미숙으로 원자로의 출력이 폭주하면서 화재가 발생했고 핵연료가 녹아내리기 시작하였다. 두 차례 폭발도 있었다. 이 폭발로 원자로를 덮고 있던 뚜껑이 날아가고, 방사성 물질이 1,200m 상공까지 치솟았다.[78] 발전소의 안이한 대처는 사고 피해를 더 키웠다. 당시 발전소장은 국가원수인 M. 고르바초프(Mikhail S. Gorbachev, 1931~) 당서기장에게도, 인근 주민들에게도 알리지 않은 채 사고를 수습하려 했다. 결국 사고 발생 3일째 되던 날에야 비로소 '체르노빌에서 사고가 발생했다'는 짤막한 기사가 언론에 실렸다.[79] 1984년 3월부터 가동된 이 원전의 노심에는 히로시마 원자폭탄 2,600개와 맞먹는 '죽음의 재'가 쌓여 있었다. 고농도 방사성 물질은 유럽 전역으로 퍼져 나갔고, 이 물질의 일부는 아시아 몇몇 국가를 거쳐 미국과 캐나다까지 도달했다.[80]

---

78 국제 평가기준에 따른 원자력발전소 사고는 위험수준에 따라서 낮은 단계 0에서 가장 높은 7단계까지 총 8단계로 분류된다. 국제원자력기구는 5단계 이상을 대형사고로 분류하는데, 지금까지 전 세계적으로 다섯 차례 기록된 바 있다. 1957년 영국의 윈드스케일 원자로 화재와 1979년 미국의 스리마일 아일랜드 원전의 노심용융 사고가 각각 5단계, 1957년 소련 마약 키슈팀의 핵폐기물 저장고 폭발사고가 6단계 사고였다. 그리고 1986년 체르노빌과 2011년 후쿠시마 핵발전소 사고가 7단계로 위험수위가 가장 높은 사고로 기록되었다.

79 당초 소련은 사고를 감추려했지만, 4월 29일 체르노빌 원전에서 1,250km 떨어진 스웨덴의 포스막 원전에서 고농도 방사성 물질이 측정되면서 사고 소식이 세상에 알려지게 되었다.

80 스웨덴에서 방사성 물질이 검출된 이후 유럽 전역에 걸쳐 고농도 방사성 물질이 측정되기 시작하였고, 5월 2일 일본, 4일 중국, 5일 인도, 6일에는 미국과 캐나다에서까지 방사능이 차례로 검출되었다고 하니, 그 피해가 어느 정도인지 짐작할 수 있다.

결과는 끔찍했다. 체르노빌이 내뿜은 방사성 물질은 무수한 생물의 서식처를 위협하고 막대한 인명 피해를 가져왔다. 공식자료에 의하면 우크라이나, 벨라루스, 러시아 3개국에서만 약 840만 명이 방사능에 피폭되면서 건강에 치명적인 문제점들이 드러나기 시작했다. 유럽을 포함해 북반구 전역에서 10~20년이 지나면서 갑상선 질환, 백혈병, 각종 암의 발병률과 기형아 출산율이 현저하게 높아졌다(강은주, 2012: 45~48).[81] 특히 사망자 수는 여전히 논란에 휩싸여 있기는 하지만,[82] 사고 수습에 투입된 사람들(약 50만 명)의 숫자를 바탕으로 대략 1만 5,000명에서 3만 명이 사고 관련 사망자로 추산되었다. 여기에 피폭 등의 사고 여파로 초과 암사망자가 약 3만 명에서 6만 명에 달할 것으로 보고 있다(정욱식, 2012: 277~282). 피해는 단지 인간에게만 국한되지는 않았다. 오염지역의 야생동물들에도 종양 발생, 면역 결여, 수명 단축, 조기 노화, 혈구 생성의 변화, 기형 등의 다양한 모습들이 관찰되었다.

20세기의 최악의 참사로 평가되는 이 사고는 이제 30여 년의 세월이 흘렀지만, 여전히 민간인 출입통제 지역인 체르노빌은 그야말로 으스스한 분위기를 자아내는 암흑의 도시이다. 방사능에 노출된 생태계에도 놀랄 만한 일들이 벌어지고 있다.

이처럼 끔찍한 재앙이 꼭 25년의 세월을 지나 일본에서 다시금 부활하였다. 2011년 3월 11일 일본 동북부 해안을 휩쓴 진도 9.0의 대지진과 쓰나미의 충격은 후쿠시마 제1원자력 발전소의 가동을 중지시켰고, 급기야

81 사고 전인 1981~1985년에는 100만 명당 4~6명 수준이던 것이 1986~1997년에는 45건으로 10배 정도 증가했다. 특히 사고 피해가 가장 컸던 벨라루스는 사고 전 암환자가 10만 명당 82명이었으나, 2002년에는 6,000명으로 급증했다고 한다(정욱식, 2012: 278).

82 사망자 수에 대해서는 추정 기관에 따라 4,000명에서 100만 명에 이르기까지 천차만별을 보이고 있다. 그러나 한 가지 분명한 사실은 지금도 사람이 죽어가고 있고, 그 고통은 대를 이어 계속되고 있다는 점이다.

THE TIMES

Alert 1,000 miles away in Sweden after Moscow admits casualties

Huge nuclear leak at Soviet plant

체르노빌 참사가 발생한 지 30여 년이 되어가는 지금까지도 여전히 체르노빌은 암흑의 도시로 남아 있고, 방사성 물질에 노출된 생태계에서는 놀랄 만한 일들이 벌어지고 있다.

원전이 연쇄적으로 폭발하는 사고로 이어졌다. 무방비하게 방출된 방사성 물질은 국경을 넘어 대기와 바다로 자유롭게 확산되어 나갔다. 그 어떤 원전 국가보다 안전을 자랑하던 일본에서 벌어진 원전 참사는 세계를 충격에 빠트렸다. 물론 그 충격은 지금까지 여전하며, 그 피해 규모 역시 지금 당장에는 가늠할 수 없을 정도이다.[83]

그동안 원자력의 위험성과 문제점을 지속적으로 지적하면서 반핵운동을 펼쳐온 일본의 평화운동가이자 저널리스트 히로세 다카시(Takashi Hirose, 1943~)의 르포 소설 『체르노빌의 아이들』은 최근의 후쿠시마 참사를 더욱 생생하게 만들고 있다. 1986년 체르노빌 원전사고를 소재로 한 이 소설은 1990년 출간되어 당시 100만 독자의 공감을 얻으며 반핵운동의 바람을 불러일으켰고, 이후로도 환경운동의 고전으로 꾸준히 읽혀왔다. 우

83 후쿠시마 참사 당시 일본 총리로 사고 수습 과정에서 사퇴한 나오토(Naoto Kan)가 2012년 2월 17일 로이터를 통해 이렇게 말했다. "3 · 11 후쿠시마 재앙을 겪은 뒤 생각을 바꿨습니다. 우리는 도쿄를 포함해 수도권에서 살지 못하고 피난을 가야 할 수도 있는 상황에 마주했습니다. 상황이 그 정도까지 가면 국민들이 고난을 겪을 뿐 아니라 일본이라는 나라의 존재 자체가 위험에 빠질 것입니다." 그는 사고 발생 후 2년 가까이 지난 지금도 더 큰 재앙이 발생해 수천만 도쿄 주민이 피난을 떠나고 국가의 존립 자체가 위태로워지는 환영에 시달린다고 고백했다(정욱식, 2012: 354).

리나라에서는 2006년에 번역되어 출판되었다.

저자는 이 책에서 핵사고가 인간의 삶을 얼마나 처참하게 망가뜨리는지를 상세하게 전달하고, 더불어 원전 건설의 위험성과 무모함을 부각시키는 데 최대한 초점을 맞추고 있다. 발전소가 폭발하던 그날, '죽음의 재'로부터 벗어나기 위해 도망쳤지만 끝내 죽음을 맞게 된 사람들, 다행스레 사고 현장에서 가까스로 벗어나 겨우 살아남은 생존자와 주변 국가 사람들. 그들이 대를 이어 얼마나 끔찍한 고통을 겪으며 살 수밖에 없는지 이 책은 현실감 있게 들려준다. 이로써 체르노빌 참사는 오랜 시간이 지난 지금까지도 여전히 현재진행형임을 여실히 드러내고 있다. 이처럼 깊은 상처를 남긴 사고에도 불구하고, 끊임없이 원자력발전에 눈길을 돌리고 있는 상황을 저자는 신랄하게 고발한다.

6) 3P에 직면한 세기말의 지구

20세기 말 지구는 이른바 3P라고 불리는 인구폭발(Population explosion), 기아와 빈곤(Poverty), 그리고 공해(Pollution) 문제에 직면해 있다. 전 인류의 4분의 1만이 풍요로운 의식주 생활을 영위하고, 나머지 4분의 3은 위생이 불량한 식수와 깨끗하지 못한 환경에서 살아간다. 또한 세계 인구의 3분의 1이 영양실조와 기아에 시달리고 있으며 전쟁의 위협 속에서 지내고 있다. 기하급수적으로 증가하는 인구로 말미암아 인간의 삶은 더욱 궁핍하고 황폐해져간다. 급기야 '종말'이라는 비극적 결말을 조심스레 진단하게 만든다. 2011년 10월 31일 지구의 인구는 드디어 70억을 돌파하였다. 지난 1987년 7월 11일 인구가 50억 명을 돌파한 것을 계기로 UN에서 7월 11일을 "세계인구의 날(World Population Day)"로 선포한 지 24년 만이다.

지금으로부터 약 1만 년 전 신석기시대에 인류는 처음으로 정착생활을

인구폭발, 기아와 빈곤, 공해 문제는 지난 세기말을 시작으로 지금까지 여전히 우리가 해결해야 할 과제로 남아 있다.

시작하였다. 그 당시 지구상의 인구는 1,000만 명으로 추산되는데, 이때부터 인류는 한 지역에 정착하여 천연자원을 이용하고 조절하는 방법을 습득하면서 간단한 생산기술을 발전시켜 나갔다. 농경생활의 시작은 인구 증가의 첫 번째 계기가 되었다. 물론 인간활동에 의한 자연환경의 변화나 훼손은 있었지만, 대다수가 국부적이었고 느리게 진행되었다. 그리고 전염병이나 기근, 전쟁은 빈번하게 발생하는 반면에 의학은 발전되지 않아 사망률이 높아 인구의 증가는 매우 더디었다. 그러나 산업혁명 이후 19세기에 들어와 유럽과 북미에서 에너지 집약적인 기계가 개발되면서 생활에 필요한 물건들이 대량으로 생산되기 시작하였다. 이 시기부터 세계 인구는 폭발적으로 증가한다. 1800년까지만 해도 지구의 인구는 10억에도 이르지 못하다가 1804년이 되어서야 드디어 10억을 돌파한다. 과학기술의 발전은 농경지의 확대와 수확량의 증가를 가져와 식량생산을 크게 늘리고, 특히 의학의 발전은 질병을 퇴치하여 사망률을 급격히 감소시키고 평균수명을 연장시켰다.

그로부터 120여 년이 흘러 1927년에 지구의 인구는 20억을 넘어선다. 그러나 또다시 10억의 인구가 증가하는데, 더 이상 100여 년의 시간은 불필요했다. 시간은 점점 단축되어 1927년의 20억 명이 1960년에는 30억 명

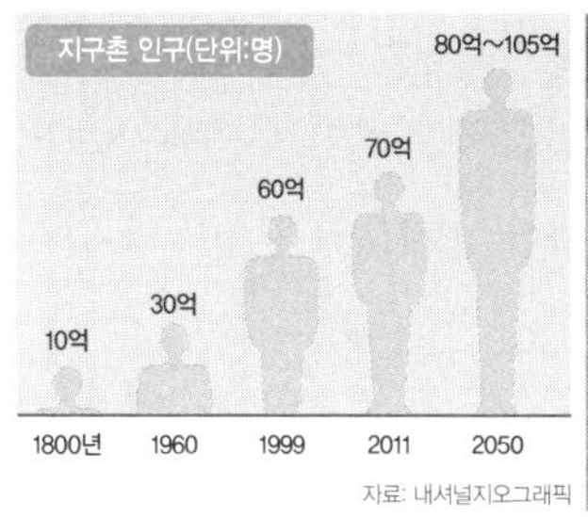

하루에 1달러 미만으로 살아가는 수많은 절대 빈곤의 사람들. 흙탕물이라도 마시기 위해 수십 킬로미터의 거리를 걷기 마다하지 않는 아프리카의 아이들. 세계 인구의 급격한 증가는 빈곤과 기아, 식수의 문제로 이어지고 있다.

으로 증가하였고, 그로부터 14년 후에 지구의 인구는 40억 명에 이른다. 그리고 1987년에 50억 명으로 늘어나면서 마침내 1999년 10월 12일 세계 인구는 60억 명을 돌파하였다. 지금의 인구성장률을 감안해볼 때, 21세기 중반쯤에는 90억 명을 가뿐히 넘어설 것으로 전망된다.

그런데 더 심각한 것은 인구증가가 단순히 인구증가의 문제로 끝나지 않고 다른 문제들을 동반한다는 사실이다. 가령 인구의 폭발적인 증가는 식량의 부족과 공간의 부족을 초래하게 되고, 엄청난 에너지 소모로 인해 자연의 고갈의 문제로 이어진다. 하루에 1달러 미만으로 살아가는 절대빈곤의 수많은 사람들, 게다가 10세 미만의 어린이가 5초에 1명씩 굶어 죽어가는 현실은 또 어떤가. 식수 역시 심각한 부족 현상에 처해 있다. 현재 물 부족으로 세계 인구의 3분의 1이 고통을 겪고 있으며, 50년 후에는 2분의 1에 해당하는 지구촌 사람들이 어려움에 직면할 것으로 전망된다. 이러한 상황을 고려해볼 때, 현재의 지나친 인구과잉은 현재와 미래를 포함한 전 인류의 안전과 평화를 위협하는 요소임에 틀림없다.

또한 지난 세기 동안 이루어낸 산업화·공업화의 결과물 중 하나로 손꼽히는 대기오염 역시 인간의 생존과 삶의 조건을 끊임없이 위협하고 있다. 물론 대기오염은 인간활동이 있는 곳이라면 어디에라도 존재한다. 비록 대기오염 물질이 배출되더라도 연속적인 공기의 순환으로 인해 그 물질은 희석되어 분산되기 때문에 생명을 위협할 만큼의 위험한 수준에 이르지는 않는다. 그러나 1952년 영국 런던에서 발생한 대기오염은 평소와 달리 치명적이었다.

1952년 12월 4일 런던의 기온이 급강하하면서 냉각된 공기가 무거워져 지표면으로 내려앉고, 상대적으로 더운 공기가 상승하는 기온역전(temperature inversion)[84]이 발생하였다. 기온역전의 상태에서는 공기의 순환이 이루어지지 않기 때문에 대기는 바람이 불지 않는 매우 안정된 상태가 된다. 이처럼 대기가 안정된 상태에 오염물질이 배출되면 확산되지 못하고 정체한다. 게다가 당시 런던의 하늘은 구름으로 가리웠고 안개도 짙게 지면을 덮고 있었다. 짙은 안개는 공장이나 가정에서 사용하던 석탄 연소에 의한 매연과 합해져 스모그를 형성하고, 특히 연기 속에 있던 아황산가스가 황산안개로 변하기 시작했다. 구름과 안개로 태양빛이 차단되어 낮에도 가시거리가 20m에 불과했다. 이렇게 12월 5일부터 9일까지 5일간 런던과 그 주변 지역에 심한 스모그가 발생했다. 그로부터 3주 동안에 많은 사람들이 호흡 곤란을 겪고, 심장 및 폐질환자가 발생하여 무려 4,000여 명의 시민이 사망했다. 1953년 2월까지 만성 호흡기 질환으로 8,000여 명의 사망자가 더 늘어 총 1만 2,000여 명이 목숨을 잃었다. 고작 5일 정도 지속된 스모그 때문에 일어난 일이었다.

---

84 대류권은 고도가 높아질수록 온도와 압력이 감소하는 특징을 가지고 있다. 낮 동안 지표면 부근의 공기가 태양에너지에 의해 데워지면 가열된 공기는 일반적으로 팽창하고 상승하게 된다. 이때 주변 고기압 지역의 밀도가 높고 차가운 공기는 더운 공기가 상승할 때 생긴 저기압 지역으로 하강하여 가열된 공기가 빠져나간 자리를 채우게 된다. 이런 경우 대기의 상태가 안정되어 공기의 순환이 일어나지 않는데 이처럼 기온의 수직적 분포가 거꾸로 되는 현상을 기온역전 현상이라고 한다. 대기가 기온역전 상태가 되면 공장이나 자동차에서 배출되는 오염물질이 하늘로 올라가지 못하고 지표면에 깔리게 되므로 대기오염은 더욱 심해진다.

영국 정부는 이듬해인 1953년 비버위원회(Beaver Committee)를 설립해 대기오염의 실태와 대책을 조사 · 연구하기 시작했다. 1956년 이 위원회가 제출한 보고서를 바탕으로 '대기오염청정법(British Clean Air Act)'이 제정되었다. 평소에도 심한 대기오염을 보이던 런던에 오염물질의 확산을 방해하는 기상상태가 겹치면서 발생한 이 사건은 영국뿐만 아니라 전 세계적으로 대기오염에 대한 경각심을 불러일으켜 대책마련의 계기가 되었다. 이처럼 산업화의 결과로 풍요로운 삶을 누리고 있지만, 다른 한편으로는 그 결과물들이 끊임없이 우리의 삶을 위협해오면서 우리의 현재와 미래를 암울하게 만들고 있다.

오늘날 생태계의 위기와 환경파괴에 직면한 인류는 그 이전의 행동방식이나 삶의 태도를 여전히 고수할 수는 없다. 그동안 인간 자신의 생명가치만을 소중히 여겨왔다면, 이제는 생명 그 자체의 가치나 자연물의 가치를 높일 수 있는 친환경적이고 생태지향적인 태도를 견지하면서 이를 위한 새로운 가치규범을 시급히 모색해야 한다. 왜냐하면 이 지구에서 인간만이 살아남을 수는 없기 때문이다. 다른 생명체의 생명이 사라지면 결국 인간의 생명도 사라질 수밖에 없다. 이제 서둘러 '환경의 윤리', '생태계의 윤리'를 시작해야 한다.

영화 읽기 5 〈에린 브로코비치〉(2000)

"에린 브로코비치, 환경을 지킨 작은 손길의 큰 승리!"

변호사 사무실 직원 에린 브로코비치(Erin Brockovich, 1960~)는 1993년 거대 기업 PG&E와의 법적분쟁에서 승소하여 기업 측에 미국 역사상 유례가 없는 엄청난 배상금을 물린 장본인이다. 이처럼 드라마틱한 사건의 주인공인 에린 브로코비치의 이름을 딴 영화가 2000년에 제작되면서 전 세계인들의 반향을 불러일으켰다.

1990년대 미국 캘리포니아에 위치한 기업 퍼시픽가스전기회사(Pacific Gas and Electric, PG&E)는 발암물질 '크롬' 성분의 중금속을 무단으로 다량 방출하여 수질을 오염시킨다. 이로 인해 공장 주변의 헝클리 주민들은 속수무책 중금속에 병들어 죽어간다. 그러나 PG&E는 의학이나 법률지식이 부족한 이들에게 중금속 중독을 은폐하고 오히려 크롬이 몸에 이롭다는 거짓 선전을 한다. 마을 사람들은 치명적인 크롬으로 인해 암에 걸리고, 피로감과 만성 통증에 시달리지만 누구 하나 PG&E를 상대로 싸울 생각조차 하지 못한다. 그런데 변호사 사무실 직원이던 에린 브로코비치(줄리아 로버츠 분)가 우연히 이 사건의 전말을 알게 된다. 이후 그녀는 열정과 인내를 가지고 무려 634명이나 되는 피해 마을 사람들을 설득해 나가고, 결국 PG&E를 상대로 소송을 제기한다. 물론 만만치 않은 소송이다. 가진 것 없고, 배운 것 없는 그녀(이혼 경력 2번에 애 셋 딸린, 게다가 통장 잔고마저 바닥 난)가 대기업을 상대로 소송이라니! 그녀는 재정적 압박은 물론 생명의 위협까지 감수해야 했다. 그러나 오랜 법정 다툼 끝에 소송은 결국 마을 사람들의 승리로 끝이 난다. 이 사건은 보상 기간과 액수(3억 3,300만 달러)로 볼 때 미국 역사상 유례가 없는 규모였다. 패소한 PG&E는 모든 공장에 크롬 사용을 금지시키고, 모든 물탱크에 오염물질 누출에 대한 예방조치를 취하겠다는 공식 발표로 영화는 마무리된다.

에린 브로코비치 역을 맡아 열연한 줄리아 로버츠는 이 영화로 2001년 아카데미 시상식에서 여우주연상을 수상했다. 특히 그녀는 이 영화에 출연을 계기로 환경운동에 더 관심을 갖게 되었고, 뉴멕시코 야생지역의 개발을 막기 위해 직접 토지의 일부를 구입하는 과감한 면모를 보였으며, 친환경 연료를 생산하는 바이오디젤 기업의 대변인으로 활동하기도 했다.

영화 읽기 6 〈더 임파서블〉(2013)

"크리스마스, 악몽의 쓰나미가 몰려온다!"

2004년 12월 26일 인도네시아 수마트라 섬 인근 해역에서 발생한 규모 9.0의 강진은 상상을 초월한 쓰나미(Tsunami, 지진해일)를 동반해 인도네시아를 비롯한 동남아 전역, 심지어 아프리카 동부까지 덮쳐버린다. 무려 30만 명의 희생자(사망자 약 28만 3,000명, 부상 및 실종자 약 1만 4,000명)가 발생했던 인류 최대의 쓰나미에서 기적처럼 살아남은 한 가족의 실화를 바탕으로 한 영화 〈더 임파서블〉은 그날의 끔찍함을 생생하게 이야기한다.

크리스마스 휴가를 맞아 세 아들과 함께 태국으로 여행 온 헨리(이완 맥그리거 분)와 마리아(나오미 왓츠 분) 부부는 아름답고 평화로운 리조트에서 한가로운 시간을 보낸다. 그러나 크리스마스 다음 날, 아무도 상상하지 못한 쓰나미가 그들을 덮친다. 순식간에 닥친 참사가 모든 것을 삼켜버린다. 거대한 쓰나미가 휩쓸고 간 자리에는 참혹함만이 남았다. 헨리와 마리아, 세 아들은 각자의 행방을 모른 채 뿔뿔이 흩어진다. 서로의 생사를 알 길 없는 절망적인 상황에서 그들은 가족을 찾아나선다. 언제 다시 쓰나미가 몰려올지 모르는 위험 속에서도 서로를 포기하지 않는다. 과연 그들은 끔찍한 자연의 재앙 앞에서 살아남아 다시 만날 수 있을 것인가?

생각 읽기 5a

5a-1 우리 주변에서 발견되는 생태적 위기의 증후들은 어떤 것들이 있는가? 이와 관련해서 엔지니어의 책임과 의무는 무엇이라고 생각하는가?

5a-2 핵에너지와 환경은 어떤 관계가 있는지 조사해보고, 핵에너지 사용에 관한 자신의 생각을 발표해보자.

7강

키워드로 읽는 환경윤리

학습목표

- 키워드를 중심으로 그동안 논의되어온 환경문제 관련 주요 담론과 쟁점을 확인한다.
- 이를 통해 오늘날 환경위기의 근본 원인을 규명하고, 대응 방안을 모색한다.

1. 개념 읽기

자연에서 살아가는 우리는 과연 어떤 존재인가. 생태계의 '위기'를 이야기하는 이 시대에 우리는 어떤 삶을 살아가고 있고, 앞으로는 어떤 삶을 살아야 하는가. 혹은 위태로운 환경 속에서 앞으로 우리가 추구해야 할 가치는 무엇이며, 우리는 과연 미래 세대의 안녕을 위해 어떤 책임을 져야 하는가. 이런 물음을 제기할 때 비로소 환경의 문제는 윤리의 문제로 탈바꿈하게 된다. 그렇다면 본격적으로 환경문제, 윤리문제를 다루기에 앞서 유념해야 할 몇몇 개념들을 먼저 확인해보자.

1) 환경

환경(環境)은 '두르다'·'에워싸다'의 환(環)과 '곳'·'장소'·'경계'를 의미하는 경(境)으로 이루어진 말이다. 이 의미는 영어 'environment'도 마찬가지인데, '둘러싸다'·'포위하다'라는 프랑스어 'environner'에서 유래했다. 이처럼 어원적으로 '~을 둘러싸는 것'을 뜻하는 환경은 철저하게 생명체에 의존하는 상대적인 개념으로, 생존의 주체를 둘러싸고 있으면서 이를 떠나서는 독립적으로 존재할 수 없는 그러한 개념이다. 따라서 환경은 언제나 생명체의 생존과 번식, 그리고 번영이라는 가치의 관점에서, 주로 '~의 환경'이라는 용례로 사용된다. 한편 브리태니커 백과사전에서는 환경을 '생물체와 생태군집에 작용하여 궁극적으로는 이들의 형성과 생존을 결정하는 물리적·화학적·생물학적 요인들의 복합체'로 규정하고 있다. 더 간결하게 정의하면, 환경은 생명체를 둘러싼 외적 조건의 총칭을 일컫는다.

물론 저마다 학문의 범주와 방법론에 따라 환경을 다양하게 정의하고 있기 때문에 일괄적으로 규정하기란 쉽지 않다. 그렇지만 환경이 거의 생명체와 관계되는 맥락에 있다는 점에서 생명중심적인 개념으로 파악할 수 있다. 존재하는 모든 생명체의 생명활동은 결국 자신들을 에워싸고 있는 환경과의 상호작용에 의해서 이루어진다. 따라서 환경은 생명체를 떠나서는 생각할 수 없는 개념이다. 그런데 이러한 환경의 의미가 근래에 들어와서는 좀 더 제한적으로 사용된다. 근래의 개념으로서 환경은 주로 인간의 환경만을 지칭하는데, 이때 환경이란 생명체 중에서 특히 인간 삶의 조건이나 활동 무대를 의미하는 것으로 다분히 인간중심적으로 사용되고 있다.

환경이 인간과 어떤 관계를 맺고 있는가에 따라 다양하게 구분할 수 있는데, 크게 자연환경, 사회환경, 인공환경으로 나뉜다. 자연환경은 자연의 법칙에 따라 생성된, 예를 들어 산, 바다, 들판, 동·식물, 공기, 물 등과 같은 자연 상태를 의미한다. 사회환경은 사회적 인간을 형성하는 조건으로서 정치, 행정, 경제, 사회, 과학, 문화, 제도, 규범 등이 있다. 그리고 인공환경이란 사람들이 직접 생활하는 공간으로 인간의 편의를 위해 만들어진 도

환경은 모든 생명체를 둘러싸고 있는 외적 조건의 총체를 의미하는데, 생명체들 가운데 특히 인간의 삶의 조건을 지칭함으로써 인간중심적 개념으로 사용되는 것이 일반적이다.

시, 공공시설물, 주택, 공장, 도로, 기계, 차량 등이 포함된다. 이때 자연환경과 인공환경은 물리적 형태로서 다분히 가시적인 점에서 공통점이 있고, 사회환경과 인공환경은 인간에 의해서 조형되었다는 점에서 유사하다. 이처럼 구분을 할 수 있는 것도 인간중심적 환경 개념이 전제되어 있기 때문이다. 너무도 당연한 이야기지만 인간 이외의 생명체에게는 자연환경과 구별되는 사회환경과 인공환경이 그 어떤 의미도 가질 수 없다. 이와 달리 인간의 생명활동은 바로 이러한 환경, 즉 운명처럼 그저 주어진 자연계뿐만 아니라 자기 스스로가 만들어놓은 사회적·인공적 환경으로부터도 끊임없이 영향을 받는다. 따라서 환경이란 인간이 자연, 문화, 기술, 사상 등과의 상호작용을 통해 그 관계를 펼쳐나가는 장(場)이며, 그러한 관계의 연속이야말로 인류의 역사라고 해도 과언이 아니다.

2) 생태계

모든 생물은 다른 생명체뿐만 아니라 자신을 둘러싼 무생물적 환경과도 서로 영향을 주고받으면서 살아간다. 이들 사이의 끊임없는 상호작용

한 지역에 사는 생명체들은 서로 먹이사슬을 이루며, 이를 통해 서로에게 필요한 영양물질을 주고받는데, 이때 에너지도 함께 이동한다. 이처럼 상호의존성을 통한 상호완결성이야말로 바로 생태계를 이루는 필수 요소이다.

을 거쳐 물질의 순환과 에너지의 유동이 이루어지기 때문이다. 이와 같이 먹이사슬을 통해 서로 의존적으로 연관되어 있는 생물군이 물과 공기, 햇빛 그리고 토양 등을 근거로 영양분을 섭취하고 기후 등의 물리적 환경에 적응하며 살아가는 생명유지 체계를 생태계라고 부른다. 요컨대 생태계란 어느 일정한 지역 내에 생육하는 생물군과 자신의 생명유지에 관련된 모든 제반 요인을 포함하는 복합체계이다.

따라서 생태계는 천연적이든 인공적이든 생명을 유지시키는 환경을 구성하는 모든 요소가 전체 조직망의 일부분으로서 존재하며, 각 요소들은 다른 모든 요소들과 직·간접적으로 상호작용하면서 전체적인 기능에 영향을 미친다는 관점을 바탕으로 정의된다. 앞서 살펴본 '환경'의 개념과 비교하면, 생태계에 대한 좀 더 구체적인 이해가 가능하다(박이문, 1997: 71~73).

첫째, 환경이 생명체 중에서 주로 인간만을 가리키는 데 비해 생태계는 모든 종류의 생명체, 즉 인간을 포함한 동물과 식물 그리고 미생물까지 포함한다. 둘째, 환경이 삶의 조건이나 둘러쌈을 뜻한다면, 어원적으로 집이 나 가정 또는 생활 장소를 뜻하는 그리스어 '오이코스(oikos)'라는 말에서 유래한 생태계는 삶의 장소인 거주지의 체계성을 뜻한다. 따라서 환경이 인간 위주의 구심적(centripetal) 또는 원심적(centrifugal) 세계관을 나타낸다면, 생태계는 다양한 생명체가 그들의 삶의 장소에서 서로 밀접하게 상호작용하는, 즉 '관계적' 세계관을 반영한다. 이로써 셋째, 환경이 단편적 · 원자적 세계관을 드러낸다면, 생태계는 유기적 · 총체적 세계관을 강조한다. 마지막으로, 환경이 자연과 동떨어져 있는 인간을 설정하는 인간중심적 사고를 반영함으로써 이원론적 형이상학을 함의한다면, 생태계는 모든 생명체의 불가분의 상호의존성을 강조함으로써 일원론적 형이상학을 반영한다.

물론 환경과 생태계의 차이가 단순 명료하게 구분되는 것은 아니다. 그러나 환경이 생태계의 테두리 안에서 다양한 생명들 간의 관계를 연결짓는 하나의 고리로서 의미를 가질 수 있다면, 생태계의 개념이 환경 개념을 포괄하는 것으로 이해하는 편이 타당하다.

개념 읽기 8 생태학

생태학이란 말은 독일의 유명한 생물학자 E. 헤켈(Ernst Haeckel, 1834~1919)이 자신의 저서 『생물체의 일반 형태론(*Generelle Morphologie der Organismen*)』(1866)에서 처음 사용하였다. 생태학(ecology)의 어원은 그리스어로 "사는 곳", "집안 살림"을 뜻하는 오이코스(oikos)와 "학문"을 의미하는 로고스(logos)의 합성어로, 어원 그대로 풀이하자면, '집안 살림 연구' 또는 '가정의 학문'을 뜻한다. 즉 인간을 포함한 동물, 식물, 미생물 등이 살고 있는 거주 공간(집)을 연구하는 것이다. 그런데 헤켈은 생태학을 '유기체와 그를 둘러싸고 있는 환경 사이의 관계에 관한 과학'으로, 즉 고립된 단위로서의 유기체가 아닌 유기체들의 거주 공간과 그 주변 환경과의 관계에 관한 연구로 정의함으로써 그 성격을 보다 분명히 하였다. "생태학이라는 말을 우리는 자연계의 질서와 조직에 관한 전체 지식으로 이해한다. 즉 동물과 생물적인 그리고 비생물적인 외부세계와의 관계 전반에 대한 연구이며, 한걸음 더 나가서는 외부세계와 동물 그리고 식물이 직접 또는 간접적으로 맺는 친화적 혹은 비친화적 관계에 대한 연구라고 볼 수 있다."

한편 웹스터 사전에서 생태학은 "생물과 그 환경관계의 모든 것"이라고 정의한다. 즉 생태학은 생명을 가진 한 개체가 환경 속에서 어떻게 생명을 유지하는가, 그리고 개체들이 모인 개체군과 군집이 어떻게 생명을 유지하고 발달 · 진화하는가에 대해서 연구하는 학문이다. 이처럼 생태학은 생물과 이를 둘러싼 환경을 함께 연구하는 것으로, 환경 속에서 같은 종에 속한 생물들 간의 관계, 한 종과 다른 종과의 관계, 생물과 환경과의 관계를 연구하는 총체적인 학문이라 할 수 있다.

3) 자연

흔히 우리는 산천초목(산과 내, 풀과 나무)과 동물, 일월성신(해와 달과 별)을 자연이라고 부른다. 그렇다면 자연을 인간의 문화나 문명의 바깥에 존재하는 그 '무엇'으로 생각할 수 있다. 즉 인간의 의도나 노력에서 벗어나 존재하는 그 무엇이다. 이때 자연은 인간을 제외한 모든 존재 혹은 비인위적 사물들의 속성을 일컫는 것으로써, 이는 인간과 자연을 엄격히 구분하는 형이상학적 이원론을 바탕으로 한다.

이와 같이 자연을 바라보게 되면 인간은 철저히 자연 밖에 머무는 존재다. 자연과 마주 선 인간은 자연에서 떨어져 나와 그것과 대립하면서 스스로를 다른 존재로 규정하기 시작한다. 이른바 '인간적' 속성들을 획득하게 되는 것이다. 즉 자연에서 철저히 분리된 인간은 탁월한 이성적 능력을 통해 자신의 바깥에 놓인 자연을 관찰한다. 이때 인식 주체로서의 인간은 내재적 가치를 지니고 그 자체로서 목적인 반면에, 자연은 인식 객체로서 인과법칙에 의해 지배되는 거대 기계에 불과한 것으로 간주된다. 이러한 자연관은 인간의 자연 정복이나 개발, 그리고 도구화를 정당화하는 근거로 활용될 수 있다. 주로 서양 근대의 자연관이 이러하다.

그러나 사실 인간도 자연의 한 부분이다. 인간을 포함한 존재 전체를 자연으로 파악하는 관점은 그 바탕에 형이상학적 일원론을 전제한다. 이 입

자연은 인간을 제외한 모든 존재. 예를 들어 산과 물, 풀과 나무 그리고 해와 달과 별 등 비인위적 사물들의 속성을 일컫는다. 이때 인간은 자연의 바깥에 존재한다.

장에서 자연은 '존재 전체'·'우주 전체'를 의미하는 것으로, 그 속의 인간은 자연과 분리된 특수한 존재가 아니라 자연의 일부에 지나지 않는다. 즉 인간은 자연과 분리된 인식 주체로서 자연의 주인이나 소유자가 아니다. 오히려 자연이야말로 인간의 뿌리이자 자양이며, 인간의 욕구 충족을 위한 개발 대상이거나 목적 달성을 위한 단순한 수단이 아닌 그 자체로 존중되어야 할 주체이다.

이 점에서 'nature'가 '자연'이라는 뜻과 '본성'이라는 뜻을 동시에 가지고 있음은 매우 시사적이다.[85] 특히 일원론적 입장을 취하는 서양 고대의 자연관에서 자연은 '스스로 그러함', '스스로 그렇게 됨'을 의미했다. 이때 만물이 스스로 그렇게 된다는 것은 자연이 그렇게 되어야 할 바를 그 자체 내에 이미 지니고 있다는 뜻이다. 즉 만물이 자기 자신의 목적(본성)을 가지고 있다는 것이다. 각각의 자연물 안에 그것이 움직여 이루고자 하는 목적이 내재하므로, 그러한 목적의 실현으로서의 자발적 움직임이야말로 곧 자연적 운동이다. 자연은 자신의 내적 본질에 의해 스스로 그렇게 있는 것이며, 또 스스로 그렇게 움직인다. 그 자연 안의 인간도 예외가 아니다.

2. 쟁점 읽기

앞서 이해한 기본 개념들을 바탕으로 그동안 환경윤리 담론에서 논의되어온 핵심 쟁점들을 살펴보면서 환경위기의 극복 대안들을 확인해볼 것이다. 이를 통해 환경윤리 전반에 대한 종합적인 이해를 도모할 것이다. 먼

85 자연이라는 한자어를 생각해봐도 이 의미는 분명해진다. 즉 자연이란 스스로[自] 그러하다[然], 혹은 스스로 그렇게 됨, 원래 그러함, 태어날 때부터 그러함을 뜻한다.

저 오늘날 우리가 겪고 있는 환경위기의 근원이 어디에서 유래되었는지 그 원인을 찾아보고자 한다. 문제의 원인을 진단하고, 그 원인이 어디에서 비롯하였는지 그 경위를 제대로 파악해야 제대로 된 처방이 나올 수 있기 때문이다.

1) 환경위기의 '뿌리'를 찾아서

환경문제라고 하면 흔히 환경오염을 떠올린다. 늘 접하는 자동차의 매연, 길거리를 나뒹구는 쓰레기 오물에서 나는 악취, 직접 마시기에는 왠지 꺼려지는 수돗물 등 주로 환경오염과 관련되기 때문이다. 그러나 환경문제는 환경오염에만 국한된 문제가 아니라 인구의 증가라든지 에너지를 비롯한 천연자원의 고갈, 식량의 부족, 육상과 해상에서 일어나는 생태계의 파괴, 야생 동·식물의 멸종, 온실효과와 산성비, 이상기후 등에 이르기까지 아주 광범위하고 복합적인 문제들을 포함하고 있다. 이처럼 복잡하고 다양한 환경문제는 자연 속에서 살아가는 인간의 삶과 아주 밀접한 관계를 가진다. 환경 혹은 자연이라고 표현할 수 있는 지구는 자원이나 개발의 대상이 되기도 하지만, 우리가 삶을 영위하는 생존의 공간이기도 하다. 따라서 환경의 위기는 인간의 생존과 삶의 터전의 위기이다. 그렇기 때문에 좀 더 근본적인 입장에서 이 문제를 바라보고, 근원적으로 이 문제를 해결할 필요가 있다.

물론 환경 문제나 위기가 우리 세기만의 문제는 아니다. 어느 세기에든 위기는 늘 있어왔다. 문제의 핵심은 바로 그 위험의 심각성에 있다. 그동안의 환경문제는 대체로 부분적이었고 지역적으로 한정되어 있었다. 그러나 오늘날의 환경문제는 전 지구적이라는 점에서 전 세기들의 그것과는 질적으로 다르다. 이러한 위기가 매우 빠른 속도로, 매우 광범위하게 자행되고 있다는 점에서 이전 세기들보다는 훨씬 더 시급한 문제이며, 구체적인 현실의 문제이다. 그렇다면 도대체 인류는 그동안 이 세상에서, 이 지구에서 어떤 생각과 어떤 모습으로 살아왔고, 지금은 어떻게 살아가고 있는지를 되물을 필요가 있다. 결국 환경의 문제는 철학의, 그리고 윤리의 물음으로 귀결된다.

그동안의 담론을 살펴보면 환경위기, 생태위기의 원인에 대한 철학적·윤리학적 검토는 철저한 '인간중심주의'에 대한 반성에서 출발한다. 즉 오늘날 인류가 처한 위기는 자연을 순전히 인간의 목적을 위한 수단으로만 간주하는 인간중심적 사고에서 그 근원을 두었던 데 있다. 그렇다면 이러한 인간중심적 사고의 원형은 어디에서 연유한 것일까? 우리의 물음은 여기에서부터 시작한다.

(1) 유대-그리스도교적 자연관

유대교에서 창조신앙을 받아들인 그리스도교는 오늘날 우리의 삶을 위협하는 생태계 위기의 주된 요인이거나 적어도 중요한 책임을 져야 할 당사자로 지목받고 있다. 왜냐하면 창조신앙이 철저히 인간중심의 자연관을 가르쳤기 때문이다. 이러한 입장과 관련해서 특별히 우리가 주목해야 할 사람이 바로 L. 화이트(Lynn White, Jr., 1907~1987)이다. 그는 '그리스도교가 환경위기의 주원인'이라는 주장을 널리 편 인물이다.

화이트는 1967년 「생태 위기의 역사적 기원(The historical Roots of Our Ecologic Crisis)」이라는 논문을 《사이언스(*Science*)》지에 발표한다. 여기에서 그는 서양의 그리스도교가 "세계에서 그 유례를 찾아볼 수 없을 만큼 인간중심적인 종교"라고 기술하면서, 오늘날 인류를 위협하고 있는 환경위기의 근본 원인이 바로 자연에 대한 인간의 오만함을 강조하는 그리스도교에 있다고 주장하였다. 왜 그럴까?

성서의 창조설에 의하면, 하나님이 "우리의 모습을 닮은 피조물을 만들

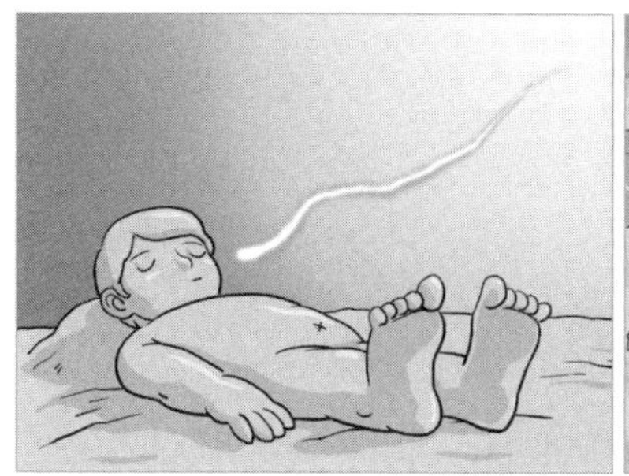

성서의 창조설에 의하면 하나님이 유일하게 인간에게만 영혼(이성)을 불어넣어주시고, 복을 내려주시며 세상을 정복하라고 명하셨다. 이로써 인간은 하나님의 창조물 가운데 특별한 존재로 모든 피조물들을 지배할 수 있는 권력을 차지하게 되었다.

자. 그래서 바다의 물고기와 공중의 새, 또 집짐승과 모든 들짐승과 땅 위를 기어 다니는 모든 길짐승을 다스리게 하자"라고 하시고, 인간만을 유일하게 "하나님의 형상"으로 만들어내셨다. 이제 인간은 자연의 모든 피조물과 구별되는 특별한 존재가 된다. 여기서 끝이 아니다. 남자와 여자를 만들어내신 하나님은 그들에게 복을 내리시며, "자식을 낳고 번성하여 온 땅에 퍼져서 땅을 정복하여라. 바다의 고기와 공중의 새와 땅 위를 돌아다니는 모든 짐승을 부려라!"고 말씀하신다. 이로써 인간은 특별한 위치를 차지하게 된다. 마침내 인간은 하나님의 은총 아래 자연의 주인으로 규정되어 모든 피조물들 중에서 중심적 위치에 올라서게 되었다.

화이트가 주장한 핵심은 바로 유대-그리스도교는 철저히 인간중심적 관점에서 인간만이 유일하게 하나님의 모습대로 창조되어 자연을 지배하는 절대적인 권리를 획득했다는 사실이다. 이로써 인간은 자연과 철저히 구별되어, 자연의 중심적 존재로서 자연의 운명을 결정지을 수 있는 권력을 차지한다. 반면에 자연은 단지 인간의 필요를 충족시키는 대상물이자 한낱 경제적 이용물로 전락하고 만다. 결국 이 신앙의 귀결로서 자연은 인간에게 봉사하는 것 이외의 존재 이유를 갖지 않으며, 이러한 생각들이 면면히 이어져오면서 오늘날 생태계 위기에 정신사적으로 상당한 역할을 담당했다고 화이트는 지적하고 있다.[86]

(2) 근대 기계론적 자연관

기계론적 자연관에 의하면 자연은 생명이 없는 물질의 집적체로서, 결정론적 인과율에 따라 움직이는 기계에 불과하다. 가령 시계태엽처럼 단순한 물리적 힘에 의해 작동되는 자연은 관찰과 측정을 통해서 그 과정을 충분히 이해할 수 있다. 물론 그 결과까지 예측 가능하며, 조절이나 조작도 어렵지 않다. 자연이라는 기계는 부분이나 요소로 분해될 수 있으며, 또 재조립하여 종합하면 원래의 모습대로 복구 가능하기 때문이다. 이처럼 자연에 대한 기계론적 관점에 따르면 인간 이성에 의해 필연적인 인과법칙을 밝혀내어 자연을 정복하고 활용하는 일은 얼마든지 정당화할 수 있다. 더 나아가 자연이란 인간의 기술적 이용의 대상으로서만 그 가치를 지니기 때문에, 자연의 파괴나 탈윤리적 태도 역시 문제될 것이 없다. 이는 자연을 스스로 발생과 성장 그리고 성숙을 거듭하는 하나의 생명체처럼 파악하는 유기체적 자연관과 대립하는 입장이다.[87]

---

86 물론 이러한 화이트의 지적에 많은 학자들이 반기를 든다. 즉 성서의 창조설이 인간중심주의의 기원이라는 비판은 적절하지 않다는 것이다. 그들에 의하면 성서의 내용을 더 깊이 살펴보면, 하나님은 분명히 자연 속에서 인간의 "특별한 위치"를 말하지만 이것이 통속적인 인간중심주의를 의미하지는 않는다는 것이다. 오히려 인간이 성서가 뜻하는바 "하나님의 형상"으로 살고 또 살았다면 오늘날의 위기는 일어나지 않았을 것이라고 주장한다. 왜냐하면 성서가 말하는 하나님의 형상은, 타자를 위해 자기를 희생한 예수처럼 자연의 세계를 위해 자기를 희생해야 할 인간 그리고 이때의 '중심적 위치' 또는 '인간중심성'을 뜻하는 것이지, 결코 세속적 의미의 인간중심주의를 의미하지 않기 때문이다.

87 유기체적 자연관에 의하면 자연의 모든 존재는 생명과 영혼을 가지고, 자신의 내적 원동력에 따라 고유한 목적을 지향하여 발전하는 그 자체로 생명체이다. 또한 그들은 생명의 사슬 안에서 타 존재와 유기적인 관계 속에서 존재하며, 이 관계 속에서는 인간이라고 해서 특별한 위상을 부여받는 것은 아니다. 인간은 다른 존재와 유기적인 조화를 유지함으로써 존속

베이컨은 1620년에 출판한 『노붐 오르가눔』에서 자연에 대한 그 어떠한 생명권도 인정하지 않음으로써 자연에 대한 인간의 기술적 조작을 정당화했다. 그는 자연이 아직 가공되지 않은 원료로서 인간의 목적에 맞도록 얼마든지 변화시킬 수 있는 과학적 방법을 권장했다. 이는 자연에도 인간처럼 정신적 · 합목적적 행위능력이 깃들었다고 보는 아리스토텔레스의 목적론적 자연 개념을 거부하는 것이다.

이러한 근대 기계론적 자연관의 초석을 세운 사람이 바로 영국의 경험론자 F. 베이컨(Francis Bacon, 1561~1626)이다. 그는 1620년에 발간한 자신의 『노붐 오르가눔(*Novum Organum*)』이라는 저작에서 새로운 과학관을 주창한다. 아리스토텔레스의 논리학 저작인 『오르가논(*Organon*)』에 직접적으로 대항한 베이컨은 고대 이래의 철학과 지식의 폐단을 통감하면서 자신만의 새로운 방법론을 개진한다.[88] 그는 인간의 지성에 진리 획득을 방

할 수 있는 존재일 따름이다. 마치 생명체의 각 기관들이 각자의 존재적 자율성을 유지하면서도 긴밀하게 유기적으로 결합되어 있듯이, 자연은 각 존재들의 상호작용을 통해 하나의 통일적 전체를 이루고 있다. 따라서 자연은 물질적 이용가치와 무관하게 그 자체로 소중한 존재이며, 생명체들의 존속과 발생이 가능할 수 있도록 생태계가 조화롭게 기능하고, 안정되게 유지되는 것이 무엇보다 중요하다.

88 '노붐 오르가눔'은 영어로 'New Organ', 우리말로는 '새로운 기관'을 의미한다. 아리스토텔레스의 논리학 저서와 업적을 통틀어 '오르가논(Organon)'이라 하는데, '노붐 오르가눔'은 바로 그러한 아리스토텔레스의 논리학에 대항하는 새로운 논리학, 즉 새로운 학문 방법을 뜻한다.

해하는 선입견, 즉 종족 · 동굴 · 시장 · 극장 등 이른바 4개의 낡은 '우상(Idols)'을 분석 · 정리하여 이를 비판하고, 보다 과학적으로 진리에 이르는 방법으로 '귀납법(induction)'을 추구한다.[89]

아리스토텔레스에 의하면 자연의 모든 만물이나 현상에는 각각의 일정한 목적이 있다. 따라서 자연에서의 변화는 스스로 자신의 자리를 찾아가는 자연의 능동적 과정이며 스스로 자신의 목적을 이루어가는 생성적 운동이다. 이러한 입장에서 아리스토텔레스에게 기술이란 오직 자연의 '시녀'로서, 자연이 이미 시작해놓은 일을 완성하도록 도와줄 뿐이다. 그러나 베이컨은 이러한 아리스토텔레스의 견해를 완강히 거부한다. 대신에 그는 과학적 사고를 통해 사물의 진정한 원인을 밝힘으로써 인간 이성의 힘을 증대시키고, 나아가 자연을 극복할 수 있다고 주장한다. 인간은 '관찰'을 통하여 자연의 신비를 발견하고, '실험'을 통하여 지식을 축적해 나감으로써 자연에 대한 인간의 영역을 확장시켜 나간다.

"아는 것은 힘이다(Scientia est potentia)"라는 경구(aphorism)로 베이컨은 지식의 중요성을 강조하는데, 그가 말하는 지식이란 실험을 통해 확장된 지식, 바로 인간의 삶과 복지를 향상시키는 데 유용한 과학적 지식을 의미한다. 만약에 인간의 복지 증진에 도움을 주지 못한다면 베이컨의 지식 개념에서는 그저 무용지물일 뿐이다. 나아가 인간의 번영과 풍요를 위해서라면 자연은 얼마든지 개조 가능하고 정복과 약탈의 대상이 될 수도 있다. 따라서 베이컨은 자연에 대한 인간의 지배권을 확보하기 위해서 구체적인 과학적 방법을 탐구하는 데 관심을 기울였다. 특히 그는 자연 안에서의 법칙을 발견함으로써 자연(현상)을 예측하고 통제하여, 인간의 삶을 개선시키고 행복을 증가시킬 수 있다고 확신했다. 이처럼 새로운 세계관의 창을

89 베이컨의 4대 우상론은 '개념 읽기 9'를 참조할 것.

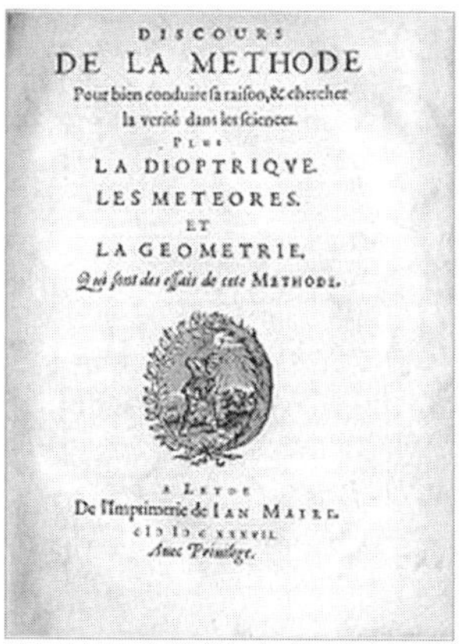

DISCOURS
DE LA METHODE
Pour bien conduire sa raison, & chercher
la verité dans les sciences.
PLUS
LA DIOPTRIQUE.
LES METEORES.
ET
LA GEOMETRIE.
Qui sont des essais de cete METHODE.

A LEYDE
De l'Imprimerie de IAN MAIRE.
CIϽ IϽ C XXXVII.
Avec Privilege.

데카르트는 『방법서설(*Discours de la methode*)』(1637)에서 기계적인 자연과 달리, 자율적이고 합목적인 그래서 합리적으로 사유하는 능력이야말로 이성적 존재로서 인간의 본질이라고 규정한다.

활짝 연 베이컨의 뒤를 이어 화려하게 등장한 R. 데카르트(René Descartes, 1596~1650) 역시 자연을 관리와 지배의 대상으로 규정하며 그 토대를 확실하게 마련해 나간다.

데카르트에게도 자연이란 한낱 거대한 자동기계에 불과하다. 자연은 획일적인 관성의 법칙에 따라 움직이다가 어떤 것의 방해라도 받게 되면 그대로 멈추어버리는 생명력 없는 기계일 따름이다. 따라서 자연에는 지향해야 할 목적도, 따라야 할 신의 섭리도, 생명의 신비도 존재하지 않는다. 그저 기계적인 움직임만 있을 뿐이다. 이처럼 자연은 스스로의 목적을 향해 나아가는 인간과 확연히 구별되는 물질덩어리이다.

데카르트는 "나는 생각한다. 고로 존재한다(Cogito ergo sum)"라는 자신의 철학적 제1명제로부터 '사유주체'인 정신과 기계적 자연법칙에 지배받는 물질을 '사유대상'으로 구분하고, 이들 간에 철저한 위계질서를 부여한다. 즉 사유주체는 사유대상에 비해 월등한 우위를 차지한다. 왜냐하면 인간의 본질은 사유에 있고, 이러한 사유가 그의 존재를 보장하기 때문에 인간 이외의 모든 것들은 철저히 대상화된다. 이와 같은 이분법적 사고에 따르면, 인간의 밖에 있는 자연은 오직 인간의 사유를 통해서만 의미를 가지며, 만약 인간의 사유를 통하지 않으면 그 존재마저 부인될 수 있는 그런 대상으로 전락하고 만다. 마치 내가 그의 이름을 불러주기 전에는 한낱 몸짓에 불과했던 어느 시인의 그 '꽃'처럼.

이제 자연은 인간과 전혀 다른 대상이 되었고, 인간의 절대적 지배에 복종하지 않으면 안 되는 그런 존재가 되었다. 이러한 상태에서는 인간과 자연 간의 상호연관성이나 연대성은 철저히 부정되고 단절될 수밖에 없다. 자연 속의 생명현상들이 지니는 다양하고도 복잡한 모습들은 그저 단순하고 일반적인 인과법칙으로 재구성된다. 자연은 비인격적 물질로서 예측 가능한 방식 안에서 작동하는 기계로 간주되기 때문이다. 결국 이러한 사고와 태도는 자연과 생명의 본래적 가치를 경시하는 태도를 낳을 수밖에 없다. 이 같은 철저한 인간중심주의적 사고는 현대인들의 자연관과 세계관에 지대한 영향을 주었으며, 과학적 진리에 대한 맹신뿐만 아니라 경제성장의 동력은 과학기술이라는 사고와 맞물려 사회발전과 인간 삶의 유용성을 위한 자연의 개발과 활용의 길을 활짝 열어놓았다.

개념 읽기 9 베이컨의 4대 우상론

베이컨에 의하면 인간이 자연의 참모습을 알고자 한다면, 그래서 자연에 대한 참된 지식을 얻고자 한다면 먼저 선입견과 편견에서 벗어나야 한다. 그는 자연에 대한 생각이나 해석을 왜곡하는 편견과 선입견을 '**우상**(Idols)'이라고 부르면서 다음의 네 가지 우상에 대해서 비판한다.

첫 번째 우상은 '종족의 우상(Idols of the Tribe)'이다. 인간이라는 종족, 즉 인류의 본성에서 유래한 편견이다. 가령 인간은 새의 지저귐에 자신의 감정을 이입시켜 '새가 노래한다'라고 할 때가 있는가 하면, 또 어떤 때는 '새가 슬피 운다'라고 표현하기도 한다. 이처럼 인간은 본래 모든 것을 그 자체의 입장에서가 아니라 자신의 감정이나 입장에서, 즉 '인간중심적인'의 관점에서 해석하려는 성향을 가지고 있다. 마치 인간 자신이 목적 있는 행동을 한다고 해서 자연도 마찬가지로 목적을 가지고 변화 · 발전하는 것으로 생각한다. 자연현상을 그대로 보지 못하고, 항상 인간과 관련지어 해석하는 오류를 범한다.

두 번째 우상은 '동굴의 우상(Idols of the Cave)'이다. 이는 플라톤의 동굴의 비유에서 인용한 것으로, 동굴 속 사슬에 묶인 사람들은 자신들이 처한 환경적 제약 때문에 넓은 세계를 있는 그대로 파악하지 못한다. 그들은 동굴벽에 비친 그림자를 진짜라고 착각하며 평생을 살아간다. 이처럼 동굴의 우상은 각 개인의 기질, 성장배경, 교육, 성향 등의 차이에 따라 나타나는 오류이다. 만약 인간이 이러한 오류를 벗어나지 못하고 자신의 관점으로만 세상을 바라보게 된다면, 결국 자기가 보는 세상이 전부인 양 '우물 안 개구리'의 신세를 벗어날 수 없다.

세 번째 우상은 '시장의 우상(Idols of the Marketplace)'이다. 이것은 언어가 만들어내는 편견이다. 물건을 사고팔면서 어울리는 시장에서는 언어를 통해 활발한 교류가 이루어진다. 이때 언어는 편리한 도구이기도 하지만 종종 많은 오해와 문제를 낳기도 한다. 우리가 생각하는 어떤 개념을 담기에는 언어라는 기호(symbol)가 충분하지 못하거나, 반대로 우리의 상상 속에만 존재하는 것('용', '귀신' 등을 생각해보라!)에 대해 불필요한 이름을 부여함으로써 공허한 논쟁을 불러일으키기 때문이다. 즉 시장에서 떠도는 말을 관찰이나 경험 없이 그대로 받아들여서 그 말에 걸맞은 대상이 마치 현실에 있는 것처럼 착각에 빠지는 오류를 범한다.

마지막으로 '극장의 우상(Idols of the Theater)'은 전통의 권위에서 생겨난 편견이다. 베이컨은 무대를 보고 환호하는 관객들처럼, 예로부터 전해져 내려온다는 이유만으로 무조건 받아들이는 것을 극장의 우상이라 불렀다. 이것은 자신의 깊은 사색이나 경험에 의한 판단 없이 마치 극의 분위기에 휩쓸려 울고 웃는 관객처럼, 권위자의 말이라면 아무런 의심 없이 신뢰하는 태도를 경계하라는 것이다. 만약 우리가 전통의 권위에 따라 기존의 지식을 비판 없이 수용한다면, 결국 더 많은 의심과 오류에 휩싸이게 된다는 지적이다. 이에 베이컨은 기존에 성립된 도그마를 광신적으로 믿는 행위 대신에 하나하나씩 관찰하고 실험하고 경험함으로써 진리에 도달하는 방법을 더 신뢰하였는데, 이러한 새로운 방법을 "귀납법(induction)"이라고 불렀다.

2) 환경위기 대응의 '실마리'를 찾아서

앞서 우리는 오늘날 생태계 위기의 근원을 세계, 즉 자연을 순전히 인간의 목적을 위한 수단으로만 간주하는 철저한 인간중심적 사고에 두고, 이러한 사고의 원형을 역사적으로 유대-그리스도교 전통 혹은 근대 철학과 근대 자연과학에서 발견하였다. 이러한 사고는 시대와 세월을 따라 동서를 막론하고 고금을 뛰어넘으면서 우리의 주요한 가치관, 세계관으로 면면히 자리 잡아왔다. 그렇다면 인류가 당면한 이러한 위기 상황을 극복하기 위하여 우리가 취해야 할 바람직한 세계관은 무엇일까? 도대체 우리는 어떤 생각으로 자연과 이 세상을 바라봐야 하는 것일까? 우리가 지금 여기서 어떤 전망이나 세계관을 갖느냐에 따라 우리의 가치판단과 행위는 달라지므로 이러한 물음을 묻고 대답을 찾으려는 노력은 상당히 중요하다. 이제 그동안 논의되어왔던 물음과 대답을 검토함으로써 우리가 처한 위기를 극복할 수 있는 방안을 모색할 것이다.

(1) 인간중심주의

인간중심주의자들은 인간과 인간적 특성에만 내재적 가치를 인정하여 인간 이외의 자연물은 인간의 목적 실현을 위한 수단으로 활용할 수 있다고 강조한다. 그들에게 있어 인간을 제외한 존재는 도덕적 고려의 대상이 아니다. 만약 인간이 아닌 존재에게 가치를 부여한다면, 그들이 인간의 이익에 이바지하는 한에서만 도구적 가치를 지닐 뿐이다. 인간이 자연을 사랑하고, 자연을 아름답다고 느끼기 때문에 자연은 가치가 있는 것이다. 인간의 삶이 자연을 끊임없이 이용하면서 살아가는 한에서 자연은 가치가 있는 것이다. 이처럼 자연의 모든 존재와 철저히 구별되는 인간은 월등히 우월하고 가장 고귀하다. 그래서 인간은 다른 모든 존재를 도구나 수단으로서 소유하거나 조작하고 이용할 권리를 갖는다. 인간만이 도덕적 권리를 주장하기 위한 기본적인 조건들, 가령 자기 의식적 존재로서 도덕적 자율성이나 그에 따른 책임감을 가지고 있기 때문이다. 여기에서 인간중심적 환경철학자로 널리 알려진 J. 패스모어(John Passmore, 1914~2004)의 견해를 잠시 들어보기로 하자.

> 동물 · 식물 · 경관에도 각각 '생존권'이 있다고 주장하는 것은 쓸데없는 혼란을 초래한다. '권리'라는 관념은 단적으로 말해서 인간이 아닌 존재에게는 있을 수 없는 것이다. …… 동물을 학대하는 것이 잘못이라는 것과 동물에게도 권리가 있다고 하는 것은 실은 전혀 다른 것이다(J. Passmore, 1974: 116~117).

인간중심주의자들은 이처럼 인간과 자연물의 가치를 확실하게 이분법적으로 구분한다. 예를 들어 동물보호와 관련해서 필요 이상의 잔인한 방식으로 동물학대를 금지하는 것은 그러한 잔혹한 태도가 인간의 본성을 해하고 자칫 타인에게까지 잔혹한 태도로 이어질 수 있다는 우려 때문이지, 동물의 생명 자체를 보호하기 위해서는 아니다. 즉 인간의 도덕 감정을 위해 동물의 생명을 보호하는 것이다. 이처럼 인간과 자연 세계를 근본적으로 다른 존재로 보는 입장은 인간 스스로를 우월한 위치에 올려놓음으로써 이 세계와의 관계를 지배와 정복의 관계로 인식하게 만든다.

그렇다면 오늘날 생태계의 위기를 해소하기 위해서는 인간중심주의를 철저하게 해체해야만 가능한 건 아닐까? 우주 중심의 왕좌에서 인간 스스로 내려와 이제껏 자신의 오만방자함을 깊이 반성하고, 다른 생명체를 존중하는 겸손한 자세로 돌아올 때만이 비로소 오늘의 위기를 극복할 수 있는 것은 아닐까?

그러나 우리는 현실적으로 스스로를 "우주에서 특별한 위치"로 인정할 수밖에 없다. 물론 인간은 자연의 일부다. 인간의 생명이 자연 진화의 산물이고, 그의 모든 능력이 자연에서 진화된 최고의 능력이라 할지라도 자연과 인간, 혹은 동물과 인간 사이에 "연속성"이 있다는 사실을 인정하지 않을 수 없다. 그럼에도 인간이라는 존재는 이미 결정된 자연이나 주어진 본능에 따라 행동하는 동물과는 분명 다르다. 그가 지닌 정신의 힘으로 자연에 얽매이지 않고 주어진 본능적 반응을 억누르고 자유롭게 행동할 수 있다. 인간은 자연 위에 군림하면서 자연을 '대상'으로 삼아 변형시키고 파괴시킬 수도 있지만, 아름다운 삶의 세계로 건설할 수 있는 능력 또한 가지고 있다. 이처럼 인간은 한편으로 자연의 일부로 살아가는 존재이지만, 다른 한편으로는 자연과 자신의 운명을 스스로 결정함으로써 자연에 비해 우월한 위치에 있는 그런 존재이기도 하다.

이때 필요한 것이 바로 인간 자신의 자연성을 인식하면서 자연과의 조화로운 관계 모색, 즉 자연을 아름답게 관리하는 태도다. 인간의 생존을 위해서는 자연에 간섭하고 자연을 이용할 수밖에 없지만, 자신의 자연성

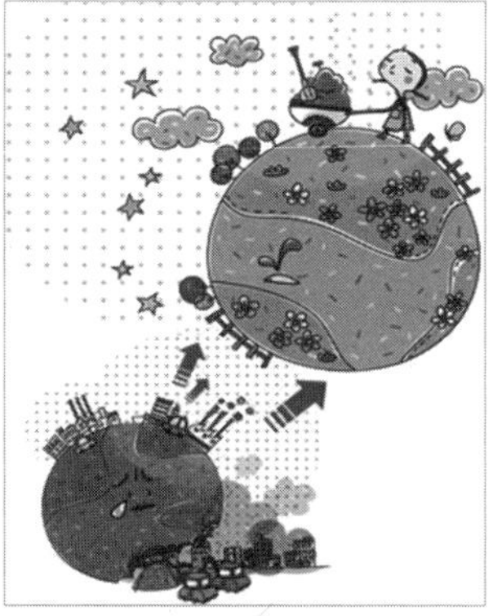

자연에 대한 신중한 개발, 현명한 관리는 현 세대는 물론 미래 세대까지 포함한 전 인류의 지속적인 존속을 위한 것이다

을 인식한 바탕 위에서 신중한 개발과 현명한 관리 역시 요청할 수밖에 없다. 인간은 자연 안에서, 자연과 더불어 살아가는 존재이기 때문이다. 이러한 인식과 태도에서 우리는 현 세대뿐만 아니라 미래 세대에까지 자연을 이용할 권리가 있다는 사실을 발견한다. 그리고 인류의 영구적 존속을 진지하게 고려할 때, 결코 자연을 우리 자신의 과다한 욕망 충족을 위한 도구만으로 삼지 못할 것이다.

인간의 생존과 안녕을 위한 도구로써 다른 생명체, 생태계, 자연에 의존적일 수밖에 없다는 사실을 인식하는 것은 그것들의 무분별한 파괴가 결국 인간 자신에게도 치명적이라는 사실을 인정하는 일이다. 지속가능한 인간의 삶을 위해서라도 전 지구적인 생태계가 잘 보존되어야 한다는 사실을 우리는 충분히 숙고할 수 있다. 따라서 인간 이외의 생명체에 대한 도덕적 배려가 불필요하다고 보는 인간중심주의자들에게도 생태계를 보전해야 할 충분한 이유가 있는 것이다.[90]

(2) 탈인간중심주의

오늘날 환경위기를 극복하는 데 인간중심주의적 접근의 근본적인 한계를 지적하고 있는 탈인간중심주의는 인간이 우주에서 차지하는 지위에 관

---

90 인간중심적 가치관은 자연을 인간의 쾌락과 복지를 위한 수단, 지배와 정복의 대상으로만 간주한다는 점에서 화이트의 주장처럼 '인간중심주의가 환경위기의 한 원인'이라는 비판에서 자유롭지 못하다. 자연의 가치를 오로지 유용성의 측면에서만 판단하기 때문에 인간의 이익과 자연의 이익이 충돌하는 상황에서는 언제나 인간의 이익이 선호될 것이라는 사실은 충분히 예견된다. 그리고 인간중심주의 가치관은 환경문제에서 기술의 중요성을 강조한다. 즉 자연은 인간에 의한 기술적 통제를 통해 관리가 가능하다는 신념을 표명한다. 따라서 기술적 완성도를 높이고, 기술을 혁신함으로써 환경문제 또한 점점 해결되는 방향으로 진전될 것이라는 낙관론적 입장을 취한다. 그러나 현실은 어떠한가? 최첨단 과학기술의 시대를 살고 있으나 우리는 그 어느 때보다 심각한 환경위기에 처해 있다. 이 사실 하나만으로도 과학기술이 모든 것을 해결해줄 것이라는 전망은 그리 썩 밝아 보이지 않는다.

하여 어떠한 우위도 인정하지 않는다. 인간은 생태계 전체의 한 부분을 이루는 구성원에 불과하다. 따라서 인간이 아닌 다른 생명체의 도구적 가치에 대한 태도를 지양하고 동물과 식물, 나아가 이들의 서식처인 대지에까지도 도덕적 지위를 부여한다. 이들은 적극적으로 '새로운' 세계관을 제창한다.

이러한 탈인간중심주의는 개체론과 전체론으로 구분된다. 개체론은 자연을 구성하는 개별 유기체인 동물이나 식물 등과 같은 생명체의 도덕적 지위나 내재적 가치를 인정하는 입장이다. 이때 어느 범위까지 개체의 가치를 인정하고 그들의 권익을 존중할 것인가에 따라 다시 동물중심주의와 생명중심주의로 나뉜다. 이에 비해 전체론은 생태계 내의 생물적 요인뿐만 아니라 비생물적 요소, 예를 들어 물, 공기, 토양까지 포괄하는 상위체계 전체로서의 자연에 고유한 가치 또는 내재적 가치를 부여하는 입장(생태중심주의)이다. 이때 각각의 개체에 대한 가치의 인정은 큰 의미가 없다. 세계 전체는 개체나 부분으로 쪼갤 수 없는 상호연관적인 관계의 총체로, 이때 각 개체들은 상호의존을 통해 상호완결성을 이루기 때문이다.[91]

---

91 인간중심주의 입장이 그 한계를 드러낸다고 해서 곧바로 탈인간중심주의적 관점이 대안이라고 말할 수도 없을 듯하다. 이 관점 역시 다음과 같은 물음에 설득력 있는 대답을 제시하기 쉽지는 않아 보이기 때문이다. 예를 들어 모든 생물이 생명체라는 이유만으로 인간과 동등한 내재적 가치를 가진다는 신념을 따른다면 우리의 삶이 현실적으로 가능하기는 한 걸까? 동물의 삶과 인간의 삶이 선택적인 것일 때 우리는 과연 동물의 삶을 선택할 수 있을까? 만약 동물의 삶을 저버리고 인간의 삶을 선택한다면 우리는 어떤 책임을 져야 할까? 이처럼 생명체에 인간과 동등한 내재적 가치를 인정하는 모든 주장은 실천적으로 부담스러운 것이 사실이다. 탈인간중심주의의 갈래인 생태중심주의 입장에서도 약점은 있다. 즉 환경파시즘에 대한 비판이다. 오늘날 지구상에서 자연 생태계에 가장 큰 위협 요소는 다름 아닌 인간이다. 날로 증가하는 인구는 오늘날 환경위기의 심각성을 더하고 있기 때문이다. 그렇다면 생태계를 위해서 인구를 줄이는 일은 어떤가? 인간 가운데 일부를 희생시킴으로써 생태계를 위험에서 구제하고 생태계의 안정성을 되찾을 수 있다면 얼마든지 그러한 조치는 정당화될 수 있는 것은 아닐까? 이처럼 생태중심주의 입장 역시 인간의 이익과 자연의 이익이 상충했을 때 실질적인 문제해결의 능력을 발휘할 수 있을지 의문스럽다. 물론 그렇다고 해서 이러한 탈인간중심주의 관점이 합리적 대응 방안이 될 수 없다는 의미는 아니다.

■ 동물중심주의

공리주의자 J. 벤담(Jeremy Bentham, 1748~1832)은 인간만이 아니라 동물의 쾌락과 고통의 체험 능력도 도덕적 기준으로 고려해야 한다고 주장한다. 그에게 도덕적으로 옳은 행위란 가급적 고통을 줄이고 되도록 많은 쾌락을 증진시키는 결과를 가져오는 행동이기 때문이다. 따라서 공리주의자들에게는 사고하고 말할 수 있는 능력이 아니라 쾌락이나 고통을 느낄 수 있는 능력이 중요하다. 그들에게는 이러한 능력이야말로 바로 어떤 존재가 도덕적 지위를 획득하는 데 중요한 척도가 된다.

벤담의 영향을 받은 P. 싱어(Peter Singer, 1946~)는 인종차별주의(racism)나 성차별주의(sexism)와 비교되는 종차별주의(speciesism)라는 개념을 내세운다. 그는 인종과 성에 따라 도덕적 지위를 차등화하는 것이 잘못된 태도인 것처럼, 종의 소속감(species membership)에 따라 도덕적 지위를 차등화하는 것 역시 잘못이라고 주장한다. 그동안 인간은 자연에 존재하는 많은 것들을 마치 제 소유물인 양 필요할 때마다 임의대로 이용하고 처분해 왔다. 자신의 행복을 위해서 때때로 인간 이외의 존재들을 희생시키는 데 주저하지 않았다. 가장 대표적인 사례가 바로 인간의 동물에 대한 착취를 꼽을 수 있다.

자신의 몸조차 가눌 수 없을 만큼 좁은 공간에서 태어나 자신의 배설물 더미 위에서 평생을 살아가다가 오직 인간의 미각을 만족시키기 위해 짧은 생애를 끔찍하게 마감하는 가축들, 가혹한 생체실험을 위해 고통 속에서 죽을 날만 기다리고 있는 실험실 한 모퉁이의 동물들, 그저 한낱 인간의 오락을 위해 피 흘리며 죽어가는 야생동물들 등 과학적 진리 탐구나 의학 발전, 그리고 인간의 복지라는 명목으로 인간이 동물에 행하는 살상 행위나 학대는 상상조차 할 수 없을 정도다.

우리가 단지 인간이라는 이유만으로 동물의 고통을 무시한다면, 혹은

싱어는 1975년에 발표된 자신의 저서 『동물해방(*Animal Liberation*)』에서 인간의 이익을 위해서 끔찍하게 착취당하는 동물의 고통을 적나라하게 묘사하고 있다.

그들이 우리와 같은 호모사피엔스 구성원이 아니라는 이유만으로 끔찍한 고통을 당해야 한다면, 그것은 자신과 피부색이 다른 인종을 차별하는 인종차별주의자나 단지 여자라는 이유만으로 (간혹 단지 남자라는 이유만으로) 상대방을 차별하는 성차별주의자와 크게 다르지 않다. 인종차별주의나 성차별주의가 그 어떤 근거로도 정당화될 수 없는 것과 마찬가지로 종차별주의 역시 정당화될 수 없다고 싱어는 말한다. 공리주의의 후계자답게 그의 관점에서도 고통이나 즐거움을 느낄 수 있는 능력이야말로 어떤 존재가 이익관심을 가지고 있다는 것을 설명해주는 필요조건이다. 그렇다면 인간은 어느 정도까지 동물의 고통이나 즐거움을 돌봐야 하는가? 동물 역시 인간처럼 똑같이 다루어야 하는가? 아니면 인간에게 유익한 각종 동물실험을 당장 중단해야 하는가? 혹은 우리 모두 채식주의자라도 되어야 하는 것일까?

싱어에게 종차별주의를 넘어서는 것은 동물을 인간과 모든 면에서 동일하게 대접해야 한다는 의미가 아니다. 그것은 애당초 불가능한 일이다. 종

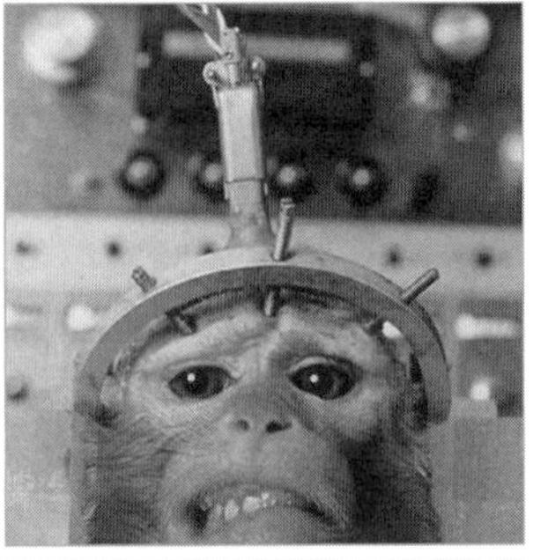

인간의 이익을 위해 얼마나 많은 동물들이 착취당해야만 하는 것일까? 아니 애당초 인간은 무슨 권리로 동물들을 이렇게 고통 속에 내버려두는 것일까? 이에 싱어는 고개를 내저으면서, 우리 인간(호모 사피엔스)에게 그러한 권리를 인정할 만한 그 어떠한 근거도 찾을 수 없다고 단호하게 주장한다.

차별주의를 반대하는 싱어도 인간과 동물 사이에 분명한 차이가 있다는 사실을 잘 알고 있다. 다만 그가 주장하는 바는 인간이 언제나 자신의 이익을 중요하게 생각하는 것만큼 동물에게도 분명하게 존재하는 이익 역시 고려해야 한다는 것이다. 즉 누구든지 고통을 피하고 먹고 자는 것과 같은 가장 기본적인 욕구를 충족시키고, 가족이나 친구들과 더불어 사랑과 우정을 나누고 싶어 하며 타인에게서 불필요한 간섭을 받고 싶어 하지 않는다. 이 정도의 이익은 인간이라면 누구든지 똑같이 가지고 있으며, 비록 인간이 아닌 동물일지라도 충분히 고려되어야 한다는 사실에서부터 싱어의 동물해방은 시작된다. 이러한 이익들은 생김새나 성별 그리고 능력, 더 나아가 인간이 아닌 동물이라는 이유에 의해 좌우되어서는 안 되며, 고통을 느낄 수만 있다면, 그래서 그 고통에서 벗어나길 간절히 바라고 있다면 이를 평등하게 고려해야 한다는 원칙에서부터 싱어는 동물해방의 목소리를 높인다.

■ 생명중심주의

생명중심주의는 생명을 가진 모든 존재의 고유한 목적과 가치를 인정하고 그들에게 주체적 지위를 부여해야 한다는 기본적 생각을 담고 있다. 이때 인간이라는 존재 역시 자연 속의 다른 생명체와 마찬가지로 살려고 애쓰는 생명체의 일부일 뿐이다. 이러한 입장은 A. 슈바이처(Albert Schweitzer, 1875~1965)의 "생명에의 경외(Ehrfurcht vor dem Leben)" 사상에서 시작되었는데, 그는 자신의 개념을 다음과 같이 표현하고 있다.

> 생각하는 존재인 인간은 모든 살려고 하는 의지에 자신에게 부여했던 생명에의 경외를 부여하지 않으면 안 된다고 느낀다. 인간은 다른 생명체 또한 살려고 애쓴다는 것을 자기 안에서 경험한다. 그래서 그는 생명을 유지하고, 생명을 증진하며, 생명을 고양시키는 것을 선으로, 반대로 생명을 파괴하고, 생명에 해를 끼치며, 생명을 억압하는 것을 악으로 본다. 이것이야말로 도덕의 절대적이고 기본적인 원리이다(A. Schweitzer, 1923 : 150).

슈바이처에 의하면 특정한 기능이나 능력과는 상관없이 모든 생명체는 신성하며, "살려는 의지"를 지닌 내재적으로 가치 있는 존재다. 생명을 가진 모든 존재는 자신의 생명을 보존하고 유지하려는 본질적인 힘을 가지

슈바이처는 인류의 문화와 윤리 문제, 특히 서구 문명을 비판적으로 성찰하면서 '생명에의 경외' 개념을 체계화했고, 그 결과물로 1923년 『문화와 윤리(*Kultur und Ethik*)』를 발표한다.

고 있다. 이러한 내재적 가치의 자각이야말로 우리로 하여금 생명에의 경외감을 일으키는 강한 동기가 된다. 그리고 생명을 보존시키고 생명의 가치를 높은 수준으로 끌어올리려는 노력들이 바로 선한 행위인 것이다. 그런데 만약 여기서 슈바이처의 입장을 철저하게 따른다면, 우리는 당장에 곤란을 겪게 될 것이다. 나뭇잎을 뜯거나 꽃을 꺾는 일을 결코 해서는 안 되며, 작은 벌레조차 죽여서도 안 될 것이다. 우리 자신의 생명을 유지하기 위하여 날마다 다른 생명체를 먹어야 하는 현실은 어떠한가? 그렇다면 과연 슈바이처는 스스로 굶어 죽었는가? 결코 그렇지 않다. 슈바이처 자신도 때때로 생명을 죽일 수밖에 없는 불가피함을 잘 안다. 그 또한 동물이 심하게 고통받고 있을 경우, 주저하지 않고 그 동물을 안락사시켰고, 자신의 삶을 위해 날마다 다른 생명체를 섭취했다.

수많은 방식으로 나의 존재는 다른 생명들과 갈등에 빠진다. 생명을 죽이

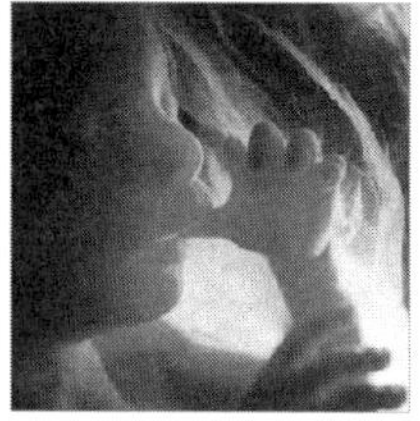

슈바이처에게 모든 생명체는 신성하다. 설령 작은 풀 한 포기, 혹은 이름을 알 수 없는 한 마리의 어린 새라고 할지언정 살려는 의지를 가진다는 점에서 우리 인간과 크게 다르지 않다. 이러한 점에서 그들의 내재적 가치 역시 인정하지 않을 수 없다.

고 해칠 수밖에 없음이 내게 강요된다. 내가 외딴 오솔길을 걸을 때, 내 발이 그 길에 살고 있는 작은 생명체를 죽이거나 고통을 준다. 나의 존재를 유지하기 위해서 나는 내 존재를 해치는 존재들로부터 나를 지킬 수밖에 없다. 나는 내 집에 살고자 하는 곤충들에게는 살인자가 되며, 내 삶을 위협하는 박테리아에게는 대량살상자가 된다. 나는 동물과 식물을 죽임으로써 나의 영양을 섭취한다(A. Schweitzer, 1923: 339).

슈바이처의 생명에의 경외 사상은 생명을 유지하고 촉진하는 것은 선이고, 반대로 생명을 죽이거나 해치는 것은 악이라는 기본 생각을 전제하지만, 현실적으로 어떤 생명체든지 다른 생명의 희생을 필요로 하기 때문에 그런 측면에서의 생명에 대한 훼손은 인정한다. 그러나 생명을 경솔하게 혹은 무의미하게 죽이거나 해치는 것은 절대적으로 피해야 하며, 비록 다른 생명을 해치는 것이 불가피하더라도 그에 대한 책임을 자각할 것을 강조한다. 즉 슈바이처의 생명 경외는 갈등 상황에 적용할 수 있는 일종의 규칙이 아니라, 오히려 우리의 현재 인격을 드러내는 태도다. 예를 들어 식용을 위해 가축의 생명을 죽이는 도축업자들, 환자의 질병 치유를 위해 바이러스를 죽이는 의사들, 자신의 소를 위해 들판의 풀을 뜯는 농부들이 자신들의 행동, 즉 다른 생명의 해침에 대해 채무의식을 느낄 수 있는 성품이 바로 그것이다. 물론 그는 동물해방론자 싱어처럼 구체적 상황마다 우리가 따라야 할 행위규칙들을 명확하게 조언해줄 수는 없지만 생명을 함부로, 아무런 연민 없이, 무의미하게 죽이거나 해쳐서는 안 된다는 사실을 우리에게 분명하게 알려준다. 이러한 자각에 대한 성품이야말로 슈바이처가 말하고 있는 생명 경외의 태도다. 따라서 슈바이처의 윤리적 관심은 '나는 무엇을 해야만 하는가?'라는 행위규칙이 아니라 '나는 어떤 종류의 사람이 되어야 하는가?'라는 행위자의 태도에 대한 것이다. 행위의 측면이 아니라 성품이나 성향, 인격의 측면에서 도덕적으로 훌륭함을 추구하는 것이다.

이와 같이 슈바이처는 인간에게서 발견되는 생명에의 의지를 다른 생명체에까지 확대해석하여 적용함으로써, 다른 생명과의 결합과 조화를 강조하였다. 인간의 생명이 소중한 만큼 다른 생명체도 소중하며, 살려는 의지를 가진 그들의 내재적 가치를 인정하고 존중하는 것이야말로 선이라고 보았다. 이제 우리는 생명 경외의 태도나 성품을 통해 선을 추구함으로써 비로소 도덕적 삶을 살 수 있게 되는 것이다.

■ 생태중심주의

인간 삶의 터전인 대지에 대한 윤리적 고려를 표방한 A. 레오폴드(Aldo Leopold, 1886~1948)는 땅에 대한 새로운 시각 변화의 필요성에 대해 언급하면서 땅을 단순한 재산이 아닌 생태학적 대상으로 간주해야 한다고 주장한다. 레오폴드가 세상을 떠난 1년 후인 1949년에 출판된 『샌드 카운티 연감(*A Sand County Almanac*)』은 생태중심 환경윤리의 발전에 상당한 영향력을 끼친 최초의 저작이다. 특히 이 책의 가장 중요한 부분인 「대지윤리(Land Ethic)」에서 그는 그동안 인간만을 도덕공동체의 구성원으로 간

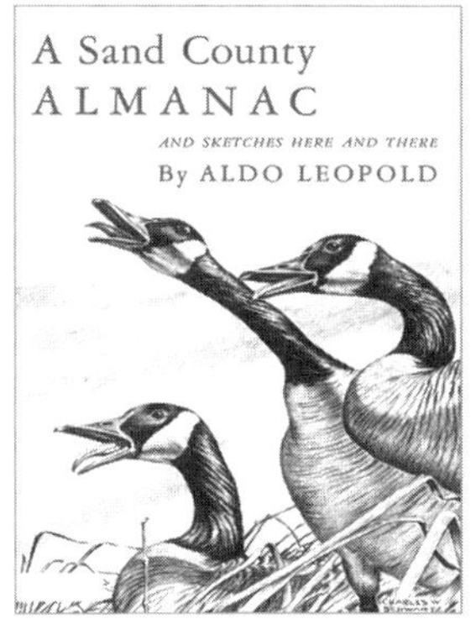

레오폴드가 「대지윤리」 장에서 의도했던 것 가운데 하나가 바로 도덕확대주의를 통해 인간 외적인 세계를 우리 공동체의 영역으로 포함시키는 일이다. 생태학이라는 측면에서 보면 이런 대지윤리의 주장은 현대 환경윤리운동에서는 예언자적인 것이다.

주해왔던 전형적인 생각에서 과감하게 벗어나 공동체의 경계를 확대해야 한다고 주장한다. 인간 이외의 모든 생명체는 물론 흙, 물, 공기 등을 포함하는 무생물까지도 도덕공동체의 구성원으로 받아들일 것을 권고하고 있다.

그의 대지윤리는 오디세우스(Odysseus)의 이야기로 시작한다. 오디세우스가 트로이(Troy)전쟁[92]에서 돌아온 후 그동안 부정을 저지른 12명의 노예 소녀들을 교수형에 처한다. 그 당시 노예는 단지 재산으로 취급되었기 때문에 얼마든지 주인의 필요에 따라 처분될 수 있는 대상물에 불과했다. 따

92 고대 그리스의 영웅 서사시에 나오는 그리스군과 트로이군의 전쟁. 그리스군의 아킬레우스와 오디세우스, 트로이군의 헥토르와 아이네이아스 등 숱한 영웅들과 신들이 등장하는 이 10년 전쟁은 오디세우스의 계책으로 그리스군의 승리로 끝난다. 그리스군은 거대한 목마를 남기고 철수하는 위장 전술을 폈는데, 여기에 속아 넘어간 트로이군은 목마를 성 안으로 들여놓고 승리의 기쁨에 도취했다. 새벽이 되자 목마 안에 숨어 있던 오디세우스 등이 빠져나와 성문을 열었고, 그리스군은 트로이의 성 안으로 쳐들어 와 마침내 함락시킨다. 여기서 비롯한 '트로이 목마'는 외부에서 들어온 요인에 의해 내부가 무너지는 것을 의미할 때 사용된다.

목마 계략을 써서 10년에 걸친 트로이전쟁을 승리로 끝내고 돌아온 오디세우스는 자신이 없는 동안 부정을 저지른 12명의 노예들을 교수형에 처한다. 그 당시 노예들은 단순히 재산으로만 여겨졌기 때문에 그의 결정은 도덕적으로 얼마든지 가능한 행동이었다.

라서 오디세우스의 결정은 도덕적으로 별다른 문제가 없는 것이었다. 노예는 그 당시 도덕공동체의 구성원으로 간주되지 않았다.

그러나 시간이 흐르면서 도덕공동체의 범위는 확대되어왔다. 이제는 노예나 여자를 포함한 모든 인간을, 즉 인종, 성별, 신분 등에 구애받지 않고 도덕공동체의 동등한 구성원으로 인정한다. 그런데 레오폴드는 여기에서 머물지 않고 한 걸음 더 나아가 모든 동물, 식물, 그리고 그들의 서식처인 대지까지 윤리적 고려대상으로 확대 적용해야 한다고 주장한다. 세월이 흐르면, 인간의 윤리적 태도도 변한다. 물론 오늘날 대지는 여전히 오디세우스의 노예 소녀들처럼 단순한 재산에 불과하기에, 그 어떠한 윤리적 고려의 대상이 되지 못한다. 그러나 레오폴드는 대지에 대한 이러한 인간의 태도를 단호히 거부한다. 그에게 대지란 단순한 재산으로서 소유의 대상인 죽은 물질이 아니다. 대지는 살아 있는 유기체로 건강할 수도, 아플 수도, 부상당할 수도, 죽을 수도 있는 존재다. 그에게 땅은 단순한 물질이 아니라 토양, 식물, 동물의 회로를 거쳐 흐르는 에너지의 원천이다. 인간을 비롯한 자연의 모든 존재가 그물망처럼 얽혀 있는 바로 그 땅을 터전으로 생명공동체를 이루고 있는 것이다. 땅에 대한 이러한 새로운 이해가 바로 레오폴드의 대지윤리의 출발점이다. 그가 요구하는 것은 바로 개체로부터 공동체에로의 관심 변화이고, '윤리의 확대'를 인간에서부터 토양, 물, 식물, 동물 혹은 이런 모든 것의 집합 개념으로서의 대지를 포함하는 생명공동체로 확장시키는 것이다(J.R. 데자르뎅, 1999: 291~292).

레오폴드는 생명공동체의 본질을 이해하기 위하여 먹이사슬 체계와 피라미드 구조를 설명한다. 이러한 체계와 구조는 에너지의 근원인 태양으로부터 시작한 전체적인 에너지의 순환으로, 대지에서 일어나는 공동체의 구성원들 간의 상호작용에 대한 생태학적 주장을 강조한다.

> 피라미드는 너무 복합적이어서 무질서할 것 같은 사슬들의 얽힘이지만, 이 체계의 안정성은 고도로 조직화된 구조임이 드러난다. 이것의 기능 수행은 다양한 부분들의 협동과 경쟁에 의존한다(A. Leopold, 1970: 252~253).

생명공동체의 질서는 각 주체들 사이의 "공생과 갈등", "협동과 경쟁"으로 형성되고 유지된다. 결국 생명공동체는 하나의 거대한 유기적 생명체로서 다양한 생물종이 자신의 삶을 영위하기 위해서 생명공동체 안에서 자기 특유의 생태적 지위를 가지며 자신들이 속한 서식지와 상호작용을 통해 전체의 안정성을 추구한다. 이런 점에서 개별 생명체에 의해 이루어지는 행위의 옳고 그름은 그것이 생명공동체의 '온전함', '안정성', '아름다움'에 얼마나 기여하느냐에 달려 있다. 따라서 각 개체, 특히 인간의 이익보다는 생태계 자체의 이익을 더 중시하는 것이 마땅하다.

이제 우리는 땅을 단순한 자원으로서 이용과 개발을 위한 착취의 대상이 아니라 우리 인간을 포함한 지구 생태계 전체를 담는 그릇, 혹은 생태계 그 자체라는 사실을 직시해야 한다. 마침내 땅에 대한 새로운 도덕과 의무가 절실하게 요구되는 시대에 접어든 것이다. 이러한 레오폴드의 땅에 대한 생태학적 인식은 자연 환경의 파괴로 인해 우리의 생존을 크게 위협받고 있는 이 시대에, 무엇보다도 새로운 신념과 결단이 요구되고 재빠른 행동이 절실한 이 시대에 우리로 하여금 생태적 삶으로서의 의식과 태도의 근본적인 전환을 촉구한다.

피터 싱어

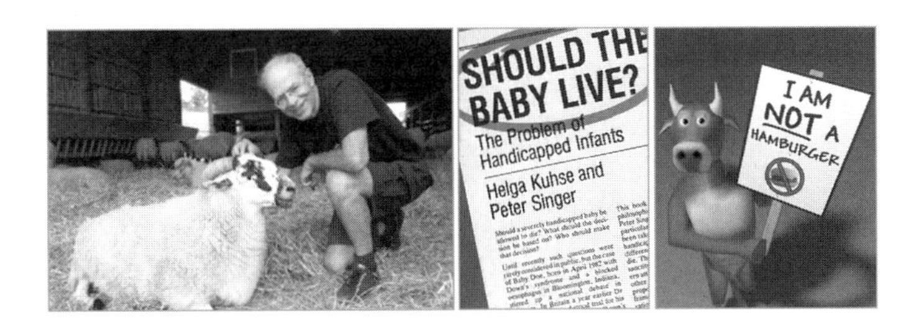

P. 싱어(Peter Singer, 1946~)는 1946년 7월 6일 호주 멜버른의 유대인 가정에서 태어났다. 현재 미국 프린스턴대학 인간가치연구센터(The Center for Human Values)의 생명윤리학 석좌교수로 재직 중에 있다. 싱어는 실천윤리학 분야의 거장이자 동물해방론의 선구자로, 2005년 《타임》지의 '세계에서 가장 영향력 있는 100인' 중 한 명에 선정되기도 했다. 특히 인간중심주의 비판의 선봉에 섰던 싱어가 아직 20대였을 때 발표한 『동물해방(*Animal Liberation*)』에서 구체적인 현장조사에 기초하여 동물에 대한 인간의 착취를 적나라하게 드러냈다. 단지 싼값에 고기를 먹기 위해 동물을 마치 공산품 찍어내듯이 사육하는 공장식 사육 관행, 미식가들의 고급스러운 입맛에 맞추기 위해 일생을 고통스럽게 살다가 죽는 비일 송아지, 화장품의 독소 실험을 위해 눈이 썩는 실험을 당하는 토끼들에 대해 생생하게 묘사하고 있다. 그는 현대 공리주의의 대표주자로서 동물해방뿐만 아니라 안락사, 임신중절, 빈부격차 등의 현실적인 문제들에 대해 자신의 윤리적 신념을 과감하게 펼침으로써 '가장 위험한 인물'로 불리기도 한다. 그렇지만 실천에 대한 남다른 관심을 가지고 있는 그는 채식과 기부를 생활화함으로써 자신의 철학을 몸소 실천에 옮기고 있다. 주요 저서로는 『동물해방』(1975), 『실천윤리학(*Practical Ethics*)』(1979), 『사회생물학과 윤리(*Expanding Circle*)』(1981), 『이렇게 살아도 괜찮은가?(*How Are We to Live?*)』(1993), 『삶과 죽음(*Rethinking Life and Death: The Collapse of Our Traditional Ethics*)』(1994), 『세계화의 윤리(*One World : The Ethics of Globalization*)』(2002), 『죽음의 밥상(*The Ethics of What We Eat*)』(2006) 등 현대 세계의 광범위한 문제들을 꼼꼼히 살핀 다수의 저작을 통해 철학자로서는 드물게 일반인들에게도 많은 주목을 받고 있다.

생각 읽기 5b

5b-1 유기체적 자연관과 기계적 자연관에서 자연을 바라보는 관점의 차이를 설명하고, 이러한 입장의 차이가 가져온 결과들을 정리해보자.

5b-2 오늘날 인류가 처한 생태계의 위기를 극복하기 위해 모색된 방안들 중에 가장 설득력이 있는 입장은 무엇이라고 생각하는가? 그 이유를 설명해보자. 반대로 가장 많은 단점을 드러내고 있는 입장은 무엇이라고 생각하며, 그 이유도 설명해보자.

6

사이버 공간과 윤리

8강

사이버 공간의 프라이버시와 빅브라더

학습목표

- 인터넷과 함께 등장한 사회적 변화들을 몇몇 이슈를 통해 확인한다.
- 지식정보사회의 빠른 진입과 동시에 그 중요성이 드러나고 있는 프라이버시의 주요 내용과 그 가치를 이해한다.

1. 이슈로 읽는 사이버 세상

21세기의 시작과 함께 사이버 공간은 우리의 삶에 더욱 깊숙이 파고들어 이제는 거스를 수 없는 인간친화적인 소통 공간이자 일상생활의 공간이 되고 있다. 특히 컴퓨터공학, 전자공학, 인지공학, 나노공학 등의 업적물과 결합하면서 사이버 공간은 한층 진화하고 있으며, 앞으로 더욱 성숙된 과학기술의 발전은 좀 더 완벽한 사이버 세상을 구현해줄 것으로 기대된다. 그런데 이 같은 거대한 사회 변혁과 함께 우리는 새로운 위험에 처해 있다. 특히 전 세계적으로 주목받는 IT(Information Technology) 강국으로 질주하고 있는 우리나라는 그에 따른 많은 이점도 누리지만 그 만큼의 폐해 또한 동시에 경험하고 있다. 새로운 유형의 범죄들이 범람하고 각종 반사회적 행동들이 난립하고 있는 것 역시 오늘날 사이버 공간의 현주소다. 더욱 심각한 것은 이러한 문제들이 이제는 중·고등학생은 물론 초등학생들에게까지 상당한 정도로 나타나고 있다는 사실이다.

이러한 현실을 감안할 때, 나날이 진화되어가는 과학기술만큼이나 사이버 공간에서 건전하고 바람직한 환경을 조성하고 사회적 도덕성을 고양할 수 있는 방안을 모색하는 일은 당장에 시급하다. 각종 범죄와 비행에 무제한적으로, 무방비로 노출되어 있는 우리의 아이들을 위해서라도 더는 미룰 수 없는 일이다. 그렇다면 먼저 새로운 세상을 활짝 열어놓은 인터넷을 통해 변화된 것은 무엇이고, 그것과 함께 등장한 사회적 병폐들은 무엇인지, 또 그 속에서 우리의 모습은 과연 어떠한지를 몇몇 사회적 이슈를 통해 생생하고 적나라하게 만나보자.

1) 인터넷, 신세계의 문을 열다!

1980년대 초반 국내에 처음으로 인터넷이 도입되었다. 일본과 미국에서 활동하다 국내로 돌아온 전길남(1943~) 박사가 1982년 5월 경북 구미시 전자기술연구소(KIET, 현 한국전자통신연구소)와 서울대 전자계산기공학과(현 컴퓨터공학과) 간 컴퓨터 네트워킹에 성공하면서 대한민국 인터넷 역사의 시작을 알렸다.[93] 이후 1994년 인터넷 상용서비스를 시작으로 1998년 초고속인터넷 서비스가 개시되면서 1999년에 인터넷 이용자 수가 1,000만 명을 돌파했으며, 2002년에는 초고속인터넷 1,000만 시대를 열었다. 2005

93 1943년 일본 오사카에서 태어난 전길남 박사는 오사카대학에서 전자공학(학사)을, 미국 UCLA에서 시스템공학(석 · 박사)을 전공한 뒤 미국에서 활동을 하다가 1979년 정부의 요청으로 귀국, 전자기술연구소에서 연구 활동을 이어간다. 그는 귀국 3년 만에 국내 최초이자 아시아에서 처음으로 인터넷망인 SDN(System Development Network) 개발에 성공함으로써 한국 인터넷 역사의 시작점을 찍었다. 국내 인터넷 전문가들은 전자기술연구소와 서울대 간 첫 컴퓨터 네트워킹이 성공한 1982년을 우리나라 인터넷의 효시로 보고 있다. 인터넷의 시대를 활짝 연 전길남 박사는 우리나라 '인터넷의 아버지'로 불린다.

최근 10년간 인터넷 이용률 및 이용자 수 변화 추이

	2000	2001	2002	2003	2004	2005	2006	2007	2008	2009	2010
인터넷이용률	44.7	56.6	59.4	65.5	70.2	72.8	74.1	75.5	76.5	77.2	77.8
인터넷 이용자수	19,040	24,380	26,270	29,220	31,580	33,010	34,910	35,590	36,190	36,580	37,010

지난 10년 동안 인터넷 이용률은 꾸준히 상승해왔다. 스마트폰이나 태블릿PC의 보급 및 이용의 확산으로 이러한 증가 추세는 앞으로 지속될 전망이다.

년 인터넷 가입자 수가 3,300만 명을 돌파했고, 2006년에는 세계 최초로 와이브로(Wibro) 서비스와 초고속무선인터넷 기술 등을 통해 우리나라는 인터넷 강국으로 도약한다. 또한 '세계 최초 최단 기간 LTE 전국망 구축', '세계 최초 VoLTE(Voice over LTE) 상용화', '세계 최초 최단 기간 LTE 가입자 1,000만 돌파' 등 각종 기록을 경신해 나가면서 인터넷 강국으로 위상을 지켜나가고 있다. 이처럼 도입 초창기 소수 전문가들만 사용했던 인터넷은 1990년대에는 젊은 층의 전유물로 변신했다가, 현재는 전 국민의 대중매체로 바뀌었다.

이는 방송통신위원회와 한국인터넷진흥원에서 매년 실시하고 있는 「인터넷이용실태조사」에서도 쉽게 확인할 수 있다.[94] 2013년 2월에 발표된 최종보고서에 따르면, 2012년 7월 기준 만 3세 이상 국민의 인터넷 이용률은 78.4%이며, 10~30대 젊은 층 대부분이 인터넷을 이용하는 것으로 나타났다. 놀라운 사실은 만 3~5세 유아의 인터넷 이용률도 꾸준히

94 「2012년 인터넷이용실태조사」 최종보고서의 전문은 다음을 참조할 것. http://isis.kisa.or.kr/board/index.jsp?pageId=040100&bbsId=7&itemId=792&pageIndex=1

2011~2012 연령별 인터넷 이용률

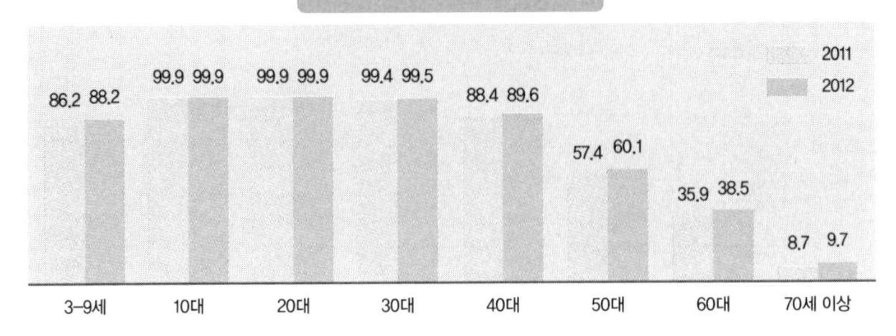

10~30대는 거의 대부분 인터넷을 이용하고 있다. 특히 영 · 유아의 인터넷 이용률이 증가하고 있다는 점이 주목할 만하다.

증가하여 72.8%에 이르고, 50~60대 장 · 노년층 인터넷 이용자 역시 크게 증가하였다. 더욱이 스마트폰이나 태블릿PC 등의 확산으로 언제 어디서든 인터넷 접속이 가능해지면서, 인터넷 이용시간도 예년에 비해 크게 늘어났다. 이처럼 남녀노소를 가리지 않고 장소와 시간에도 구애받지 않으면서 우리 국민은 생활 전반에 걸쳐, 가령 커뮤니케이션이나 경제활동, 혹은 미디어 등 다양한 목적으로 인터넷을 이용하고 있는 것으로 조사되었다.

이제 인터넷을 이용하지 않는 일상생활을 상상조차 할 수 없는 세상이 되었다. 인터넷이 우리 삶의 일부로 자리 잡아가면서 우리의 생활태도나 사고방식이 완전히 바뀌고 있다. 아침에 일어나 인터넷에 접속해서 신문을 읽고 이메일을 검색한 후, 하루 일과를 컴퓨터 앞에서 처리하는 사람들이 늘어나고 있다. 사이버 공동체가 활성화되면서 각자의 취미나 선호에 따라서 자신이 원하는 카페나 블로그, 특히 트위터나 페이스북 등과 같은 활동을 통해 보다 광범위한 인간관계를 맺고 있다. 이제 시 · 공간의 제약은 사라지고, 남녀노소의 구분은 불필요하다. 국경을 초월한 사람들과의 교류도 자연스럽다. 그리고 다양한 문화 현상뿐만 아니라 정치 현안에 대해서도 신속하게 의견을 수렴할 수 있는 장으로 온라인은 안성맞춤이다.[95] 기업이나 관공서의 업무는 또 얼마나 효율적으로 처리할 수 있는가. 이제는 한 번의 클릭으로 백화점이나 마트에 직접 가는 수고로움을 대신한다.

이처럼 인터넷의 보급과 확산으로 각 개인의 일상생활은 물론 사회 전반에 걸쳐 큰 변화를 맞이하였으며, 이제 대한민국은 명실상부한 세계적인 인터넷 강국으로 그 자리를 굳건히 지켜가고 있다.

2) 인터넷, '펌질'을 멈추시오!

〈건축학개론〉·〈은교〉 두 편의 영화가 여러모로 화제를 모았다. 관객의 시선을 사로잡으면서 연일 흥행몰이를 이끌었던 이들 영화는 네티즌의 불법행위로 골머리를 앓기도 했다. 영화의 동영상 파일이 무분별하게 유출되어 상당한 피해를 입었기 때문이다. 이에 경찰청 사이버테러대응센터(www.netan.go.kr)는 파일의 최초 유포자를 저작권 위반으로 불구속 입건했다.

사이버 공간에서는 정보나 지식, 문화·예술 분야의 창작물을 디지털화해서 서로 공유하거나 상품으로 판매·유통하는 등 생산적인 교류가 활발히 이루어지고 있다. 이제 누구나 자유롭게 새로운 정보와 지식을 생산하거나 공유하며, 때로는 문화콘텐츠의 창작자로 다양한 영역에서 자신만의 문화를 이끌어 나간다. 사이버 공간에서는 모두가 생산자이고, 소비자이며 유통자다. 누구든지 간단한 컴퓨터 활용능력과 소프트웨어 실행능력을 갖추고 있다면 원본의 이미지를 다운받아 자신의 의도에 따라 가공하거나

95 특히 선거철이 되면 기성 정치인들은 젊은 세대와의 교류를 위해 인터넷 활동에 바빠진다. 선거의 당락이 '넷심'에 달려 있다는 말에서도 알 수 있듯이, 오늘날 정치인들 사이에 네티즌의 마음을 사로잡기 위한 경쟁 역시 치열하다.

지난 3월에 개봉된 영화 〈건축학개론〉은 국내 멜로영화로는 처음으로 400만 관객에 육박하는 흥행몰이를 이어가던 중에 불법적으로 동영상 파일이 유출되어 대략 75억 원 상당의 피해를 입은 것으로 알려졌다. 뒤이어 4월에 개봉된 영화 〈은교〉 역시 동영상 파일이 유출되어 피해를 입었다.

다른 것과 합성시켜 새롭게 창조할 수 있다. 이때 만들어진 2차 저작물 역시 개인적으로나 사회적으로 가치 있는 생산물일 수 있다. 이처럼 사이버 공간에서의 지적·기술적 활동은 기존의 생산자와 소비자의 경계를 아주 모호하게 만든다.

더욱이 이렇게 생산된 지적 창조물은 일반적인 물적재산과는 달리 무형물이라는 점에서 그 권리를 보호하기가 쉽지 않다. 예를 들어 내가 가진 동산이나 부동산 같은 유형의 재산은 개별화되어 내가 직접 거래 혹은 양도할 수 있지만 지적 창조물은 어떤 형태로든 표현되기 전까지는 쉽사리 구별되지 않는다. 유형물은 사용할수록 소진되지만, 지적 생산물은 설령 다른 사람이 사용하더라도 사라지는 것은 아니다. 원본과 비교 해봐도 손색이 없다. 오히려 많은 사람들이 그것을 활용할수록 그 가치는 높아지는 경향이 있다. 이처럼 지적 창조물에 대해 독점적 소유권을 확보하는 일은 현실적으로 쉽지 않은 문제다. 그렇다고 개인의 지적재산이 함부로 사용·처분되는 사태를 수수방관만 하고 있을 것인가.

물론 자신의 창작물에 대한 배타적 권리를 가진다는 것은 너무도 자명한 사실이다. 이 권리가 사회조직의 근본을 이루고, 그 안에서 원만한 사회질서를 유지하는 데 중요한 초석이 되기 때문이다. 만약 원하기만 하면 누구라도 타인의 재산을 언제든지 제 것인 양 취할 수 있는 세상을 상상해보라! 약탈자로 넘쳐나는 그런 약육강식의 세상에서 도대체 어떤 규제나 규범이 작동하겠는가. 그야말로 '만인의 만인에 대한 전쟁(Bellum omnium contra omnes)'[96]의 상태일 뿐이다. 사실 인터넷 공간은 현실의 세계보다는 더 많은 자유가 보장되기도 한다. 마음껏 자신의 의견을 주장할 수 있고, 공간이나 시간의 제약 따위는 아예 존재하지 않으며 어떠한 차별도 없는 평등한 사회인 것처럼 보이기 때문이다. 그러나 익명성이라는 미명하에 무소불위의 권력이 가능하다고 착각을 해서는 안 된다. 책임을 동반하는 자유와 무절제한 방종을 혼동해서는 곤란하다. 현실에서 지켜야 할 규칙이나 약속은 사이버 공간에서도 마찬가지다. 현실에서의 사유재산권이 당연하듯 사이버 공간에서도 크게 다르지 않다. 만약 그렇지 않다면 어떻게 되겠는가? 당신의 지적이고 예술적인 창의성이나 기발한 아이디어 그리고 그동안 당신이 투자한 노동력과 시간 등이 한순간에 물거품이 되어버릴 것이다. 어디 그뿐이겠는가. 앞으로 당신이 창조할 가치 있는 지적 생산물에 대한 창작의욕마저 좌절되고 말 것이다. 이처럼 물

96 T. 홉스(Thomas Hobbes, 1588~1679)는 자연의 상태에서 인간은 생존에 필요한 모든 것에 대한 권리를 동등하게 소유하고 있다고 보았다. 자기 보호를 위해서는 무엇이든 취할 수 있고, 심지어 자신의 이웃마저 해칠 수 있다. 이러한 상황에서는 죽음에 대한 두려움이 앞서기 때문에, 만인은 자신의 안전을 도모하기 위해서라면 언제 어디서든 아무 거리낌 없이 잔인하게 행동할 수 있다. 오늘의 동지가 내일의 적으로 언제든지 돌아설 수 있다. 이것이 바로 '만인의 만인에 대한 전쟁'의 상태로 그저 무질서한 무정부 상태다. 이런 세상에서는, 가령 무고한 타인의 생명을 해치지 마라, 타인의 재산을 강탈하지 마라 등과 같은 그 어떤 기본 질서도 찾아볼 수 없으며, 그래서 개인은 누구와도 언제든지 전쟁을 치를 준비가 되어 있어야 한다.

적재산뿐만 아니라 지적재산에 대한 배타적 소유를 인정함으로써 타인에 의한 불법적 사용을 방지하고 독점적 이익을 보장하는 것은 당연한 개인의 권리이다. 그것을 통해 개인의 자발적인 노력과 능력이 한껏 발휘됨으로써 당사자뿐만 아니라 그가 속해 있는 사회도 성장해 나갈 수 있는 것이다.

그러나 오늘날 사이버 공간의 현실은 어떠한가? 그 공간에서 우리의 모습은 또 어떠한가? 도덕적 타성이나 무관심으로 무장한 채 오늘도 열심히 무분별한 '펌질'을 하고 있지는 않은가?

3) 인터넷, 아이들이 위험하오!

남녀노소의 큰 구분 없이 인터넷 공간에서 채팅 · 게임 · 쇼핑 · 음란물 등 인터넷을 매개로 한 사회 전반의 문화양식이 변화하고 있다. 그리고 언제부터인지 우리는 대수롭지 않게 '인터넷에 중독되었다'라는 말을 자주 사용한다. 무심코 사용하는 말이지만 인터넷 중독의 현실은 심각하다. 인터넷 중독(Internet Addiction Disorder, IAD)은 한 개인의 정서적 · 정신적 사건을 넘어 가족 간의 폭력이나 실직 · 이혼 등에서 비롯한 가정 파탄, 자살이나 돌연사 심지어 살인에까지 이르는 치명적인 사회문제로 떠오르고 있다. 장시간 인터넷 게임 중 갑작스런 사망, PC방에서 게임을 즐기던 부부의 생후 3개월 영아의 아사, 게임 중독에 빠진 자신을 나무라는 어머니를 홧김에 살해하고 자살한 중학생, 홈쇼핑 중독으로 가정 파탄에 이르게 된 가정주부, 음란물 중독으로 재산을 탕진하고 이혼당하는 가장 등 그 위험수위를 훌쩍 넘어서고 있다.

특히 자기통제가 미숙한 청소년의 경우 과도하게 인터넷 게임에 몰입할 경우 모방범죄로 이어지는가 하면, 게임상의 캐릭터를 곧 현실세계의

인터넷 접속이 보다 용이한 스마트폰의 보급 및 이용이 늘면서 스마트폰 중독을 부채질하고 있다.

자아로 받아들여 대리만족을 느끼면서 현실도피와 자아정체성의 혼란을 빈번하게 겪기도 한다.[97] 물론 개인에 따라서 그 정도나 증세들이 다양하게 나타나지만, 극단적 수준까지 치달아 현실에 적응이 불가능한 은둔형 외톨이(히키코모리)로 전락한 뒤, 반사회성 인격 장애(Antisocial Personality Disorder, APD)로 이어지기도 한다. 결국 우리 청소년들의 놀랄 만한 수치의 인터넷 이용률(99.9%)은 인터넷 중독이라는 끔찍한 결과로 그 부작용을 드러내고 있는 셈이다.

우리 청소년의 인터넷 중독의 실태는 최근 발표된 정부기관의 조사결과에서도 여실히 드러난다. 미래창조과학부와 한국정보화진흥원이 발표한 「2012년 인터넷중독실태조사」 결과에 따르면,[98] 국내 인터넷 중독률은 전

97 일례로 2003년 폭력성이 강한 인터넷 게임에 빠진 중학생이 초등학생인 자신의 동생을 살해해 사회적으로 충격을 주었는데, 살인 당시 그 중학생은 게임의 캐릭터와 동생을 착각한 상태였다고 증언한 바 있다.

98 「2012년 인터넷중독실태조사」 최종보고서의 전문은 다음을 참조할 것. http://www.nia.or.kr/bbs/board_view.asp?boardid=201111281321074458&Order=010200&id=11189

년 대비 다소 감소하였으나[99] 스마트폰 중독률은 증가 추세를 보였다. 특히 청소년의 스마트폰 중독률은 성인에 비해 더 심각해, 전년도 대비 성인의 2배 수준까지 증가한 것으로 드러났다.[100]

관련 전문가들에 의하면 인터넷 중독 역시 약물이나 알코올 혹은 도박 등에 중독되는 방식과 유사하며, 만약에 쾌락의 강도가 줄어들면 금단현상(withdrawal symptoms) 등으로 인해 일상생활에 장애가 생길 수도 있다고 한다. 이미 많은 연구 사례에서 인터넷 중독의 폐해가 얼마나 심각한지 증명되고 있다. 특히 최근 국내 연구진들(서울성모병원 정신건강의학과 김대진 · 박민현 교수팀)이 청소년의 인터넷 중독이 정상적인 지능 발달에 악영향을 미치고 심지어 지능을 떨어뜨릴 수 있다는 연구 결과를 미국 의학전문지 《정신의학연구(*Psychiatry Research*)》에 발표해 화제가 되기도 했다.

이들의 연구에 따르면 인터넷에 중독된 청소년은 일반 청소년에 비해 이해력과 어휘력, 수리력과 암기력 등이 모두 부진한 것으로 드러났다. 청소년 642명을 대상으로 인터넷 중독 스크리닝 검사를 실시한 결과, 9.5%(61명)가 인터넷 중독으로 확인되어 충격을 주었는데, 더욱이 이들의 인터넷 중독이 시작된 평균 연령은 9.7세로 나타났다. 지능검사 결과에서도 일반 청소년에 비해 인터넷 중독 청소년은 현저하게 지능이 떨어지는 것으로 확인되었고, 이해력과 어휘력 역시 마찬가지였다. 인터넷 중독 기간이 긴 청소년일수록 수리력이 떨어졌고, 비교적 어린 나이에 중독되면

---

99 인터넷 중독률은 2006년 9.2%, 2008년 8.8%, 2010년 8.0%, 2012년 7.2%로 점차 감소하고 있다.

100 구체적으로 살펴보면, 인터넷 중독률은 전체 평균 7.2%로 전년의 7.7% 대비 0.5% 감소했지만 연령대별로는 만 5~9세의 유 · 아동 7.3%, 만 10~19세의 청소년 10.7%, 만 20~49세 성인 6.0%로 청소년 중독률이 가장 높았고, 유 · 아동의 경우 아주 근소하게 평균을 넘어섰다. 여기서 주목할 만한 사실은 스마트폰 중독률이 11.1%로, 전년도 8.4% 대비 2.7% 증가했다는 점이다. 더욱이 청소년의 스마트폰 중독률은 18.4%로, 전년도 11.4% 대비 7.0%나 증가해 중독률 9.1%의 성인에 비해 2배 수준인 것으로 조사되었다.

숫자를 암기하는 일조차 어려움을 느낀다고 한다. 잘 알려져 있다시피 인간의 뇌는 청소년기에 활발하게 발달한다. 특히 초기 청소년기에는 추상적 사고와 사회적 판단능력이 발달하는 중요한 시기다. 그러나 인터넷 중독이 일찍 시작될수록 두뇌 발달에 심각한 부작용을 겪을 수 있음을 이 연구결과는 잘 보여준다. 그런데 우리의 경우 취학 전 아동의 인터넷 중독률이 점차로 증가하는 등 중독 현상의 저연령화 추세가 뚜렷이 드러나 큰 우려를 낳고 있다.

이처럼 인터넷 중독은 더 이상 개인의 문제가 아니다. 더욱이 한글을 익히기 전부터 어린 유아들이 인터넷에 접속하고 있고, 거의 모든 청소년들이 인터넷을 이용하고 있으며, 가정이 해체되고 인간관계가 붕괴되어가는 우리의 현실을 돌아볼 때, 서둘러 적극적인 방안이 모색되어야 한다. 특히 공적이고 전문적인 기관이 나서 인터넷 중독의 예방과 관리를 위한 대책 마련이 시급하다.[101]

101 정부는 「2012년 인터넷중독실태조사」 결과를 바탕으로 인터넷 및 스마트미디어 중독 확산 위험에 전면 대응하기 위한 제2차 인터넷 중독 예방 및 해소 종합계획(2013~2015년)을 수립했다. 이번 종합계획은 유아부터 성인까지 전 생애에 걸쳐 예방에서 상담, 치료, 사후관리까지 단계별 맞춤형 서비스를 연속적으로 지원하는 생애주기별 통합지원체계를 마련하는 것을 골자로 6대 영역에서 총 52개의 과제를 추진할 예정이다. http://www.narasallim.net/725

개념 읽기 10 K-척도

아래의 표는 한국정보화진흥원에 의해 개발된 한국형 성인 인터넷 중독 자가진단 척도인 **K-척도**다. 각 문항에 대해 '전혀 그렇지 않다(1점)', '그렇지 않다(2점)', '그렇다(3점)', '매우 그렇다(4점)'로 응답한 후 20문항의 점수를 합한 값으로 인터넷 중독을 진단한다.

성인 인터넷 중독은 '고위험사용자군(67점 이상)', '잠재적 위험사용자A군(54~66점)', '잠재적 위험사용자B군(45점~53점)'의 세 가지 유형으로 구분되며, 42점 이하는 일반 사용자(정상)에 해당한다. '고위험사용자군'은 인터넷 사용시간을 자신의 의도대로 조절할 수 없는 상태이기 때문에 시간 대부분을 인터넷을 하면서 보낸다. 따라서 고위험사용자군은 전문 치료기관에서 집중치료가 필요하다. 그리고 '잠재적 위험사용자군'은 맹목적으로 인터넷을 사용하는 경향을 공통적으로 보이며, 이로 인한 일상생활의 폐해가 나타난다. A군의 경우 최소한의 사회생활을 하지만 주변 사람이 인식할 정도로 뚜렷한 생활의 변화를 나타내며 인터넷 사용을 조절하기 위해서는 외부의 도움이 필요하다. B군의 경우 목적 이외의 인터넷 사용시간이 증가하면서 잠재적인 문제가 발생할 가능성은 있으나 뚜렷한 문제없이 일상생활을 유지한다. 무엇보다도 인터넷 사용시간에 대한 자기관리가 필요하다.

	문항	점수			
1	인터넷이 없다면 내 인생에 재미있는 일이 하나도 없을 것 같다.	1	2	3	4
2	실제 생활에서도 인터넷에서 하는 것처럼 해보고 싶다.	1	2	3	4
3	인터넷을 하지 못하면 무슨 일이 있어났는지 궁금해서 다른 일을 할 수가 없다.	1	2	3	4
4	사이버 세상과 현실이 혼동될 때가 있다.	1	2	3	4
5	인터넷을 할 때 마음대로 되지 않으면 짜증이 난다.	1	2	3	4
6	인터넷을 하지 못하면 안절부절못하고 초조해진다.	1	2	3	4
7	인터넷을 하는 동안 더욱 자신감이 생긴다.	1	2	3	4
8	일상에서 골치 아픈 생각을 잊기 위해 인터넷을 하게 된다.	1	2	3	4

	문항	점수			
9	인터넷을 하면 기분이 좋아지고 쉽게 흥분한다.	1	2	3	4
10	인터넷을 하면 스트레스가 해소되는 것 같다.	1	2	3	4
11	"그만해야지" 하면서도 번번이 인터넷을 계속하게 된다.	1	2	3	4
12	일상 대화도 인터넷과 관련되어 있다.	1	2	3	4
13	해야 할 일을 시작하기 전에 인터넷부터 하게 된다.	1	2	3	4
14	일단 인터넷을 시작하면 처음에 마음먹었던 것보다 오랜 시간 인터넷을 하게 된다.	1	2	3	4
15	인터넷 속도가 느려지면 금방 답답하고 못 견딜 것 같은 기분이 든다.	1	2	3	4
16	인터넷을 하느라 다른 활동이나 TV에 대한 흥미가 감소했다.	1	2	3	4
17	인터넷을 하면서도 죄책감을 느낄 때가 있다.	1	2	3	4
18	지나치게 인터넷에 몰두해 있는 나 자신이 한심하게 느껴질 때가 있다.	1	2	3	4
19	인터넷 사용을 줄여야 한다는 생각을 끊임없이 한다.	1	2	3	4
20	내가 생각해도 나는 인터넷에 중독된 것 같다.	1	2	3	4

4) 인터넷, 나를 잊으시오!

2010년 스페인 네티즌 90명이 인터넷에서 검색되는 자신의 '과거 흔적' 삭제를 위해 구글 유럽지사를 상대로 소송을 내면서 세계적인 주목을 끌었다. 이들 중에는 검색엔진을 통해 자신의 집주소가 검색되는 것에 불만을 품은 가정 폭력의 희생자도 있었고, 대학시절 체포되었던 경력이 지금도 여전히 인터넷에 떠돌아다니는 것이 불공정하다고 생각하는 중년 여성도 있었다. 이에 스페인 정보보호당국(Data Protection Authority)은 2011년 3월 구글에 원고들의 이름을 포함하고 있는 80여 건의 기사를 색인에서 삭제하라는 명령을 내렸는데, 그 근거로 소송인들의 '잊혀질 권리(right to be forgotten)'가 침해되었다고 보았다.[102] 과거로부터 해방되어 현재를 살아갈 자유를 잃어버린 그들은, 간절하게 삭제와 망각을 원하고 있으며, 법은 그에 대한 타당성을 인정한 것이다. 잊히고 싶은 과거가, 이미 대가를 치른 과거가 현재의 나를 죄어오는 또 다른 감옥이 된다는 사실은 충분히 불공정하게 보인다.

우리 헌법 제13조에서도 "모든 국민은 동일한 범죄에 대하여 거듭 처벌받지 아니한다"고 하여 적절하게 처벌받았다면 동일한 사안으로 인해 반복적으로 처벌을 받지 않도록 규정하고 있다. 그리고 범죄를 저지르고 그에 대한 법적·행정적 처벌을 받고 나면 법률에 따라 사면과 복권이 되고

102 2010년 6월 유럽연합집행위원회(EU Commission)는 유럽연합과 미국 기업들이 단일한 전자상거래시장의 신뢰를 구축하면서 시민의 기본권으로서 '잊혀질 권리'가 필요하다고 제안하는데, 이 권리는 2011년 유럽연합 정보보호지침(Data Protection Directive)의 개정에서 개인정보 규제의 일부로서 규범화되었다. 여기서 잊혀질 권리란 "자신의 정보가 더 이상 적법한 목적들을 위해 필요하지 않을 때, 정보 삭제를 요구할 수 있는 개인의 권리"이며 "정보처리가 정보주체의 동의에 기반하고 있을 때, 정보주체는 자신의 동의를 철회하거나 혹은 저장기간이 만료된 경우"에 그 권리를 행사할 수 있다. http://europa.eu/rapid/press-release_SPEECH-10-327_en.htm?locale=en

검색엔진과 SNS가 만나게 되면 상상을 초월할 만큼의 수많은 정보들이 쏟아진다. 당신은 아마도 아주 오래전에 잊어버렸던 혹은 잊어버리고 싶었던 기억들과 생생하게 마주하게 될 것이다.

공문서상의 각종 기록에서도 관련 내용이 삭제된다. 이는 전과자의 경우라도 법적 처벌을 마치거나 피해를 배상한 경우에는 정상적인 사회생활로 복귀할 수 있어야 함을 의미한다. 이는 헌법이 보장하고 있는 인권의 개념과도 부합하는 것이다.

그런데 만약 과거의 가슴 아픈 경험 혹은 한순간 잘못된 판단이나 행동의 결과가 그대로 매일매일 재현된다면 과연 당사자의 입장은 어떨 것인지 상상해보았는가? 더욱이 그 당사자가 바로 당신이라면 어떻겠는가? 디지털 시대의 디지털 정보는 언제 어디서나 검색이 가능하다. 인터넷과 같은 네트워크에 한번 공개된 정보는 영원히 사라지지 않고, 마치 불사조처럼 기사회생한다. 정보유통의 시간적 제약이나 공간적 한계가 사라져버린 지 이미 오래다. 일단 '디지털 주홍글씨(digital scarlet letter)'가 한번 새겨지면 결코 망각됨이 없이 평생, 아니 사후까지도 따라다닌다. 비록 개인의 육신은 사라져도 개인의 디지털 정보는 살아서 끝없이 움직인다. 우리의 정보는 우리의 인생보다 더 오래도록, 더 끈질기게 살아남는다. '디지털 라이프(digital life)'는 영원하다. 바야흐로 죽어도 죽을 수 없는, 결코 죽지 않는 시대가 도래한 것이다.

이러한 시대적인 상황에 발맞추어 2010년 6월 유럽연합(EU)은 인터넷에 일단 올라가면 좀처럼 삭제되지 않는 개인정보에 대한 '잊혀질 권리'[103]를 시민의 기본권으로 제안하였다. 이는 개인정보가 적법한 목적으로 더 이상 취급되지 않거나 필요하지 않는 경우에 정보 당사자가 정보의 삭제를 요구할 수 있는 권리를 의미한다. 결국 타인의 관심에서 멀어져, 사이버 세상에서 검색당하지 않을 권리를 확보해야 함을 의미한다. 이제 언제든지 과거에 구속당할 수 있는 '검색과 기억의 시대'를 지나 자유로운 현재와 미래를 회복할 수 있는 '삭제와 망각의 시대'로 나아가기 위해서 무엇보다도 잊혀질 수 있는 권리가 절실히 필요한 시점이 된 것이다.[104] 때마침 이 시대에 꼭 어울릴 만한 새로운 서비스가 눈길을 끌고 있다. 최근 미국에서 "온라인 인생을 지워드립니다"라는 슬로건을 내세운 '디지털 장의사'가 등장했다.[105]

---

103 원문은 다음을 참조할 것. http://ec.europa.eu/justice/news/consulting_public/0006/com_2010_609_en.pdf

104 자신의 과거가 본인의 허락도 없이 알려지게 된다면 고통스러운 일이 될 수 있다. 설령 자랑할 만한 모범적인 과거도 때로는 현재의 나를 죄어오는 감옥으로 작용할 때가 있다. 더욱 심각한 것은 개인의 정보가 당사자도 알지 못한 채 활발하게 유통되고 있다는 사실이다. 지금 당장 구글 사이트에 접속해서 자신의 정보를 검색해보라. 아마도 당신은 결코 생각하지도 못했던 당신의 정보와 만나게 될 것이다. 다음은 흔히 접할 수 있는 사례 중에 하나다. 부산지역에서 대학을 나온 강○○(27) 씨는 2012년 1월 27일 오전 부산의 한 지역구 국회의원 예비후보 사무실에서 걸려온 전화를 받았다. 4월 총선을 준비 중인 예비후보가 2040세대의 생각을 듣는 자리를 마련하면서 강○○ 씨와 지인들을 초청한 것이다. 강○○ 씨는 대학시절 20대들의 대안언론을 지향한 모임 '고함20'의 부산지역 팀장을 맡았던 경험 때문이라고 짐작했지만, 연락처를 어떻게 알았는지 궁금했다. 낯선 사람들이 기억도 나지 않는 과거에 남긴 연락처와 글을 보고 전화했으리란 것이 꺼림칙해서 혹시나 하는 마음으로 구글링을 해보았다. 결과는 깜짝 놀랄만 했다. 자신의 이름과 지역을 넣어 검색하니 자신의 전화번호가 나왔고 다시 이름과 전화번호를 넣어보니 이제는 집주소가 나왔다. 아마도 언젠가 쇼핑몰에 환불요청을 하면서 남긴 메모가 이런 식으로 당사자의 면전에 등장한 것이다. 특히 구글은 페이지가 저장되는 구조라, 당사자가 올렸던 글을 나중에 지운다고 해도 소용이 없다. 물론 다 지울 수도 없는 일이다.

105 SNS나 인터넷 웹페이지에 남긴 글과 사진을 일괄적으로 삭제해주는 온라인 서비스가 각광

인터넷 공간에서 살아 움직이는 당신의 정보를 묻어버리고 싶은가? 그렇다면 주저 말고 인터넷 장의사에게 문의하시라!

온라인 사이트 '라이프인슈어드닷컴(www.lifeensured.com)'은 인터넷에 남겨진 흔적을 말끔히 지워주는 온라인 상조회사를 표방하고 있다. 이른바 '정보의 장례식'을 통해 개인의 온라인 인생을 마감시켜주는 업체이다. 절차는 비교적 간단하다. 우선 이 사이트에 회원으로 가입해 일정 비용을 지불하고 사후에 자신의 인터넷 계정을 어떻게 처리할지를 유언 형태로 남긴다. 그러다가 해당 회원의 사망신고가 접수되면, 바로 '인터넷 장례절차'에 들어간다. 미리 작성된 유언장을 확인하고 페이스북이나 트위터 등에 올려둔 사진이나 정보를 처리해주는 것은 물론 회원이 다른 사람의 홈페이지에 남긴 댓글까지 일일이 찾아가서 말끔하게 삭제하는 서비스를 제공한다. 게다가 회원이 생전에 가입해둔 사이트를 통해 데이트 신청이라도 오면 "저한테 관심을 보여주신 건 감사하지만 전 이미 천사가 되었답니다"라는 자동응답 서비스도 함께 제공해주고 있다. 이 업체는 앞으로 오프라인 상조회사와 연계해 회원을 늘리는 방안을 검토 중이다.

이러한 신종 서비스가 제공되는 것이 황당해 보이기는 하지만, 다른 한편으로는 시의적절하다는 생각도 든다. 이제 우리는 인터넷 공간에서도 죽음을 처리해주는 서비스가 필요한 시대에 살고 있다.

을 받고 있다. 인터넷에 남긴 흔적을 사후에 대신 지우거나 관리해주는 '디지털 장의사' 서비스 업체로는 '라이프인슈어드닷컴(www.lifeensured.com)', SNS 계정과 함께 정보를 없애주는 '웹2.0자살기계(suicidemachine.org)'와 '세푸쿠(seppukoo.com)' 등이 있다.

2. Bigbrother is watching you!

우리는 인터넷을 통해 수많은 정보를 생산하고 공유하며, 소통하는 시대에 살고 있다. 인터넷은 정보의 접근과 수집을 쉽게 하여 알 권리를 충족시키고 정보 공유의 자유를 마음껏 활용할 수 있는 장(場)이 되고 있다. 특히 언제 어디서든 휴대가 간편한 스마트폰이나 태블릿PC와 같은 모바일 기기의 보급과 더불어 페이스북(Facebook), 트위터(Twitter), 마이스페이스(Myspace), 카카오스토리(KakaoStory) 등 소셜네트워크서비스(Social Network Service, SNS)의 등장은 정보 공유와 의사소통의 장을 무한히 확장시키고 있다. 이제 단순히 자신의 글을 보여주거나 소비하던 시절을 지나 서로 가진 것들을 공유하고 연결하여 유대 관계를 유지하면서, 새롭게 형성되는 관계망을 지속적으로 넓혀가고 있다. 이때 정보 공유는 이전과는 다른 방식으로도 이루어지는데, 특히 모바일과 연계된 위치기반서비스(Location Based Services, LBS)를 통해 특정 장소에서 특정 행동에 대한 정보로 기록되기도 한다. 예를 들어 페이스북은 LBS를 활용하여 페이스북 친구들끼리 위치를 공유할 수 있는 '플레이스(Place)'라는 기능을 제공하고 있다.[106] 트위터 역시 실제 장소를 표시할 수 있고, 특정 장소에 관한 글만 따로 모아 보여줄 수 있으며, '영화 보는 중'·'식사 중'과 같이 자신의 현재 상태를 남길 수 있는 '관심사(Point of Interest)'라는 서비스를 제공하고 있다.

이처럼 SNS 환경에서는 기존의 방식과는 다른 차원으로 정보가 공개·

---

106 뉴스피드(News Feed) 역시 페이스북의 주요 기능 중 하나다. 페이스북 이용자가 개인 설정에 맞춰 등록한 친구들과 그룹이 최근에 어떤 활동을 했는지에 대해 이용자가 로그인을 할 때마다 그 내역을 전송해주는 서비스다. 즉 나의 친구가 페이스북에서 무엇을 했는지 나에게 시시때때로 알려주는 기능이 바로 뉴스피드다.

유통되고 있다. 서비스 이용을 위해 그동안 1회적으로 자신의 정보를 제공하던 차원을 넘어서, 이제 많은 사람들이 자발적이고 지속적으로 자신의 정보나 사생활을 공개하면서 새로운 사회관계를 형성해 나간다.[107] 이때 공개된 개인정보는 자연스럽게 축적되어 종합적이고 포괄적인 개인의 기록으로 남는다. 이렇게 축적된 정보들은 네트워크를 통해 친구의 친구를 거쳐 다른 사람들에게 추천 · 전달되어 공유되면서 전혀 모르는 타인들에게까지 노출되고 있다. 또한 구글이나 야후 등과 같은 검색엔진을 통해 개인정보를 취득할 분명한 목적이 없음에도 불구하고 다른 서비스의 이용과정에서 파편적으로 흩어져 있던 특정 개인 관련 정보들이 취합되어 프라이버시를 침해하는 경우도 흔해졌다.

2005년 10월 미국의 유력 일간지 《뉴욕타임스(*The New York Times*)》에 2084년 구글의 가상 홈페이지가 소개되었다. 신문은 G. 오웰의 소설 『1984』에서 착안하여 전 세계 최대 검색 포털인 구글을 미래 전자감시사회의 상징으로 삼았다. 물론 지금의 구글 검색엔진 기능 역시 우리의 '상식'을 초월하는 수준이지만,[108] 미래의 기능은 가히 우리의 '상상'을 초월한다. 따라서 바로 지금, 이 시대야말로 프라이버시 보호에 관한 논의가 그 어느 때보다 절실한 시점이라고 할 수 있다.

---

107 SNS의 정의에서도 확인할 수 있듯이, 자신의 취향이나 활동을 타인과 공유하면서 온라인 사회관계의 형성에 중점을 둔 서비스이다. 무엇보다도 자신과 관련된 다양한 정보들을 지속적으로 업데이트함으로써 타인과의 원활한 관계를 형성해 나간다. 따라서 SNS 사용의 구체적인 동기를 살펴보면, 자아의 확인이나 사회적 관계의 형성 및 심화, 그리고 자신의 사회적 지위를 형성하는 것으로 설명할 수 있다.

108 예를 들어 구글은 몇 년 동안 사용자가 검색한 질의와 클릭한 응답의 기록들을 보관한다. 이 기록들을 IP주소 등과 결합시키면 그 검색을 한 사람이 누구인지 쉽게 확인할 수 있다. 그뿐만 아니라 개인 각각이 언제 무엇을 검색했으며, 어떤 검색 결과에 대해 클릭을 했는지에 대해서도 알 수 있다. 오래전에 망각하고 지워버린 사소한 일들까지 구글은 언제든지 들추어낼 수 있다고 하니, 그 기능이 놀라울 뿐이다.

1) '진화'하는 프라이버시

흔히 '사생활'이나 '집안의 사적인 일'을 뜻하는 프라이버시(privacy)는 '사람의 눈을 피하다'는 의미의 라틴어 'privatue'에서 유래한 말로, 그동안의 많은 논의에도 불구하고 일괄적으로 통일된 개념으로 정의하기가 쉽지 않다. 프라이버시는 역사와 경험의 산물이기 때문이다. 이는 시대와 장소에 따라 그 의미가 변화되어왔고, 특히 다양한 사람이 다양한 환경에서 다른 개념과 내용으로 사용해왔다는 뜻이다. 그렇지만 그동안 사회적 · 문화적으로 프라이버시가 등장한 배경을 살펴보면, 프라이버시를 이해하는 데 좀 더 도움이 될 것이다. 왜냐하면 프라이버시는 초월적 진리나 보편규범의 내용을 담고 있기보다는 어느 시대에건 그 시대에 맞는 프라이버시를 필요로 하는 현실의 요구가 숨어 있기 때문이다. 즉 프라이버시의 개념은 그 개념이 만들어졌던, 또는 그것이 두드러졌던 특수하고 구체적인 사회적 맥락에 담겨 있다. 그런데 시간이 흘러 사회가 변하면서 그 맥락은 점차로 사라지고, 새로운 맥락이 등장하게 된다. 바로 그럴 때마다 새로운 현실의 화답으로 새로운 내용의 프라이버시가 출현한다. 그리고 지금도 프라이버시는 계속적으로 '진화' 중에 있다.

독자적인 권리로서 프라이버시에 대한 최초의 논의는 1890년 S. 워렌(Samual D. Warren)과 L. 브랜다이스(Louis D. Brandeis)가 발표한 「프라이버시권(The Right to Privacy)」이라는 논문으로 거슬러 올라간다. 그들은 "혼자 있을 권리(Right to be let alone)"를 프라이버시권으로 소개하면서, 이를 새로운 유형의 권리로 인정해야 한다고 주장했다. 논문이 발표된 19세기 말 미국에서는 신문이 대중화되고, 보급형 사진기가 등장하면서 새로운 유형의 불법행위가 횡행하였다. 특히 독자들의 시선을 끌기 위해서 호기심을 자극하는 범죄나 사건들 그리고 성적 추문 등 갖가지 흥미 위주의

과도한 취재 열기와 무분별한 보도 경쟁으로 '옐로저널리즘'이 극성을 부리던 19세기 말 미국에서는 개인의 사적영역과 공적영역의 경계가 허물어지면서 프라이버시권을 요구하는 목소리가 높아졌다.

선정적인 기사들이 과도하게 취재 · 보도되는 이른바 '옐로저널리즘(yellow journalism, 황색언론)'이 극성을 부리고 있었다. 이로 인해 개인이나 그 가족들의 사생활이 무분별하게 폭로되면서 이를 보호하기 위한 법적 권리나 구제 장치가 절실히 필요해졌다.[109]

"제발 날 좀 가만히 내버려 둬!"라는 표어로 상징되는 혼자 있을 권리를 요구하는 목소리가 차츰 이 시기에 거세지기 시작하였다. 여기서 혼자 있을 권리란 우선 사적 '공간'의 보호를 의미한다. 즉 개인이 일정한 물리적 공간 내에서 자신의 의사에 반하는 부당한 침해나 공개를 당하지 않고, 홀로 자유롭게 있을 영역을 보호받을 수 있는 새롭고 독자적 권리를 말한다. 그런데 이러한 공간적 의미를 강조하는 프라이버시권은 단순히 개인의 사

109 워렌과 브랜다이스가 이 논문을 쓰게 된 배경도 바로 '옐로저널리즘' 때문이었다. 그 당시 변호사였던 워렌은 보스턴에 살고 있었는데, 어느 날 그의 부인(그녀는 주 상원의원의 딸이기도 했다)이 지인들을 위한 파티를 열었다. 그런데 그 파티에서 있었던 아주 사적인 일들이 보스턴 신문과 잡지에 기사화되면서 워렌이 곤란을 겪게 되었다고 한다. 이 사건을 계기로 워렌은 옐로저널리즘에 의한 개인의 사생활과 가정생활의 무분별한 폭로에서 개인을 보호하는 권리를 주장하기 위하여 같은 법률사무소에 근무하던 변호사 브랜다이스와 함께 프라이버시권에 관한 논문을 집필하게 된 것이다.

적인 방, 물리적 공간을 보장한다는 의미만은 아니다. 오히려 그것은 외부의 간섭 없이 오로지 그 안에서만 자유로울 수 있는, 그래서 그 안에서 이루어지는 자신만의 자유로운 삶의 형식을 스스로 구성해 나갈 수 있는 기회를 보장받는다는 의미에 더 가깝다.

그러다 민권운동(civil right movement)이 한창이던 1960년대 중반부터 사생활에 관한 '의사결정의 프라이버시(decisional privacy)'가 주목받기 시작하였다.[110] 특히 1973년 미 연방대법원은 이른바 '로 대 웨이드(Roe vs. Wade)'[111]로 명명된 사건에서 프라이버시권을 헌법상 중대한 권리로 인정하고, 여성의 낙태를 일률적으로 금지하는 법률은 위헌이라고 판시하였다.

텍사스 주 구석구석을 떠도는 순회서커스단의 매표원 로(Roe)[112]는 어느 날 동네 불량배들에게 납치되어 윤간을 당하고 덜컥 임신까지 한 처지가 되었다. 로는 임신을 원하지 않았기에 임신중절을 위해 병원을 찾았다. 그러나 낙태를 금하고 있던 그 당시 텍사스 주법에 따라 의사는 수술을 거부했고, 결국 그녀는 낙태를 전면 금지하는 주법에 대한 위헌소송을 제기한다. 이 소송은 미 연방대법원까지 이어지고, 마침내 1973년 1월 22일 대법원 판사 9명은 이 법률에 대한 위헌 판결을 내린다. 헌법상의 기본권인 프라이버시권은 임신한 여성이 자신의 임신 상태를 중단할지 여부를 선택

110 1965년 미국 연방대법원은 '그리스월드 대 코네티컷(Griswold vs. Connecticut)' 사건에서 피임약의 사용을 금지한 코네티컷 주 법을 위헌이라고 판시하면서 그 논거로 프라이버시 침해를 들었다. 이때 자기결정권을 프라이버시권으로 설명하였다. 그러나 본문에서는 이 판결보다는 좀 더 대중적으로 알려져 있고, 프라이버시권을 헌법상 중대한 권리로 인정한 '로 대 웨이드' 판결 사례를 중심으로 살펴볼 것이다.

111 낙태권 확보를 위해 위헌소송을 제기한 원고 J. 로(Jane Roe)의 피고소인으로 당시 댈러스 지방검사인 H. 웨이드(Henry Wade)가 선정되었다. 그래서 소송이나 판결의 명칭이 '로 대 웨이드(Roe vs. Wade)'가 된 것이다.

112 원래 그녀의 이름은 N. 맥코비(Norma McCorby)였지만, 신변 보호를 위해 재판에서는 가명인 로를 사용했다.

"All the News That's Fit to Print"

The New York Times

LATE CITY EDITION

NEW YORK, TUESDAY, JANUARY 23, 1973

LYNDON JOHNSON, 36TH PRESIDENT, IS DEAD; WAS ARCHITECT OF 'GREAT SOCIETY' PROGRAM

High Court Rules Abortions Legal the First 3 Months

State Bans Ruled Out Until Last 10 Weeks

National Guidelines Set by 7-to-2 Vote

Cardinals Shocked —Reaction Mixed

3.7 MILLION CARS RECALLED BY G.M. TO CORRECT FLAW

KISSINGER IN PARIS; CEREMONIAL SITE CHOSEN FOR TALKS

NATION IS SHOCKED

Citizens Join Leaders in Voicing Sorrow and Paying Tribute

STRICKEN AT HOME

Apparent Heart Attack Comes as Country Mourns Truman

1973년 1월 22일 연방대법원 판사 9명은 낙태를 전면 금지하는 법에 대해 (7명의 찬성으로) 위헌 판결을 내렸다. 마침 L. 존슨(Lyndon Baines Johnson, 1908~1973) 미 대통령이 사망한 날 낙태 허용 판결이 《뉴욕타임스》에 보도되었다.

할 수 있는 권리를 포함한다고 판시하면서 연방대법원은 로의 손을 들어주었다. 이 판결에 따라서 그 다음 날인 1월 23일부터 임신중절은 합법화되었고 나머지 주 대부분에서도 법률 적용에 따라서 임신중절이 가능하게 되었다.[113][114]

비로소 프라이버시에 관한 헌법적 권리는 피임, 낙태, 출산과 같은 생식의 자율과 자녀양육이나 결혼, 이혼, 가족관계 등과 같은 사적인 생활양식

---

113 물론 임신한 여성의 프라이버시권이 무조건 절대적인 것은 아니다. 임신 '첫 3개월' 동안은 여성의 프라이버시권이 우세하지만, 임신 4개월부터 6개월까지의 석 달 동안은 의사와 상의하여 낙태할 것인가의 여부를 결정할 수 있다. 그리고 임신 마지막 석 달인 7개월에서부터 9개월까지는 일반적으로 태아가 몸 밖으로 나와도 사실상 생존능력을 가질 수 있는 시기이므로 잠재적 생명의 보호차원에서 임신한 여성의 생명을 구하기 위한 조처가 아니라면, 모든 유형의 낙태를 규제하거나 금지할 수 있다. 그런데 그 당시 텍사스 주법은 임신 초기 단계에서의 낙태와 그 후 단계에서의 낙태를 구분하지 않고 전 시기에 걸쳐 규제하고 있었기 때문에 위헌이라는 판결이 내려진 것이다.

114 맥코비는 1973년의 위헌소송은 자신을 둘러싼 여권 운동가들의 말에 현혹되어 내린 잘못된 판단이었다고 1997년에 양심선언을 하였다. 그 당시 성폭행을 당했다고 주장한 것도 그녀의 두 페미니스트 변호사가 시킨 거짓말이었다고 증언했다. 두 아이를 이미 출산했던 그녀는 남편과 헤어진 뒤, 다른 남성과의 관계에서 또다시 임신된 아이를 원하지 않았고, 결국 재판에 나서게 된 것이었다. 소송 기간 중 임신 말기가 된 그녀는 결국 아이를 출산하여 입양을 보냈다고 한다. 모든 진실을 밝힌 이후 그녀는 임신중절을 반대하는 활동에 앞장서게 된다. 2003년에는 1973년 판결을 재심해 달라는 청구를 주 법원에 제출하기도 했다.

등에 관해 개인적인 결정을 할 수 있는 선택권으로 받아들여졌다. 이제 프라이버시는 개인이 국가나 타인의 간섭을 받지 않고 자신의 삶의 양식을 스스로 선택할 수 있는 자율권의 보장으로서 이해되고 있다(결정프라이버시). 이는 이전의 다소 수동적이고 방어적이던 프라이버시(공간프라이버시)에 비해 보다 적극적인 개념으로 프라이버시권이 확장되었다고 할 수 있다.

한편 컴퓨터의 일상적인 보급과 정보통신기술의 비약적인 발전에 힘입은 현대사회에서 우리는 전혀 새로운 유형의 위험에 직면해 있다. 인터넷 사용의 보편화로 인해 디지털화된 개인정보가 빠르게 유통·확산됨에 따라 개인은 단순히 정보를 수용하는 '객체'로 전락하는가 하면, 개인정보의 유출 및 오·남용의 사례가 급증하는 등의 심각한 사회문제가 등장하였다. 이에 타인으로부터 자신과 자신의 정보를 지키고 무엇보다도 주체적이고 자율적으로 행동할 수 있도록 개인정보 전반에 대한 권리가 강화될 필요성이 대두되었다. 결국 지식정보사회의 양적 성장 및 질적 성숙은 '자기에 관한 정보를 통제할 수 있는 권리'로서의 '정보프라이버시'의 등장을 재촉하였다.[115] 이는 개인이 자기에 관한 정보를 언제, 어떻게, 그리고 어느 범위까지 타인에게 제공할 것인가를 결정할 수 있는, 즉 자신의 개인정보가 전파되고 이용되는 방식을 제어할 수 있는 권리를 의미한다. 더 나아가 타인이 보유하고 있는 자신의 정보에 대해 열람·삭제·정정·차단할 수 있고, 잘못된 정보로 야기된 결과를 제거함으로써 자기 정보에 대해 일정한 수준의 통제권을 확보할 수 있는 권리다. 이제는 개인정보에 대한 자기결정권이나 통제권의 보장 여부가 프라이버시를 보호하는 데 가장 중요한 기준으로 인식되고 있다.

115 그동안 사회 전반적으로 공공부문과 민간부문을 망라한 일반법으로서 '개인정보보호법' 제정의 요구가 활발히 제기되었고, 마침내 2011년 3월 29일 개인정보보호법이 제정(2011.09.30시행)되었다.

인터넷 공간에서는 정보로 존재하는, 즉 나에 대한 평판, 선입견, 취향, 사진, 이야기 등과 같은 정보 자체가 나 자신의 정체성을 구성하는 중요한 요소다. 이때 나라는 자아는 정보를 통해 확인되고, 그 정보를 통해 타인에게 어떠한 인상을 전해주며 그리고 그러한 정보를 통해 타인과의 친밀감과 동질감을 형성하게 된다. 그런데 이처럼 중요한 나와 관련된 정보들이 나의 주체적 의지나 결정과는 상관없이 혹은 내가 알지 못하는 사이에 잘못된 내용을 담아 독자적으로 생산 · 유통되어 소비되는 경우가 비일비재하다.

이처럼 프라이버시의 개념은 시대적 변화에 대한 사람들의 사고방식과 행동양식에 따라 그 의미와 강조점이 조금씩 다르게 논의되었다. 그것은 사회적 · 문화적 변화를 적극 수용하면서 형성되었다고 할 수 있다. 소극적으로는 사생활의 평온을 침해받지 않고 개인의 비밀을 함부로 공개당하지 않을 권리에서 사생활에 관한 의사결정권을 거쳐, 보다 적극적이고 능동적으로 자신의 정보에 대한 주체자로서 행동할 수 있는 권리를 포함하게 되었다.

그런데 이처럼 시대적 변화를 잘 포착하면서, 구체적인 사회적 맥락을 따라 진화해온 프라이버시는 근본적으로 개인에서 출발해 개인의 자유로 귀환한다. 모든 개인은 삶의 존엄을 가지며 외부의 구속이나 제약을 받지 않고 자신의 삶을 스스로 선택하고 영위할 수 있는 자유의 권리를 가진다. 이때 프라이버시는 공적 영역과의 관계에서 개인의 존엄과 가치를 구현하고 자유로운 인격 형성 및 성장을 위한 장을 마련해준다.[116] 즉 프라이버시

116 개인정보보호법 제 1조에 따르면, 이 법은 "국민의 권리와 이익 증진"과 나아가 "개인의 존

는 이 같은 자유를 가능하게 하는 조건이고, 자유를 실현시켜주는 영역이다. 따라서 프라이버시가 없으면 자유도 없다. 그리고 프라이버시가 보호되지 않는 곳에서는 친밀한 인간적 관계나 상호 존중의 인격적 관계 형성도 불가능하다(이진우, 2009: 13~16, 243). 요컨대 프라이버시의 종말은 자유의 구속이고, 인간관계의 상실이다. 그것은 자유롭게 자신의 목표를 추구하는 삶을 끊임없이 방해하고 친밀한 사회관계를 위한 보호막을 걷어낼 것이다. 생각해보라. 나의 개인정보나 사생활 혹은 나의 일거수일투족을 꿰뚫는, 그러나 결코 나에게는 드러나지 않는 감시와 억압의 구조 속에 갇혀버린 나라는 존재를! 그런 나는 자동적으로 굴종의 '권력관계'에 매일 것이고, 이는 쇠사슬에 묶인 노예의 삶과 무엇이 다르겠는지를![117] 도대체 그러한 삶 속에 나의 존엄과 인격이, 그리고 자유로운 행위가 어떻게 가능할 수 있겠는가.

엄과 가치 구현"을 목적으로 한다고 명시되어 있다. http://www.privacy.go.kr/inf/pol/ruleList.do

117 1강에서 소개한 영화 〈이글 아이〉의 주인공 제리를 떠올려보라!

개념 읽기 11 옐로저널리즘

옐로저널리즘(yellow journalism)이란 독자의 시선을 끌기 위해 호기심을 자극하는 범죄, 괴기 사건, 성적 추문 등을 과대하게 취재 · 보도하는 신문을 말한다. 신문이 산업화되던 19세기 말, 미국 언론인의 표상 J. 퓰리처(Joseph Pulitzer, 1847~1911)가 운영하던 《뉴욕월드(*New York World*)》는 그의 일생의 라이벌이던 언론재벌 W. 허스트(William Randolph Hearst I, 1863~1951)의 《뉴욕저널(*New York Journal*)》과 유례가 없는 '만화 전쟁'을 벌인다. 특히 《뉴욕저널》의 사장 허스트는 막대한 자본을 바탕으로 뉴욕 신문시장에 진출해 매우 공격적으로 사업을 벌였는데 독자를 늘리기 위해 신문가격을 1센트로 내리는가 하면, 퓰리처가 운영하는 《뉴욕월드》의 인재들을 무차별하게 스카우트함으로써 두 신문사의 경쟁을 심화시켜 나갔다. 갈등의 최고조는 바로 《뉴욕월드》의 최고 인기 만화가인 R. 아웃코트(Richard F. Outcault)를 스카우트하고 그의 만화 캐릭터인 '옐로우 키드(Yellow Kid)'까지 가져오면서 시작되었다. 이로 인해 '옐로우 키드'는 《뉴욕월드》가 아닌 《뉴욕저널》의 일요증보판 신문인 《아메리칸 유머리스트(*The America Humorist*)》에 연재된다. 그러자 퓰리처는 만화가 G. 럭스(George B. Luks)를 기용해 '옐로우 키드'를 계속 연재한다. 같은 만화가 두 명의 작가에 의해 두 개의 신문에 동시에 연재되는 상황이 연출된 것이다. 그러자 허스트는 럭스마저 스카우트를 해버린다. 이런 무자비한 전략으로 허스트는 뉴욕 진출 2년이 채 되기 전에 퓰리처를 판매부수에서 앞서게 된다.

이 사건을 두고 《뉴욕프레스(*New York Press*)》의 언론인 E. 워드먼(Ervin Wardman)은 옐로저널리즘이라는 말을 붙였다. 초기에는 기사의 선정성 경쟁보다는 신문 판매를 위한 마구잡이 경쟁과 인기영합 정책을 일삼는 언론사 행태를 빗대어 사용되었다. 이후 옐로프레스(yellow press) 또는 옐로페이퍼(yellow paper)라 일컬어지면서 인기 영합적이거나 선정적인 신문을 가리키는 용어가 되었다.

2) 파놉티콘과 빅브라더

파놉티콘(panopticon)은 그리스어의 '모두'를 뜻하는 'pan(all)'과 '본다'를 뜻하는 'opticon(seeing, vision)'을 합성한 말로서, 영국의 철학자 J. 벤담(Jeremy Bentham, 1748~1832)이 1791년 죄수를 효과적으로 감시하고 교화할 수 있는 시설로 설계한 원형감옥을 지칭한다.[118]

이 감옥은 중앙의 원형 공간에 높은 감시탑을 세우고 그 바깥의 원 둘레를 따라 죄수들의 방이 있는데, 이때 중앙의 감시탑은 항상 어두운 데 반해 죄수들의 방은 항상 밝게 유지하도록 고안되었다. 이는 중앙에서 감시하는 감시자의 시선이 어디로 향하는지, 혹은 감시자가 자신들을 감시하고 있는지를 죄수들은 알 수 없는 데 반해, 감시자는 죄수들의 일거수일투족을 낱낱이 포착하기 위한 조치였다. 파놉티콘에 수감된 죄수들은 보이지 않는 곳에서 항상 자신들을 감시하고 있을 감시자의 시선 때문에 결코 규율에 벗어나는 행동을 하지 못한다. 그러다가 점차로 규율과 감시의 시선을 '내면화'함으로써 감시자의 감시가 아니라 죄수 스스로가 '자발적'으로 자신을 감시함으로써, 결국 그 감시에 복종하게 된다는 것이 바로 벤담의 생각이었다. 이는 '최대다수의 최대행복'이라는 슬로건을 내걸었던 공리

118 벤담이 제안한 파놉티콘은 감옥의 운영자가 국가와 계약을 체결하는 사설 감옥이었고, 죄수의 노동에 의해 유지되면서 "건달을 정직하게, 게으른 자를 근면하게 만드는 공장"이었다. 파놉티콘의 운영자는 죄수 한 명당 12파운드의 정부 보조금을 지급받고, 죄수가 노동을 해서 생산한 재화의 대부분을 차지할 권리가 있었다. 대신 파놉티콘의 운영자는 죄수가 평균 사망률보다 높은 비율로 사망할 경우에 한 명당 5파운드의 벌금을 물어야 했으므로 죄수의 건강은 파놉티콘의 운영자에게도 중요했다. 벤담은 파놉티콘의 운영자가 될 야심을 가지고 있었고, 이를 이루기 위해 약 20여 년간 온갖 노력을 아끼지 않았다. 그렇지만 계약으로 운영되는 사설 감옥, 죄수의 노동에 의존하는 공장형 감옥인 파놉티콘은 당시 영국의 개혁세력 일부가 추진하던 공공 감옥, 격리식 감옥과는 정반대였다. 이런 이유 때문에 벤담의 새로운 개혁의 시도에도 불구하고 1811년 영국 정부에 의해 파놉티콘은 최종적으로 거부된다(홍성욱, 2002: 31~49).

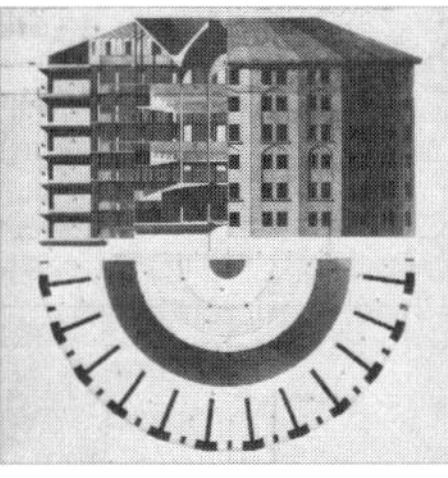

벤담은 1791년 출간된 동명의 책에서 처음으로 파놉티콘을 소개하였다. 파놉티콘의 가장 큰 차별성은 바로 '시선의 비대칭성'이다. 죄수는 보이지 않는 간수에게 자신의 일상을 일방적으로 고스란히 다 드러내놓을 수밖에 없었다.

주의자답게 최소한의 노력으로 최대의 효과를 누릴 수 있는 통제시스템이었다. 물론 감옥을 위해 파놉티콘을 설계했지만 벤담은 이를 학교와 병원, 공장 등에도 활용할 수 있다고 강조했다.[119] 이처럼 사회 전반적인 통제와 규율의 원리로 확산될 수 있는 파놉티콘에 대한 벤담의 예언은 마침내 영국의 작가 G. 오웰의 암울한 미래 소설 『1984』에서 실현된다.

주인공 윈스턴 스미스(Winston Smith)는 끊임없는 '빅브라더(Big Brother)'의 감시 속에서 살아간다. 도처에 설치되어 있는 텔레스크린은 사람들의 일거수일투족을 철저히 감시한다. 결코 전원을 끌 수 없는 텔레스크린을 통해서 명령이 일일이 하달되고, 만약 그 명령을 바로 따르지 않을 시에는 곧바로 경고를 보내기도 한다. 간혹 텔레스크린을 설치할 수 없는 그런 장소에는 소리로 감시하기 위한 마이크로폰이 설치되기도 한다. 이처럼 철두철미하게 감시하는 텔레스크린은 심지어 시민의 안방까지 차지하고 있어,

---

119 벤담은 자신이 고안한 파놉티콘을 어떤 종류의 기관이라도 예외 없이 적용할 수 있다고 생각했다. 예를 들면 선도 불가능한 사람들을 벌주는 곳이건, 정신병자를 가두는 곳이건, 악인을 교화하는 곳이건, 게으름뱅이를 고용하는 곳이건, 의지할 데 없는 사람들을 부양하는 곳이건, 병자를 간호하는 곳이건, 산업 분야에서 자발적인 사람들을 교육하는 곳이건, 혹은 학습의 과정에서 새로운 세대를 훈련시키는 곳이건 그 시설들의 설립 목적과는 상관없이 벤담은 파놉티콘의 적용이 가능하다고 보았다.

오늘날 우리는 오웰이 예언했던 그 세상을 살아가고 있다. 그런데 매순간 빅브라더를 의식해야만 했던, 그래서 자신의 말과 행동을 스스로 통제할 수밖에 없었던 오웰의 세상 속 시민들과는 달리, 우리는 빅브라더를 크게 의식하지 못한 채 하루하루를 살아가고 있다.

잠자리에 들 때까지도 빅브라더의 시선을 벗어날 길이 없다. "잠자고 있건 깨어 있건, 일하건 쉬건, 욕실에 있건, 침대에 있건" 텔레스크린의 시선에서 결코 벗어날 수 없는 모든 시민은 철저히 통제되고 감시되는 원형감옥 속 죄수의 삶을 살아간다.

이렇듯 파놉티콘은 감옥뿐만 아니라 학교나 다른 사회의 기관에서도 얼마든지 응용될 수 있음을 소설은 분명히 보여주고 있다. 그런데 그처럼 암울한『1984』속 세상이 이미 우리 사회에서 재현되고 있는 듯하다. 왜 그러하냐고? 하던 일을 잠시만 멈추고 지금 당장 시선을 돌려봐라. 도처에 존재하는 CCTV, 인터넷상의 로그인 기록, 이메일 전송 내역, 핸드폰 통화 내용, 신용카드 결제 내역, 은행이나 병원 기록 등 현대사회에서 당신의 삶은 모든 영역에서 관찰되어 기록되고 있다.

당신은 기차나 비행기 표를 인터넷으로 예약·구매하고, 지하철이나 버스로 이동할 때는 후불교통카드를 사용하며, 때로는 하이패스를 이용해서 톨게이트를 통과한다. 물론 당신이 지나온 흔적들은 이미 고스란히 기록·저장되고 있다. 어디 그뿐인가. 책을 사러 굳이 서점에 갈 필요 없이 몇 번의 클릭만으로 원하는 책을 구입하고, 식당에서 밥을 먹고 신용카드로 결제한다. 백화점에 들르지 않고서도 신상품 쇼핑은 이미 끝냈다. 그리고 혼자만의 비밀을 기록하는 일기처럼, 가까운 친구에게 보내는 편지처럼 매번 자신의 일상을 페이스북에 남긴다. 그렇게 기록되고 저장된 우리의 정보들은 인터넷 공간에서 종횡무진 떠돌아다니다가 야후나 구글 등의 검색엔진과 만나게 되는 그 순간, 놀라운 일들이 벌어진다. 우리는 이미 오래전에 잊었던 기억들, 혹은 두 번 다시 떠올리고 싶지 않았던 기억들과 뜻하지 않게 마주하게 될 것이며 앞으로 얼마나 더 많은 과거들이 드러날지 짐작조차 할 수 없다. 그곳에는 우리가 기억할 수 있는 것보다 훨씬 더 많은 것들이, 더 사소한 것들까지도 낱낱이 저장되어 있기 때문이다.[120] 문제는 이뿐만이 아니다. 조각조각 흩어진 정보들이 빠르게 연결되고 통합됨으로써 나의 정체성이나 인격적인 특성마저 타인의 편의대로 재구성할 수 있다. 현실의 나와는 별도로 소셜네트워크서비스용 인격이 따로 존재하게 되는 셈이다. 그런데 이러한 위협은 끝나는 법이 없다. 공간의 광역성이나 시간

120 최근 SNS와 검색엔진 사이트들의 확산 및 활성화는 인터넷 공간이 마치 개인정보를 기계적으로 생산해내는 공장과 같은 역할을 하는 듯 보인다. 특히 '네티즌 수사대'라는 별칭으로 불릴 만큼 뛰어난 검색 실력을 발휘하는 우리나라 네티즌 사이에서 유행하는 '신상털기'는 이제 인터넷 공간에서 하나의 '문화'나 '놀이'로 자리 잡아가는 실정이다. 그동안 '루저녀', '지하철 막말남', '지하철 반말녀', 'ㅇㅇ대 패륜녀', '하이힐 폭행녀', '개똥녀' 등 인터넷에서 '몰염치한 행동'이나 '망언'의 주인공이 되어 공개되면, 즉각 네티즌 수사대의 신상털기의 표적이 되곤 했다. 순식간에 당사자의 개인정보뿐만 아니라 그들의 가족이나 친구들까지 곤경에 빠지게 되는 경우까지 종종 있어 왔다. 그뿐만 아니라 동영상과 전혀 상관없는 선량한 사람들의 개인정보가 공개되어 큰 피해를 입은 경우도 있었다. 그런데 이런 무분별한 신상털기가 하나의 범죄행위나 문제행위로 인식되기보다는 '사회적으로 비난받아 마땅한 사람들에 대해 네티즌들이 내리는 정당한 처벌'로 인식되고 있다는 사실이다. 그리고 이러한 신상털기는 새로운 사건의 주인공이 등장할 때마다 이전에 잊혔던 주인공들이 새롭게 재등장하기도 한다. 이처럼 디지털화된 개인정보는 검색엔진을 통한 '글로벌 디지털 네트워크'를 따라 작동함으로써 우리는 결코 과거로부터 도피할 수 없게 되었다. 망각의 능력을 망각한 시대이기 때문이다.

의 제약성은 더 이상 그 어떤 방해요소도 되지 않기 때문이다.[121]

여기서 한 걸음 더 나아가 최근에는 스마트폰을 매개로 수집된 개인정보를 분석해서 개인의 가까운 미래 행동 등을 예측하는 시스템마저 개발되었다고 한다. 미국의 아마존이 확보한 이 특허 기술은 휴대폰 소유자의 위치를 추적한 결과를 분석해서 그가 가까운 시간에 어디로 이동할지를 추정해낸다고 알려졌다. 이처럼 비약적으로 진화하는 정보검색기술의 발전 경향이나 속도를 감안해볼 때, 머지않아 내 과거와 현재 그리고 미래는 물론이고 내 머릿속 생각까지 누군가에게 낱낱이 검색될 수 있는 그런 시대가 도래하는 듯하다. 물론 더욱 강력해진 '빅브라더'의 화려한 등장과 함께.

121 시선의 비대칭으로 스스로 감시와 복종을 내면화할 수밖에 없었던 200여 년 전 벤담의 통제 시스템인 '공간'의 파놉티콘이 오늘날 '시간'의 파놉티콘으로 다시 부활하였다. 그 당시 벤담은 죄수들의 효율적인 통제를 위한 원형감옥으로서 파놉티콘을 설계했지만 이를 학교와 병원, 공장 등에도 적용할 수 있다고 강조하였다. 그런데 벤담의 예언이 오웰의 검증을 통해 이미 우리의 세상에서 재현되고 있다. 벤담이나 오웰이 예언했던, 공간을 초월한 감시에서 시간적으로 확장된 영원불멸의 감시로 진화되었다는 점에서 더욱 완벽(?)해졌다.

인물 읽기 8 조지 오웰

20세기 영어권의 가장 중요한 작가이자 저널리스트로 손꼽히는 **G. 오웰**(George Orwell, 1903~1950)의 본명은 에릭 아서 블레어(Eric Arthur Blair)다. 그는 인도 아편국 관리였던 아버지의 근무지인 인도 북동부 모타하리에서 태어났다. 영국 명문 기숙학교인 세인트 예비학교와 이튼 스쿨을 졸업한 오웰은 영국의 경찰간부로서 식민지 버마(미얀마)에서 근무한다(1922~1927). 그러나 5년간의 식민 관료 생활을 하는 동안에 인간이 인간을 지배하는 것에 대한 깊은 자기혐오에 빠지게 되면서 식민지 경찰관으로서의 자신의 역할에 깊은 회의를 느낀다. 결국 그는 어린 시절 꿈이었던 작가가 되기 위해 유럽으로 돌아온다.

자발적으로 파리와 런던의 하층 계급의 세계에 뛰어들어 생활하면서 그 체험을 바탕으로 한 르포 『파리와 런던의 밑바닥 생활』(1933)을 발표하고, 1936년에는 잉글랜드 북부 탄광촌을 취재하여 탄광 노동자의 생활을 담은 『위건 부두로 가는 길』(1937)을 펴낸다. 생전에 11권(소설 6권, 르포 3권, 에세이집 2권)의 책과 예리한 통찰과 특유한 유머, 그리고 통쾌한 독설이 번뜩이는 수백 편의 길고 짧은 에세이를 남겼다. 말년에 쓴 『동물농장』(1945)과 『1984』(1948)로 20세기를 대표하는 세계적인 작가로 이름을 남긴다. 특히 자신의 마지막 소설인 『1984』는 그의 유명세를 한층 끌어올리는 역할을 하였다.

이 소설은 3대 강국 오세아니아(Oceania), 유라시아(Eurasia), 동아시아(East Asia)에 의해 세계가 지배되는 가상적 미래를 그리고 있다. 이들은 필요에 따라 동맹을 맺기도 하지만 또 언제든 적이 되어 전쟁을 벌이기도 한다. 전체주의 독재체제로 유지되는 이 세계에서 전쟁은 국민을 마음대로 통제하고 권력을 유지하는 유용한 수단으로 활용된다.

주인공 영국인 윈스턴 스미스는 오세아니아의 소수당 당원이다. 진리와 예의범절을 갈망하는 그는, 의도적인 목적에 끼워 맞추기 위해 계속해서 역사를 다시 서술하고 구조적으로 진실을 왜곡하여 지배를 영속화하는 정부에 대항해 비밀리에 체제 전복을 꾀한다. 그 과정에서 그는 자신과 비슷한 생각을 가진 여인과 사랑에 빠지기도 하지만 결국 '사상경찰'에 의해 둘 다 체포되고 만다. 계속되는 투옥 · 고문 · 재교육은 그를 육체적으로 파괴하거나 굴복시킬 뿐만 아니라 자주적인 정신적 실체와 영혼의 존엄성까지도 뒤흔든다. 이러한 과정은 그가 그동안 가장 증오해온 당의 지도적 인물인 '빅브라더'를 사랑할 때까지 계속된다.

오웰의 『1984』는 고도로 발달된 정보통신 기술로 인해 오히려 자유가 제약되고, 프라이버시가 실종되는 오늘날의 암울한 현실을 정확하게 예측하고 있다. 공공장소면 어디에나 설치된 CCTV, 현대인의 필수품인 휴대폰으로 타인의 사생활을 몰래 찍어 악용하는 사람들, 더욱이 '구글글래스'처럼 사람의 신체에 자연스럽게 장착할 수 있는 기기들의 등장은 빅브라더의 눈과 귀를 피하기 더욱 어렵게 만든다. 이제 소설에서 묘사한 전자감시사회가 점점 현실화되고 있다.

3) 유비쿼터스와 전자감시사회

'언제 어디서나 존재한다'라는 뜻의 라틴어 '우비쿠에(ubique)'에서 유래한 유비쿼터스(ubiquitous)는 사용자가 장소와 시간, 네트워크나 컴퓨터의 종류에 구애받지 않고 자유롭게 온라인에 접속하여 자신에게 필요한 정보를 획득하고 사용할 수 있는 환경을 말한다. 이러한 유비쿼터스 기술에 대한 개념은 미국 제록스사 팰러앨토연구소(Palo Alto Research Center, PARC)의 M. 와이저(Mark Weiser, 1952~1999) 박사가 1991년에 발표한 「21세기를 위한 컴퓨터(The Computer for the 21st Century)」라는 논문에서 차세대 컴퓨터의 비전으로 제안되었다.[122]

당시에 그는 "복잡한 컴퓨터가 미래에는 소형화되면서 사물 속으로 들어가 사람들이 컴퓨터를 전혀 의식하지 못할 것"이라고 예측하였다. 즉 유비쿼터스 컴퓨팅(혹은 유비쿼터스 네트워크)이란 물이나 공기처럼 우리 주변 환경에 내재하는 사물이나 사람이 보이지 않는 네트워크로 연결된 새로운 공간 상태를 말한다. 이는 모든 사물에 컴퓨터 칩을 내장하여 상호 의사소통을 통해 보이지 않는 생활환경까지 최적화하는 인간 중심의 컴퓨팅 환경을 의미한다. 그런데 이러한 환경에서는 무엇보다도 사용자의 주목이나 개입 없이도 스스로 알아서 작동하여 사용자에게 가장 활용도가 높을 정보를 미리 예측해서 항상 대기시켜놓는 기술, 즉 '조용한 기술(calm technology)'[123]이 핵심이다. 마

---

122 1988년에 와이저 박사가 "유비쿼터스 컴퓨팅"이라는 개념을 처음 제안한 이후, 1991년에 발표한 논문을 시작으로 1993년에는 「Some Computer Science Problems in Ubiquitous Computing」, 1996년에는 「The Coming Age of Calm Technology」라는 논문을 통해 이 개념을 구체적으로 정리해 나간다.

123 세상 모든 곳에 컴퓨터가 존재한다고 해서 이를 일일이 사용자가 조정하고 시도 때도 없이 개입해야 한다면 그것처럼 피곤한 일도 없을 것이다. 따라서 유비쿼터스 컴퓨팅 환경에서는 스스로 알아서 작동하고 소리 없이 준비할 수 있는 기술이 필요하다. 이것을 와이저 박사는 '조용한 기술'이라고 불렀다.

전통적인 의미의 대형, 소형 또는 개인용 컴퓨터뿐만 아니라 컴퓨터 기능을 하는 휴대폰, PDA(Personal Digital Assistant), 디지털 TV, 게임기 등 모든 가전제품이나 각종 장비를 통해 시간과 공간을 초월해서 다양한 정보를 수신하거나 송신할 수 있는 유비쿼터스 기술을 차세대 컴퓨터의 비전으로 와이저 박사는 제안하였다.

치 주인의 상황과 기분을 끊임없이 살펴서 주인에게 가장 적합한 물건이나 정보를 알아서 항상 대기시켜놓는 똑똑하고 충실한 '집사(執事)'와도 같다.

21세기의 진입과 동시에 거의 대부분의 가정과 사무실 등에 컴퓨터가 보급되고 그 성능이 향상되면서, 사방으로 흩어진 컴퓨터를 잇는 분산 컴퓨팅(pervasive computing) 기술의 발전으로 이어졌다. 소형 컴퓨터칩이 일상에서 사용되는 다양한 가전제품이나 장비에 부착되고 여기에 정보통신 및 센싱 기술이 융합되면서, 와이저 박사의 예측대로 유비쿼터스 사회가 자리 잡아가고 있다. 특히 무겁고 부피가 커서 휴대가 어려운 컴퓨터와는 달리 한 손을 사용해도 전혀 무리가 없는 무게와 크기를 자랑하는 스마트폰과 태블릿PC의 보급은 손가락 '터치'만으로 자기가 원하는 정보를 어느 곳에서든 빠르고 편리하게 접근 가능하도록 만들고 있다. 이처럼 날로 진화하는 유비쿼터스 기술은 우리 생활의 새로운 패러다임을 요구하고 있으며, 우리의 사고방식과 행동양식도 이러한 기술에 맞추어 점차 변화하고 있다. 그러나 이러한 최첨단 기술의 유용함과 편리함 뒤에는 항상 위험이 도사리고 있기 마련이다. 특히 유비쿼터스 컴퓨팅 환경에서는 사회의 총체적인 감시능력과 개인정보 유출 및 프라이버시 침해의 위험성 또한 극대화될 것으로 예상된다.[124] 우리는 유비쿼터스라는 놀랍고도 편리한 기술을 이용할 때면 언제라도 어디서든 어김없이 전자 파놉티콘에 갇히는 죄수의 처지가 될 수밖에 없는 운명이다. 네트워크의 접속과 동시에 우리는 결코 빅브라더의 시선에서 벗어날 수 없기 때문이다.

예를 들어 위성통신 및 위치파악 시스템인 GPS(Global Positioning System)는 누가 어느 장소에 있든지 필요할 때 그에게 접근할 수 있도록 만들어준다. 게다가 구글이 2007년에 도입한 'Street View'라고 부르는 새로운 구글지도는 또 어떤가. 미국 전역의 거리에서 보이는 모든 사물을 3D로 기록하고 저장하며, 그 동영상 사진들이 인터넷 웹사이트에 게재되어 전 세계 네티즌들이 그 영상을 언제든지 감상할 수 있다. 특히 그 사진들은 자유자재로 축소와 확대가 가능하고, 카메라 렌즈가 360도로 회전하면서 아무리 작은 사물이라도 세밀하고 명확하게 촬영한다. 심지어 열려 있는 창문 커튼 사이의 창틀에 앉은 고양이나 침실 내부의 사적인 공간마저 담겨 있다니 이 얼마나 놀라운 기술이란 말인가. 이 대단하고 엄청난 기술은 우리를 완벽해 보이는 유토피아 세상의 주인으로 만들어주는 듯하지만, 한순간에 디스토피아 세상의 노예로 전락할 수 있음을 동시에 경고하고 있다.

---

124 유비쿼터스 사회에서는 다양한 기술의 발전으로 상호 전자감시가 보편화된다. 물론 이러한 전자감시의 목적은 대체로 공공의 안전 확보나 국가의 안전 보장, 그리고 범죄 수사 및 예방을 들 수 있을 것이다. 특히 국가의 안전 보장을 위한 전자감시가 증폭된 계기가 바로 2001년 미국에서 발생한 9·11 테러사건이라 할 수 있다. 9·11 테러사건 이후 각국의 정부는 국가의 안전 보장을 위해서 국민의 이동정보를 모두 전자식으로 기록하여 점검하는 방향으로 나아가고 있다. 그런데 점차로 국가의 안전 보장 영역을 넘어서 이제는 공항, 기내, 버스의 차내, 쇼핑센터, 학교, 공공건물, 사무실, 공장, 그리고 개인의 가정에 이르기까지 도처에 CCTV를 설치하여 감시체계를 강화시켜 나가고 있는 상황이다.

개념 읽기 12 구글 2084

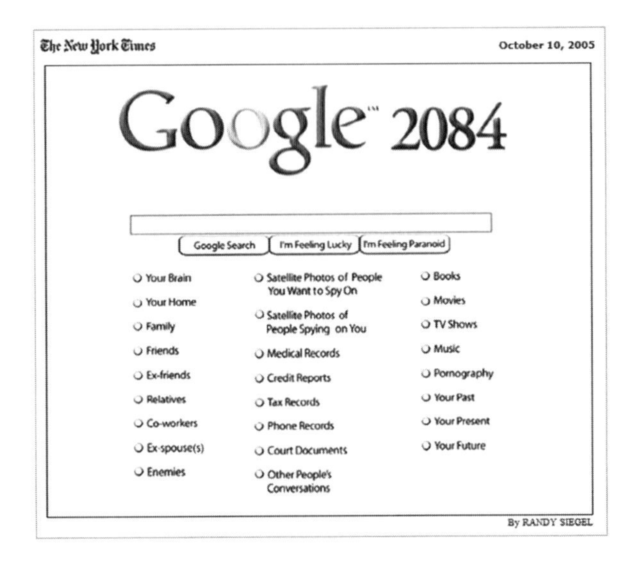

2005년 10월 미국의 유력일간지 《뉴욕타임스》에 2084년 구글의 가상 홈페이지가 소개되었다. 마치 오웰의 소설 『1984』에서 착안한 듯 보이는 이 홈페이지는 전 세계 최대 검색 포털인 구글을 미래 전자감시사회의 상징으로 삼고 있다. 이에 따르면 79년 후에 구글은 막강한 검색능력을 보유함으로써 누구든지 타인의 과거와 현재 그리고 미래, 심지어 타인 머릿속까지 엿볼 수 있는 그런 세상이 될 것이라고 내다보았다. 예를 들어 '누군가 나를 보고 있는 느낌'이라는 검색 항목이 생기고, 검색 대상으로는 '내 친구' · '내 예전 친구' · '나의 적' · '나의 예전 배우자'는 물론이고, '위성사진으로 몰래 훔쳐보고 싶은 사람들'이나 '위성사진으로 나를 몰래 훔쳐보는 사람들' 등 원하기만 하면 뭐든지 검색 가능한 시대가 될 것이라고 한다.

과연 구글의 능력은 어디까지일까? 앞으로 구글 검색엔진을 피해갈 수 있는 정보가 있기는 한 것일까? 도대체 검색 불가능한 것은 무엇일까? 지금 이야말로 '잊혀질 권리'를 논의해야 할 바로 그 시점이다.

생각 읽기 6

6-1 '구글 2084'의 세상을 상상해보고, 낙관적인 측면과 비관적인 측면에 대해 자신의 입장을 발표해보자.

6-2 자신이 가입한 인터넷 포털 사이트나 블로그, 카페 등에서 경험했던 갈등 사례를 소개하고, 운영자의 대처 방안이나 그 공동체의 구성원들이 가져야 할 책임과 의무가 무엇인지 생각해보자. 혹은 자신이 관리하는 페이스북이나 트위터 등의 SNS에서 이른바 '잊혀질 권리'가 절실했던 상황이 있었다면, 그 경험을 소개해보자.

7

생명과 바이오테크놀로지

9강

세상 속 바이오테크놀로지

학습목표

- 우리의 일상에서 생명공학기술이 어떻게 응용되고 있는지를 몇몇 실제 사례를 통해 확인한다.
- 격렬한 찬반 논쟁에 휩싸인 생명공학기술의 응용 사례에서 불거진 기술적 · 윤리적 쟁점을 이해한다.

1. 이슈로 읽는 바이오테크놀로지

21세기 첨단 과학기술의 대표주자 중 하나로 손꼽히는 것이 바로 생명공학이다. 앞선 세기에서 이루어낸 업적들을 발판 삼아 생명공학은 빠른 속도로 발전해왔으며, 이러한 경향은 당분간 지속될 전망이다. 특히 과학의 상업적 응용이 강조되면서 생명공학은 불로장생과 일확천금의 달콤한 미래를 꿈꾸게 한다. 늙지도, 아프지도 않는 세상에서 모두가 밥걱정 없이 풍요롭게 잘 살 수 있는 상상만으로도 얼마나 행복한가? 얼핏 완벽한 인간 세상의 비전이 실현되는 듯하다. 그러나 다른 한편으로는 인간성 상실이나 자연 질서의 파괴 등과 같은 재앙적 미래가 우리를 불안에 떨게 만든다. 이렇듯 생명공학은 일상생활 전반에 걸쳐 응용되어 우리의 생명과 삶의 터전의 문화를 바꾸어놓고 있으며, 이전 세기에는 꿈꿀 수조차 없었던 장밋빛 미래를 제시하기도 하지만 동시에 결코 경험하지 못했던 낯선 문제들을 들추어낸다. 그렇다면 우리 사회에서 그동안 이슈화되었던 생명공학기술의 응용 사례들을 살펴보고, 여기에서 제기되었던 논쟁거리를 확인해보자.

1) 밥상을 지켜라!

GMO(Genetically Modified Organism)란 기존의 생물체 속에 전혀 다른 생물체의 유전자를 끼워 넣음으로써 완전히 새로운 성질을 갖도록 한 '유전자변형생물체'를 일컫는 말이다. 특히 이것이 벼나 감자, 옥수수, 콩 등의 농작물에 적용되면 '유전자변형농산물'이라 하고, 이렇게 생산된 농산물을 이용하여 생산된 식품을 '유전자변형식품'이라 지칭한다. 일반적으로 콩과 옥수수는 유전자가 조작되는 대표적인 작물로서, 동물사료나 가공식품에 폭넓게 사용된다.

'농업생명공학 응용을 위한 국제서비스(International Service for the Acquisition of Agri-biotech Applications, ISAAA)'에 의하면, 2012년 세계 GMO 작물의 재배면적은 점점 증가하여 처음 재배되기 시작한 1996년에 비해 100배 이상 증가한 약 1억 7,030만 ha를 기록했다.[125] 주요 GMO 작물은 대두, 면화, 옥수수, 카놀라(유채) 등이고 주요 생산국은 미국, 브라질, 아르헨티나, 캐나다 등지이며 최근에는 점차 그 밖의 국가로 확산되면서 생산국이 다변화되고 있는 추세다.[126]

그런데 우리나라는 2000년대 들어 곡물 자급률이 30% 수준 이하로 떨어지면서, 특히 대두나 옥수수 같은 작물은 수요량의 대부분을 수입에 의존하고 있는 실정이다. 2012년 기준으로 수입 승인된 식용과 사료용 GMO

125 http://www.isaaa.org/
126 http://library.krei.re.kr/dl_images/001/036/PRN061.pdf

GMO의 안전성에 대한 찬반 논쟁은 여전히 격렬하고, 소비자의 불안은 계속되고 있다. 그런데 이 같은 논쟁이나 불안과 상관없이 우리 식탁은 GMO 식품들로 점령당한 지 이미 오래다.

총물량이 무려 784만 톤(식용 GMO 191만 5,000톤과 사료용 GMO 592만 5,000톤)을 넘어섰다. 우리의 의사와 상관없이 GMO는 이미 우리 식탁을 점령하고 있는 셈이다.[127] 현실이 이러한데도 GMO에 대한 우려의 목소리는 끊임없이 이어지고 있다. GMO가 가져올 수 있는 잠재적 혜택과 더불어 이것이 인류와 생태계에 미칠 수 있는 위험성에 대한 논쟁이 첨예하게 대립하고 있다. 그렇다면 잠시 그들 각각의 주장을 들어보자.

우선 찬성하는 입장에서는 GMO가 특히 식량문제를 비롯하여 질병문제나 환경문제 등을 해결하는 데에 지대한 공헌을 할 것이며, 그 영향력은 더욱 더 확대될 것으로 기대하고 있다. 유전자재조합은 해충이나 잡초에 내성이 강한 품종을 개량하여 식품 및 곡물 생산의 효율성을 높이고 이를 통해 GMO의 가장 큰 잠재력이라고 할 수 있는 식량문제 해결에 기여할 수 있음을 강조한다. 또한 GMO는 영양성분을 개량하여 고단백, 고비타민

127 GMO 작물을 수입하기 위해서는 식약청으로부터 수입 승인을 받아야 한다. 그런데 최근 미국 오리건 주에서 미승인 GMO 밀이 발견되면서 식용으로 재배되는 GMO에 대한 규제와 안전성 강화의 목소리가 커지고 있다. 특히 오리건 주의 밀 생산량의 90%가 일본, 한국, 대만 등 해외로 수출되고 있는 상황을 고려해보면, 소비자의 입장에서는 자신이 현재 먹고 있는 식품에 유전자재조합식품이 포함되었는지 여부를 확인하는 것이 쉽지만은 않다.

성분 등의 품종을 생산함으로써 식생활 개선이 가능하다는 점이 장점으로 꼽히기도 한다. 오늘날 중요한 이슈로 떠오르고 있는 환경문제에 긍정적으로 기여할 수 있다는 주장 역시 GMO가 가진 긍정적 잠재력으로 평가된다. 왜냐하면 GMO 작물은 병충해 및 환경에 강하여 비료 및 농약 사용을 획기적으로 줄일 수 있어 환경보전뿐만 아니라 농업 분야의 인력 및 비용 절감을 도모할 것으로 기대되기 때문이다.

이에 반해 GMO의 위험성을 주장해온 입장에서는 그것의 안정성에 끊임없이 의문을 제기한다. 가장 논란이 되는 것이 바로 인체의 안전성을 위협한다는 우려다. 그동안 시행된 GMO의 동물실험 결과, 세대를 거칠수록 돌연변이나 알레르기, 면역체계 이상 등의 유해성이 보고되고 있다. 이에 유럽에서는 GMO 식품을 '프랑켄슈타인 식품(Frankenfood)', '괴물 식품'이라고 부를 만큼 인체 유해성에 노골적으로 반감을 드러내고 있다. 따라서 적극적으로 GMO 농작물에 대한 상업적 재배를 반대한다든지, GMO 농작물 가공 제품인지 반드시 소비자가 확실히 알고 선택할 수 있도록 표시제도를 시행하는 등의 엄격한 규제가 이루어지고 있는 편이다.[128]

그리고 이러한 유전자변형작물이 자연에 방출되어 급속히 확산될 경우, 생물 다양성을 해치고 생태계의 먹이사슬을 파괴시킬 수 있다는 의견 역시

128 우리나라에서도 2001년 3월 1일부터 유전자변형농산물의 표시제를 실시하고 있다. 따라서 소비자가 쉽게 알아볼 수 있도록 제품에 "유전자재조합식품", "유전자재조합 ○○포함 식품" 등의 문구를 제품의 용기·포장의 바탕색과 구별되는 색상의 10포인트 이상의 활자로 표시하도록 하고 있다. 그러나 표시대상이 식품 또는 식품첨가물의 제조·가공에 사용한 5가지 주요 원재료 중 유전자재조합식품을 1가지 이상 사용하여 제조·가공한 식품 또는 식품첨가물 중 제조·가공 후에도 유전자재조합 DNA 또는 외래단백질이 남아 있는 식품 등으로 한정되어 있다. 그리고 식용류, 간장, 전분당, 주류, 식품첨가물은 표시대상에서 제외되었다. 따라서 소비자들은 유전자재조합식품을 사용했어도 주요 원재료에 포함되지 않거나, 지방을 원료로 하는 식용유 등은 유전자재조합식품 해당 여부를 확인할 수가 없다. 결국 소비자들은 자신도 알지 못하는 상황에서 이미 유전자재조합식품을 구매하여 섭취하고 있다.

미국의 '아쿠아바운티(AquaBounty Technologies)'사는 일반 연어보다 성장속도가 훨씬 빠른 GM 연어를 1995년에 개발하여 판매 승인을 기다리고 있다. 미 식품의약청(FDA)은 17년 동안 위해성 평가, 시설 점검 등을 수행하여 GM 연어가 식용으로 안전하다는 환경평가 초안을 발표했다. 만약 GM 연어가 판매 승인된다면 GM 동물을 식용으로 이용하는 최초의 사례가 된다.

제시되고 있다. 특히 GMO가 생태계에 끼치는 영향은 오랜 기간을 두고 관찰해야 하기 때문에 훨씬 심각한 문제를 야기할 수 있다는 주장에도 귀 기울여야 할 것이다. 즉 예상치 못한 유전자가 발현된다든지 혹은 새로운 종이 나타나 생태계의 대혼란을 불러일으킬 가능성에 대해서도 충분히 숙고해야 한다. 이러한 위험성과 더불어 현재 GMO 개발이 소수의 다국적기업 중심이 되어 독점적으로 이루어지는 현상에 주목해볼 때, 앞으로 유전자 변형을 위한 원천기술이나 유전자 변형을 거친 특허받은 종자를 사용하려면 특허권을 가진 소수 기업들에 엄청난 로열티를 지불해야 하는 시대가 열릴 수도 있다. 그렇게 되면 GMO를 둘러싼 형평성의 문제 역시 쟁점으로 떠오를 것이다.

오늘날 우리 사회에서는 GMO 농작물 및 식품에 대한 찬반 논란이 여전히 분분하며, 사회적 합의에 이르지 못하고 있다. 그 사이 GMO 농산물과 식품은 계속 수입되어 가공·판매되면서 매일 우리 밥상에 오르고 있다.

개념 읽기 13 바이오안전성의정서

바이오안정성의정서(The Cartagena Protocol on Biosafety)는 생물다양성협약(Convention on Biological Diversity)의 부속 의정서로서 유전자변형생물체(Living Modified Organism, LMO)의 국가 간 이동이나 취급 또는 사용에 있어 환경이나 인체에 미칠 수 있는 위해성에 대하여 적절한 수준의 안전성을 확보할 것을 목적으로 하고 있는 LMO에 관한 최초의 국제협약이다.

1970년대 들어 현대 생명공학기술에 대한 잠재적 위험성의 문제점이 제기되자, 미국과 영국 등 OECD 국가들은 유전 자원에 대해 자국의 실정에 맞추어 국내 규제정책을 각각 펴나가기 시작한다. 그 이후 환경과 생명다양성 보호에 대한 인식이 제고되면서 생명공학기술이 유발하는 문제에 대한 우려의 목소리가 높아지자, UN 차원에서의 국제적인 논의가 시작되었다. 이에 1993년 12월 유엔환경계획(United Nations Environment Programme, UNEP)에서 발효한 생물다양성협약에 LMO를 포함하는 생명공학안전성의 내용이 추가됨에 따라 바이오안전성의정서 마련의 기틀을 다지게 되었다. 생물다양성협약 당사국들은 이러한 요구에 부응하여 LMO의 잠재적 위험을 다루게 될 법적 구속력이 있는 국제조약을 만들기 위한 협상을 시작하면서 2000년 1월 바이오안전성의정서를 채택하였다.

이 의정서는 50개국이 비준서를 기탁한 2003년 9월부터 국제적으로 발효되었으며, 2008년 6월 현재 미국, 캐나다, 아르헨티나, 호주 등 주요 LMO 생산 수출국을 제외하고 EU를 포함하여 2013년 5월 현재 166개국이 가입하고 있다. 우리나라는 2007년 10월 3일 비준서를 사무국에 기탁함으로써 143번째 당사국이 되었으며, 2008년 1월 1일자로 의정서가 시행되었다.

2) 돌리부터 매머드까지!

동물복제의 역사는 복제양 '돌리(Dolly)'에서부터 시작된다. 영국 에든버러대학 로슬린 연구소(The Roslin Institute University of Edinburgh)는 1996년 7월 체세포복제를 이용해 포유동물 돌리를 탄생시켰다. 그 다음 해 2월 이 프로젝트를 진두지휘했던 I. 윌머트(Ian Wilmut, 1944~) 박사가 《네이처(*Nature*)》에 자신들의 연구 결과를 발표하면서 세계 과학계를 깜짝 놀라게 했다.

인간을 포함한 모든 동물은 정자와 난자가 결합되어 생명이 잉태되는 과정을 거쳐 태어난다. 이때 DNA의 절반은 남성의 정자로부터, 나머지 반은 여성의 난자에서 물려받는다. 그런데 복제양 돌리는 정자와 난자의 결합이 아닌, 몸을 이루고 있는 체세포에서 얻은 DNA 정보에 의해서 태어났다. 즉 돌리는 체세포와 난자의 결합물이다. 돌리의 탄생 과정은 간략하게 다음과 같다.

먼저 복제양 돌리의 탄생을 위해 서로 다른 양 세 마리가 동원되었다. 얼굴이 하얀 양의 체세포에서 얻은 핵(DNA를 함유하고 있는 부분)을 얼굴이

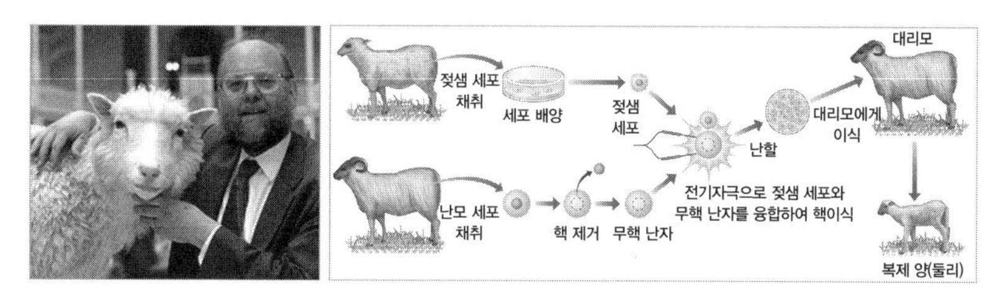

1996년 영국 에든버러대학 로슬린 연구소 연구팀에 의해 복제되어 태어나 1997년에 세상에 알려진 돌리는 사상 첫 체세포복제 동물로, 공개와 동시에 세계적인 화제를 불러일으켰다. 돌리의 탄생은 이전까지 다 자란 포유류는 복제할 수 없다는 상식이 완전히 깨지는 순간이기도 했다. 돌리는 이미 성장한 양의 젖샘 세포를 추출해서 핵치환기술을 통해 인위적으로 수정된 후, 대리모 양의 자궁에 착상되어 태어났다. 그리고 돌리라는 이름은 미국의 유명한 여가수 돌리 파튼(Dolly Parton, 1946~)에서 따왔다는 점이 흥미롭다.

검은 양의 난자(핵이 제거됨)에 주입한 후, 그 융합된 난자를 대리모 역할을 하는 또 다른 검은 얼굴의 양의 자궁에 착상시켜 임신 후 태어난 새끼가 바로 얼굴이 하얀 돌리다. 돌리는 검은 얼굴의 양으로부터 난자를 받아, 또 다른 검은 얼굴의 양의 자궁 속에서 자라고 태어났지만, DNA의 정보는 바로 체세포 핵을 제공한 얼굴이 하얀 양으로부터 물려받은 것이다. 그동안 수정란 세포를 이용해서 동물복제를 성공한 사례들은 있었지만, 다 자란 포유동물의 체세포를 이용한 복제는 불가능하다는 것이 오래된 상식이었다.[129] 그런데 돌리는 바로 이러한 상식에 대한 도전의 첫 성공작이었다.

돌리 이후 포유동물의 복제가 가능하다는 사실이 밝혀지면서 수많은 연구자들에 의해 경쟁적으로 복제동물들이 탄생하기 시작하였다. 쥐, 소, 고양이, 돼지, 말, 개 등 다양한 포유류가 잇따라 복제되면서 동물복제의 전성기를 맞이하는 듯하였다. 최근에는 황우석 박사의 복제 코요테가 언론에 소개되어 주목을 받았다. 무엇보다도 우리의 이목을 끄는 것은 바로 '매머드복제 프로젝트'이다. 매머드는 빙하기 시대에 수백만 년 동안 살다가 빙하기 말기에 멸종한 거대한 동물이다.

당시 매머드가 주로 활동했던 러시아 북동쪽 시베리아 지방에서 냉동 보전된 매머드의 잔해가 종종 발견되었는데, 특히 최근에는 보존 상태가 아주 양호한 울리 매머드(wolly mammoth, 일명 툰드라 매머드)가 대거 발견돼 화제가 되었다. 그동안 러시아 사하공화국의 과학아카데미와 일본 긴

---

129 수정란의 발생 과정은 동물에서 아주 특별한 시기인데, 이 시기의 세포들은 아직 몸의 어떤 조직이나 기관이 될지 정해지지 않은 상태이다. 그냥 둘로 쪼개기만 해도 쌍둥이로 자랄 정도로 무한한 가능성을 가지고 있다. 따라서 발생 과정의 세포를 이용해서 비교적 쉽게 복제가 가능하다. 그런데 이렇게 복제된 동물은 어떤 모습을 하고 어떤 특성을 가지게 될지 알 수 없다. 그러나 체세포 이식을 통한 복제는 다 자란 포유동물의 모습이나 특성을 그대로 물려받게 된다는 점에서 기존의 복제와는 다르고, 또한 포유동물의 체세포 복제가 가능하다는 사실은 사람의 손톱이나 머리카락 등에서 세포를 추출해서 복제인간을 만들 수 있다는 사실을 의미하기 때문에 더욱 눈길을 끈다.

키대학(www.kindai.ac.jp) 매머드복제연구팀이 공동으로 발굴한 매머드 조직에서 DNA를 추출하는 데 성공했으며, 코끼리를 대리모로 해서 매머드를 탄생시키려는 계획이 진행 중에 있다고 알려졌다. 그리고 우리나라 황우석 박사 연구팀도 2012년 러시아 사하공화국 야쿠츠크의 북동연방대학 산하 매머드 박물관 부설 연구소와의 '매머드 복원을 위한 한·러 공동연구협약'을 맺고 매머드 조직 발굴 및 채취 작업을 벌이고 있다. 그렇다면 마치 영화 속에나 나올 법한 동물복제를 왜 이렇게 끊임없이 시도하는 것일까? 동물복제를 통해 우리가 얻고자 하는 것은 과연 무엇이며, 도대체 이 시대에 뜬금없이 매머드가 왜 필요한 것일까?

일반적으로 다음과 같은 이유들을 꼽을 수 있다. 첫째, 우수한 형질을 보존할 목적으로 동물복제를 한다. 예를 들어 대형 육우나 다량의 우유를 생산하는 우수한 품종의 젖소를 보급할 수 있다. 이미 국내에서도 서울대 황우석 박사 연구팀이 체세포복제 방식을 이용해서 1999년 2월에는 복제 젖소 '영롱이(young-long)'를, 곧이어 3월에는 복제 한우 '진이'를 탄생시킨 바 있다. 둘째, 동물복제 기술은 멸종했거나 멸종 위기의 동물 종을 보존하는 데 사용될 수 있다. 영화 〈쥬라기 공원〉에서의 이야기가 현실이 될 수 있으며, 매머드복제 프로젝트 역시 이와 같은 목적을 가지고 있다. 우리나라에서도 멸종 직전인 백두산 호랑이의 피부에서 떼어낸 체세포를 이용한 복제를 시도한 적이 있다. 셋째, 애완동물 산업과 결합된 복제이다. 2005년 미국의 애완동물 복제전문기업 '지네틱 세이빙스 앤드 클론(Genetic Savings & Clone)'은 애완고양이 복제에 성공함으로써 이 분야의 새로운 시장을 열었다. '니키'라는 이름의 복제 고양이는 무려 5만 달러(한화 5,250만 원)의 비용으로 '되살아나' 주인의 품으로 돌아갔다.[130] 앞으로

130 미국 텍사스에 살고 있는 줄리는 자신이 키우던 고양이 '니키'가 죽자 '지네틱 세이빙스 앤드

애완동물 복제산업은 엄청난 부가가치를 창출할 전망이다. 마지막으로 동물복제는 이종장기이식의 가능성으로 인해 필요한 장기 확보에 용이할 것이다. 점점 늘어만 가는 이식용 장기의 수요를 공급이 따라가지 못하자 자연스레 등장한 이종이식은 그간 거부반응과 이식을 통한 동물 바이러스의 인체 감염 문제로 큰 어려움을 겪었다. 그런데 지난 2002년 미국에서 이종이식 시 거부반응을 줄이도록 유전자를 조작한 복제 돼지가 태어났으며, 국내에서도 2004년 황우석 교수가 장기이식용 무균 미니돼지를 만드는 데 성공한 바 있다.

물론 성공적인 사례만 있는 것은 아니다. 이 같은 성공을 이루기까지 그동안 무수히 많은 시행착오가 있었다. 우선 체세포의 핵과 난자를 융합시켜 수정란 하나를 만드는 것부터가 굉장히 어려운 작업이다. 다행스레 수정란을 성공적으로 만들었다고 하더라도 이 수정란을 대리모의 자궁에 안전하게 착상시키는 일은 또 어떤가? 돌리의 경우만 보더라도, 무려 276개의 수정란의 착상이 시도되었지만 번번이 실패하다가 결국 277번째 착상의 성공으로 마침내 돌리가 세상의 빛을 보게 된 것이다. 물론 착상되었다고 자동적으로 모두 복제동물로 건강하게 태어나는 것도 아니다. 임신 과정 중에 사산되거나 심각한 기형을 안고 태어나기도 하고, 어렵게 태어났어도 심장이나 폐, 신장 등의 이상으로 24시간 안에 사망하기도 한다. 설령 성공했다고 하더라도, 그래서 살아남았다 하더라도 문제가 없는 것은 아니다. 그렇다면 과연 동물복제에는 구체적으로 어떤 문제들이 있는가?

첫째, 유해 돌연변이의 문제다. 체세포 핵을 이식하기 위해서는 그 준비

클론(Genetic Saving & Clone)'에 5만 달러를 지불하고 니키의 복제 고양이 '리틀 니키'를 다시금 품안에 안을 수 있게 되었다. 줄리는 니키가 건강할 때 300달러를 지불하고 유전자 보관소에 니키의 피부조직을 맡겼다고 한다. 이후 니키가 죽자 그녀는 이를 이용해 지네틱 사에 니키 복제를 신청했다. 지네틱은 세계에서 최초로 애완동물의 상업적 거래를 이루었다.

단계로 세포를 저농도 영양 배지(培地)에서 배양하여 유전자의 기능을 인위적으로 정지시켜야 하는데 이 과정에서 돌연변이가 일어날 확률이 높아진다. 또 전기 자극을 통한 핵이식 과정이나 그 후의 활성화 과정에서도 염색체 이상이 발생할 가능성이 있다. 생존이 불가능한 기형종이 발생한다면 문제가 없겠지만 만에 하나 인간에게 유해한 돌연변이가 나올지도 모르며 더욱이 세대를 이어 전해지기라도 한다면 끔찍한 상황이 벌어질 수도 있다. 2006년 1,300만이 넘는 폭발적인 흥행의 위력을 보여준 영화 〈괴물〉에서도 돌연변이를 일으켜 태어난 것으로 추정되는 정체불명의 괴생물체가 우리 사회를 얼마나 큰 위험에 빠뜨리는지 생생하게 보여주었다.

둘째, '동물권'의 문제다. 일부 동물보호론자들은 동물에게도 인간과 마찬가지의 고유한 권리가 있다고 주장한다. 그들에 의하면, 인간이 마음대로 동물의 유전자를 변형시키고 복제하며 실험할 권리는 없다. 동물실험을 포함한 동물학대를 정당화할 수 있는 그 어떤 근거도 찾을 수 없다. 물론 이런 주장은 아직 우리나라의 문화에서는 여전히 낯설다. 그렇지만 모든 생명은 그 나름의 고유한 가치가 있으며, 불필요하게 그들에게 고통을 가해서는 안 된다는 사실은 오늘날 대부분의 사람들에게 받아들여질 수 있는 전제임에는 틀림이 없다.

셋째, 복제된 동물의 자연 수명의 문제다. 1996년 큰 화제를 몰고 탄생한 복제양 돌리 역시 그동안의 우려대로 진행성 폐질환을 앓게 되어 2003년 2월에 6년 7개월의 생을 마감하였다. 돌리 사망의 근본 원인과 관련해 '복제에 따른 조로 현상'이 가장 유력하게 제시되었는데, 실제로 돌리가 앓았던 폐질환은 보통 늙은 양들에서 나타나는 질병이다. 일반적으로 양은 11~12년 생존하는데 돌리는 평균수명의 절반 정도를 살다 죽은 셈이다. 당시 6세 된 양의 젖샘세포를 복제해서 태어난 돌리는 태어난 지 3년이 지난 뒤부터 이미 비만, 관절염 등 조로 현상이 나타났다. 그 당시 돌리의 실질적인 생리적 나이는 9년생으로 보아야 한다는 주장이 나오기도 했다. 특히 세포의 노화 정도를 알 수 있는 텔로미어(염색체의 끝부분) 부분이 정상으로 태어난 같은 연령의 양들에 비해 훨씬 짧았다고 한다. 그러나 무엇보다도 동물복제의 가장 큰 논란거리는 바로 인간복제의 가능성이다. 누군가의 세포 일부분을 채취해서 그와 똑같은 인간을 만들어낼지도 모른다는 영화에서나 나올 법한 시나리오가 현실이 될 수 있다는 우려 때문이다. 물론 그동안 인간복제의 성공을 주장한 연구자들도 간혹 있어왔지만, 아직까지 확인된 바가 전혀 없는 그저 영화 속 이야기일 뿐이다. 그렇지만 언제까지나 영화 속 이야기로만 남아 있을지는 아무도 모른다.

영화 읽기 7 〈괴물〉(2006)

"한강, 가족 그리고 괴물. 이제 가족의 사투가 시작된다."

2000년 2월 주한 미8군 용산기지 내 영안실, 미 군의관의 지시에 따라 독극물인 '포름알데히드'가 한강으로 다량 방출된다. 그리고 시간이 지나 2006년 화창한 봄날, 시민들이 한창 소풍을 즐기고 있는 한강 둔치에 정체불명의 '괴생물체'가 나타난다. 공룡 같은 몸집에 흉측한 모습의 괴물은 아마도 한강에 살던 생명체 중 하나가 돌연변이를 일으켜 태어난 것으로 추정된다. 그날 이후 예기치 못한 사건은 그곳에서 매점을 운영하는 강두(송강호 분) 가족에게 감당하기 힘든 불행을 안겨준다.

괴물을 본 사람들은 처음에는 두려움은커녕, 자신들이 던져주는 맥주나 과자를 순식간에 낚아채서 먹는 괴물의 모습에 재미있어 한다. 사람들은 마냥 신기해하면서 괴물을 핸드폰으로 찍어댄다. 그러나 호기심은 이내 공포로 바뀐다. 괴물이 갑자기 한강 둔치로 올라와 사람들을 잔인하게 공격하며 난폭한 모습을 보이기 시작했기 때문이다. 순식간에 아수라장으로 변해버린 한강변에 사람들은 기겁을 하며 달아나고, 강두도 어린 딸, 현서(고아성 분)를 데리고 정신없이 도망간다. 그 와중에 강두는 괴물을 공격하면서 괴물의 피가 얼굴에 튀기도 한다. 결국 비명을 지르며 뿔뿔이 흩어지는 사람들 속에서, 강두는 꼭 잡았던 현서의 손을 놓치고 만다. 그 순간 괴물은 기다렸다는 듯이 현서를 낚아채 유유히 한강 저편으로 사라져버린다. 딸 현서가 납치되면서 강두 가족은 슬픔과 절망감에 빠진다. 게다가 강두의 얼굴에 묻은 괴물의 혈액 때문에 강두 가족은 '바이러스 보균가족'으로 지목되어 병원에 감금된다. 치명적인 바이러스의 위험으로 격리 조치되어 검사를 기다리던 바로 그때 죽은 줄로만 알았던 현서의 전화가 때마침 걸려온다. 감당하기 힘들 정도의 식욕과 탐욕으로 인해 닥치는 대로 먹어치울 뿐만 아니라 자신의 은신처에 먹잇감을 저장해두는 괴물의 습성 때문에, 일명 먹이저장실(원효대교 밑 큰 하수구)에 쌓여 질식사한 사람들 사이에 현서가 살아 있었던 것이다. 그러나 괴물의 출현으로 이미 한강은 모두 폐쇄되고, 도시 전체는 마비되어 버린 후였다. 그렇지만 강두 가족은 아랑곳하지 않고 병원을 탈출해 한강으로 달려가 현서를 구하기 위한 힘겨운 사투를 벌인다.

과연 강두 가족은 괴물을 물리치고 현서를 구해낼 수 있을 것인가? 그리고 한강은 다시 평화로운 시민들의 휴식공간으로 회복될 수 있을 것인가?

3) 그들은 왜 '맞춤아기'를 원했나?

맞춤아기(designer baby)란 인공수정으로 여러 배아들을 만든 후 '착상전 유전자검사(Preimplantation Genetic Diagnosis, PGD)'를 통해 질병유전자가 없고 특정한 유전형질을 지닌 정상적인 배아를 골라 착상시켜 탄생한 아기를 말한다. 이들은 유전질환이나 희귀 혈액질환 등을 앓고 있는 형제자매를 치료할 목적으로 태어나기 때문에 '구세주 형제(savior sibling)'라고 불리기도 한다. 이때 건강하지 않거나 수정란의 조직이 병을 앓는 형제자매와 일치하지 않으면 대부분 폐기 처분된다.

몰리 내시(Molly Nash)는 선천적으로 건강한 골수를 스스로 만들어내지 못하는 희귀 유전병인 '판코니 빈혈증(Fanconi's anemia, 체질성 무형성 재생불량빈혈증)'을 가지고 1994년 미국 콜로라도 주 잉글우드에서 태어났다. 이 병에 걸린 아이들은 어른이 되기 전에 거의 대부분 사망한다. 몰리의 부모는 딸의 질병 사실을 알고 자신들의 골수나 간세포를 기증하려 했으나, 안타깝게도 조직의 유전자형이 맞지 않았다. 게다가 내시 부부가 일반적인 출산을 할 경우 딸과 같은 질병을 가진 아이를 낳을 확률이 25%나 되었다. 그래서 이들은 건강하면서도 딸 몰리와 동일한 유전형질을 가진 맞춤아기를 출산하기로 결심한다. 1999년 인공수정으로 만들어진 총 14개의 배아 중에 유전적으로 문제가 없고, 딸 몰리와 동일한 골수 유전자형의 배아 한 개가 내시 부인의 자궁에 착상되었다. 그리고 2000년 8월 29일 '아담'이라는 세계 최초의 맞춤아기가 태어났다. 아담의 탯줄에서 추출한 줄기세포를 몰리에게 성공적으로 이식했고, 그로부터 3주 후에 몰리의 골수 기능은 정상적으로 작동하기 시작하였다.

의료 선진국 영국에서의 또 다른 사례가 있다. 2002년 희귀 빈혈증을 앓던 찰리 휘태커(Charlie Whitaker)라는 4세 남자 아이의 치료를 위해 부모가 맞춤아기 출산을 허가해달라고 당국에 요청하면서 논란이 제기되었다. 그 당시 찰리는 '다이아몬드블랙팬 빈혈(Diamond–Blackfan syndrome, 선천성 적혈구 빈혈)'이라는 치명적이지만 유전되지는 않는 혈액병을 앓고 있었다. 그러나 정부는 이 병이 유전병이 아니므로, 의도적으로 만들어진 배아가 유전자검사를 통해 얻을 수 있는 어떠한 이익도 없기 때문에 배아를 검사한 후 출산하는 '선택임신'을 허가하지 않았다. 결국 찰리의 부모는 미국으로 건너가 찰리와 유전형질이 일치하는 제이미를 낳았다.

그러다 2004년 7월 영국의 의료윤리감독기구인 인간수정배아관리국(The Human Fertilisation and Embryology Authority, HFEA)이 질병치료 목적의 맞춤아기에 한해 규제를 완화하는 입장을 밝힘으로써 드디어 '맞춤아기 시대'의 개막을 알렸다. 마침내 영국 하원은 2008년 5월 '인간수정 및 배아발생에 관한 법률(일명 배아법)' 개정안 중 치료용 맞춤아기 출산을 금지하는 조항을 342 대 163의 압도적 표차로 부결시킴으로써 치료용 맞춤아기를 세계 최초로 합법화시켰다.

그러나 우려의 목소리도 여전하다. 특히 착상전 유전자검사(PGD)의 오·남용 문제가 제기되는데, 질병치료를 위한 정상적인 배아의 선택이라는 유전자 선별의 본래 목적에서 벗어나 이제는 유전질환이 있는 아기를 임신하거나 출산하지 않도록 그 허용 범위가 확대되고 있다. 무엇보다도

부모의 선호도에 부합하도록 한 생명체의 외모, 성격 그리고 더 나아가 지능(IQ)까지 조작할 수 있다는 것은 인간의 상품화로 이어질 위험이 농후하다.

검사 과정 중에 많은 배아('스페어 아기'라고 부른다)들이 폐기될 수 있다는 점에서 생명의 존엄성이 무시되고 단지 타인의 치료를 위한 도구로 전락할 위험마저 안고 있다. 이처럼 질병치료라는 원래의 사용 목적에서도 논란의 여지가 있지만, 여기에서 한 걸음 더 나아가 성별, 머리카락이나 눈동자 색깔, 외모 등 부모의 취향에 맞는 이런저런 외모를 가진 아기(슈퍼 베이비)를 골라 낳을 수 있게 되리라는 전망이 공공연하게 나오면서 생명윤리의 논쟁은 끊임없이 지속되고 있다.

영화 읽기 8 〈구글 베이비〉(2009)

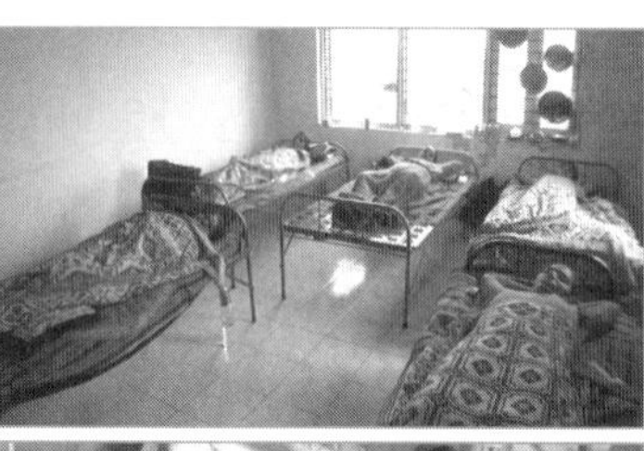

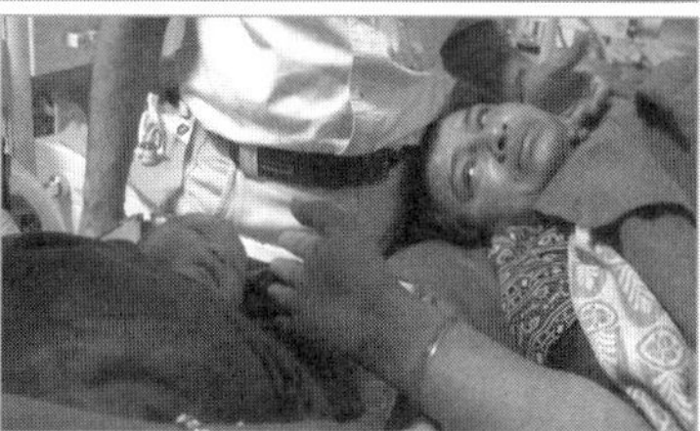

"자본주의 시대, 구매자가 원하는데 공급은 당연한 거 아닌가?"

미국, 이스라엘, 인도의 3개 국가에 걸쳐 아기를 주문 · 생산하고 유통하는 과정을 적나라하게 보여주는, 한마디로 '베이비 비즈니스'를 소개하는 다큐멘터리다. 구글 베이비는 온라인으로 구입한 정자와 난자가 수정된 후 비교적 저렴한 인건비의 인도 여성의 자궁에 착상되어 태어난다. 고객은 자신이 주문한 머리카락과 피부색을 가진 아이를 집에서 받아볼 수 있다. 마치 인터넷에서 물건을 쇼핑하는 것과 별반 다르지 않다. 최첨단 기술의 발달은 성별에 관계없이 누구나 원하기만 하면 부모로 만들어준다. 필요한 것은 신용카드뿐이다.

이스라엘의 동성커플은 아이를 갖기 위해 미국의 난자판매 사이트를 서핑하면서 적당한 여성을 찾아 나선다. 먼저 여성들의 사진을 훑어보고 상세 프로필을 찬찬히 확인한다. 드디어 적당한 여성을 발견한다. 캐서린이라는 28세의 건강한 미국 여성이다. 아이를 안고 있는 모습을 본 커플은 그녀가 다정다감한 성격일 것이라 추측한다. 곧바로 주문을 클릭하고 결재를 완료한다. 사실 캐서린은 총을 너무도 좋아하는 여성이다. 그동안 약 30여 개의 난자를 판매하고 벌어들인 8,500달러로 총을 사들였다. 그녀의 어린 딸에게도 총 쏘는 법을 가르쳐준다. 그러나 그녀의 난자를 구입한 동성커플은 이 사실을 알 리가 없다. 이미 어느 실험실에서 결합된 수정란은 저렴한 비용으로 인도 여성의 자궁 속에 착상되기 위해 바다를 건너고 있다. 더 나은 집에서 살기 위해 혹은 자녀의 미래를 위해 수많은 인도 여성은 이 사업에 동참한다. 대리모는 성공적인 출산을 위하여 임신 기간 내내 철저하게 관리를 받다가, 출산이 끝나면 두둑한 사례비를 챙긴다. 물론 그녀의 임무는 딱 여기까지다. 만약 성공적으로 아이를 '생산'하지 못하면, 소위 '불량'이 생길 경우 그녀는 주저 없이 낙태수술을 감행한다. 여전히 결혼 지참금 살인이 남아 있는 인도에서는 아내가 그렇게라도 돈을 벌어오면 남편은 좋아한다. 그 돈으로 집도 사고, 자녀 교육도 시킬 수 있기 때문이다. 그래서 남편은 대리모 역할로 돈을 벌어온 아내가 이내 몸을 추스르고 다시 돈을 벌어오기를 원한다. 그러나 대리모 인도 여성은 매번 아이를 건네주며 뜨거운 눈물을 흘린다.

결국 돈에서 시작해서 돈으로 끝나는 구글 베이비의 탄생을 어떻게 받아들여야 할까? 과연 그것을 반대할 수 있을까? 반대한다면 무슨 이유로? 아니면 요즘처럼 빠르게 변화하는 시대에 구글 베이비 역시 세계화의 흐름으로 충분히 받아들일 만한 것일까?

2. 영화로 읽는 바이오테크놀로지

생명공학과 의학의 눈부신 발달은 그동안 신의 고유 권한으로만 여겨져 온 생명의 신비를 밝혀내면서, 이를 철저하게 인간의 역할로 바꾸어놓고 있다. 이제 생명의 탄생에서부터 죽음에 이르기까지 오로지 인간의 선택과 결정만이 남겨진 듯하다. 도대체 과학기술이 가져다주는 문명의 혜택에 익숙해진 현대인들이 못하는 일이란 무엇일까? 혹은 결코 해서는 안 되는 일이 있기는 한 것일까? 아니, 할 수만 있다면야 해도 되는 것 아닌가? 선뜻 대답하기 쉽지 않은 물음들이다.

전도유망한 생명공학은 질병치료, 노화방지, 우수품종 개량을 통한 식량증산 등 우리의 삶을 한층 더 풍요롭게 해줄 만능 해결사로 기대되고 있다. 그러나 다른 한편 인류 스스로도 통제할 수 없는, 가령 동물복제에 이어 인간복제로 이어질 가능성과 새로운 품종 출현으로 인한 생태계 교란 등 치명적인 재앙을 불러올 '판도라의 상자'가 될지도 모른다는 우려의 목소리 역시 무시할 수만은 없다. 이제 몇 편의 영화를 함께 감상하면서 오늘날 현대인들의 엄청난 능력을 확인해볼 것이다. 그리고 우리는 스스로의 능력에 대해 무엇을 책임져야 하고, 어느 정도까지 책임을 질 각오를 하고 있는지에 대해서도 생각해볼 것이다.

1) 생명정보를 찾아라! – 〈쥬라기 공원(Jurassic Park)〉(1993)

아주 오래전 지구상에서 완전히 사라진 중생대의 공룡들이 스크린 위에 고스란히 부활했다. 1990년 출간된 M. 크라이튼(Michael Crichton, 1942~)의 소설을 원작으로 한 영화 〈쥬라기 공원〉은 화석에 갇힌 모기의 피에서 추출한 공룡의 DNA로 이미 6,500만 년 전에 멸종된 공룡을 다시 탄생시

공룡의 피를 빨아먹던 모기가 나뭇가지를 타고 흘러내리는 점액질 수액에 몸이 빠져 갇히게 되고, 이 수액이 굳어져 누렇고 투명한 보석인 호박이 되면서 모기는 오랜 세월 동안 온전히 보전된다. 우연찮게 그 호박을 손에 넣게 된 과학자들은 호박 속 모기에게서 공룡의 DNA를 추출한다.

키는 것으로 이야기를 시작한다.

바이오테크놀로지를 이용하여 탄생한 여러 종류의 공룡들은 고압 전류가 흐르는 울타리로 둘러싸인 외딴 공원(코스타리카 서해안의 어느 섬)에서 생활한다. 어느 날 공룡의 공격을 받아 한 인부가 사망한 사건이 발생하면서 공원의 안전성 문제가 제기된다. 한편 공룡의 수정란을 비싼 값에 빼돌리려는 관리자가 제한구역에 잠입해서 컴퓨터 시스템을 조작하여 고압방어장치의 전원을 일시적으로 차단시킨다. 날이 어두워지고 태풍까지 몰아닥친 밤, 일순간 쥬라기 공원은 공룡들의 세상으로 변해버린다. 이내 울타리 밖으로 탈출한 공룡들로 인해 한바탕 소동이 벌어진다.

쥬라기 공원의 과학자들은 예기치 못한 공룡의 왕성한 번성을 막기 위해, 태어나는 모든 공룡들의 염색체를 조절하여 암컷만 부화시킴으로써 자연적으로 번식할 수 없도록 이미 유전공학적으로 디자인을 해두었다.

그렇지만 이러한 제어장치에도 불구하고 인공적으로 탄생된 공룡들은 2세를 자체적으로 번식시킨다. 생명의 신비를 완전하게 풀어내기엔 인간의 지식은 여전히 충분하지 않았던 것이다. 결국 대자연의 법칙과 생태계의 순리를 거스른 거대한 쥬라기 공원은 수많은 인명을 앗아가고 막대한 재산 피해를 입히는 참사를 남기고 막을 내린다.

모든 생물체는 하나 혹은 수많은 세포들의 활동으로 살아간다.[131] 각 세포의 기능과 성질은 그 세포가 가진 단백질에 의해 결정되는데, 이때 단백질의 합성에 대한 정보를 지닌 것이 바로 DNA이다. 매우 가느다란 실처럼 생긴 DNA에 생물체가 살아가는 데 필요한 모든 정보가 담겨 있는 셈이다. 생명의 정보를 저장하고 그 정보를 다음 세대의 세포에 전달하는 DNA의 구조를 자세히 들여다보면 나선형으로 꼬인, 마치 계단과 같은 모습을 하고 있다. 이 구조가 바로 이중나선(double helix) 구조이다. 만약 이렇게 생긴 계단을 밟고 올라간다고 생각할 때, 발을 밟는 평평한 바닥에 해당하는 부위를 DNA의 염기(base)라고 하는데 이 부분에 정보가 저장되어 있다. 그리고 이 계단의 바닥 하나하나는 2개의 염기가 결합되어 이루어진 염기쌍(base pair)으로 되어 있다.

DNA의 염기는 아데닌(Adenine), 구아닌(Guanine), 시토신(Cytosine), 티민(Thymine)의 네 종류로 이루어져 있는데, 이 네 종류의 염기가 두 개씩 서로 붙어 염기쌍을 이루게 된다. 이때 A는 T하고만 결합하고, G는 C하고만 결합한다. 즉 계단의 바닥을 이루고 있는 염기쌍은 A-T, T-A, G-C, C-G 가운데 하나고, DNA가닥은 이들 염기쌍 계단이 끝없이 이어

131 성인 인간의 몸에 있는 단백질의 종류는 대략 2만~2만 5,000개 정도로 다양하며, 그 세포의 수는 60조 개에 이른다고 한다.

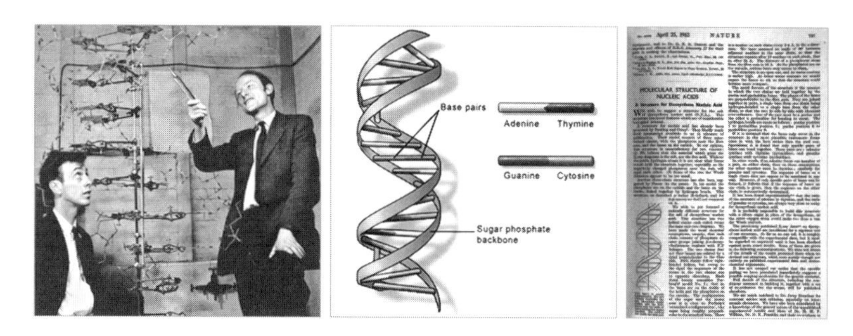

유전정보를 다음 세대로 전달하는 물질인 DNA의 이중나선구조를 밝혀낸 J. 왓슨과 F. 크릭은 자신들의 연구 결과를 「핵산의 분자구조: 디옥시리보핵산의 구조」라는 128줄로 이루어진, 짧지만 강력한 논문에 담아 1953년 4월 25일 《네이처》에 발표하였다.

진 모양인 셈이다. 따라서 한쪽 편에 붙어 있는 A, T, C, G가 어떤 순서로 붙어 있는지 알게 되면 나머지 다른 편 염기의 순서가 자동적으로 결정된다. DNA가 가지고 있는 유전정보는 바로 이 DNA가닥 내의 A, T, C, G가 어떤 순서로 나열되어 있는지, 즉 염기들의 특정한 순서에 의해 결정된다. 이러한 DNA의 정보가 RNA에 전달되고, 이것은 다시 단백질 생산의 정보가 되어 여러 종류의 단백질을 만들어내는데, 이렇게 만들어진 각각의 단백질에 따라 세포의 기능과 성질이 결정됨으로써 생명체가 살아가게 되는 것이다.[132]

만약 이 DNA가 가지고 있는 정보를 원하는 대로 바꿀 수만 있다면 생

132 DNA는 훼손되어서는 안 되는 중요한 정보를 가지고 있기 때문에 핵 밖으로 나오지 않는다. 대신에 필요한 정보만을 핵으로 들어온 RNA에 전달한다. 이때 DNA에서 RNA로 유전정보가 전달되는 과정을 전사(Transcription)라고 한다. 전사를 마친 RNA는 핵 밖으로 나와 리보솜(ribosome)으로 이동, 이때부터 리보솜이 유전정보를 해석하기 시작한다. 즉 DNA로부터 전달받은 RNA의 유전정보와 아미노산을 결합시켜 단백질을 만든다. 이러한 과정을 번역(Translation)이라고 한다. RNA에는 염기들이 특정한 순서로 놓여 있는데, 바로 이러한 순서가 유전정보다. 리보솜은 이 유전정보에 따라 아미노산이라는 물질을 결합시키는데, 아미노산은 단백질을 만드는 원료로 이들이 어떤 순서로 결합되느냐에 따라 단백질의 종류가 결정된다. 이렇게 만들어진 단백질이 세포의 기능과 성질을 결정한다.

명체의 운명 역시 바뀐다. 인간을 비롯한 지구상의 모든 생명체의 운명은 바로 DNA라는 공통의 언어가 결정하기 때문이다. 이때 DNA를 마음대로 자르고 붙이는 재조합 기술을 이용하여 이전에는 그 세포에 없었던 전혀 새로운 유전정보를 가진 DNA를 넣어준다면, 그 세포는 새로운 정보를 추가하게 되어 새로운 물질을 만들어낼 것이다. 결국 이 생명체는 이전과는 다른 운명으로 살아가게 될 것이다. 이는 인간이 기존에는 존재하지 않았던 전혀 새로운 생명체의 창조주가 될 뿐만 아니라 스스로에게 새로운 유형의 생명체로 변신할 수 있는 가능성을 부여할 수도 있다는 의미이다. 아, 이 얼마나 꿈같은 기술이란 말인가!

개념 읽기 14 DNA

오스트리아 브륀(현재 체코 브루노)의 성 토마스 수도원의 수도사 G. 멘델(Gregor Mendel, 1822~1884)은 1865년 완두콩의 교배실험을 통해 부모의 특징(형질)이 전해질 때는 일정한 유전법칙이 있음을 밝혀낸다. 부모로부터 자식에게 전해지는 것은 형질 그 자체가 아니라 형질을 결정하는 '인자'로서, 이 인자에 해당하는 것이 바로 오늘날의 '**유전자**(DeoxyriboNucleoic Acid, DNA, 디옥시리보핵산)'로 알려진 것이다.

그런데 그 당시 사람들은 멘델의 연구 결과에 대해 무관심했다. 그러다 20세기에 들어서면서 그의 연구는 널리 인정받기 시작한다. 1904년 미국인 과학자 W. 서턴(Walter Sutton, 1877~1916)은 그 '인자'가 있음직한 범위를 매우 좁혔는데, 그는 신비한 유전물질이 모든 세포핵의 중심에 있는 마치 X자형 막대 모양의 물체 속에 있다고 발표했다. 당시 과학자들은 이 막대 모양의 물체를 염색해서 관찰했기 때문에 '염색체(chromosome)'라고 불렀다. 멘델이 제창한 형질을 옮기는 '인자'는 1909년에 이르러 드디어 '유전자'로 명명된다. 덴마크의 식물학자 W. 요한센(Wilhelm Johanssen, 1857~1927)이 염색체 안에서 그 개체의 특성을 조절하는 '인자'를 발견하고, 이를 그리스어로 '새로운 삶을 준다'라는 의미의 '유전자(Gene)'로 부를 것을 제안한다.

염색체는 단백질과 핵산(DNA와 RNA)으로 구성되어 있는데 그중에서도 유전을 책임지는 것이 DNA라는 사실은 1940년대에 들어서야 확인된다. 폐렴에 관해 연구하던 미국의 세균학자 O. 에이버리(Oswald Avery, 1877~1955)는 폐렴을 옮기는 감염성 박테리아 균주로부터 탄수화물, 지방, 단백질, RNA, DNA를 분리하여 각각 살아 있는 세포에 주입한 결과, DNA를 주입한 세포에만 감염이 일어난다는 사실을 확인했다. 에이버리의 실험 결과 유전정보의 비밀이 바로 DNA 속에 있다는 것이 알려지면서 그 이후의 모든 관심은 DNA 그 자체의 구조를 밝히는 일로 모아졌다. 당시 과학자들은 DNA가 인, 당, 염기로 이루어져 있으며, 그중에서도 염기는 네 종류의 특수한 분자인 티민(T), 시토신(C), 구아닌(G), 아데닌(A)으로 이루어져 있다는 것을 이미 알고 있었다. 하지만 그렇게 단순한 DNA가 복잡한 유전정보를 전달하는 것이 어떻게 가능한지에 대해서는 전혀 알지 못했다. 20세기 중엽의 생물학계는 이를 알아내기 위한 전력의 시기였다.

제2차 세계 대전이 끝났을 무렵, DNA의 구조에 관한 연구는 런던대학 킹스칼리지의 M. 윌킨스(Maurice Wilkins,1916~2004)와 R. 프랭클린(Rosalind Franklin, 1920~1958)이 주도하고 있었는데, 특히 1951년부터 윌킨스의 연구에 합류한 여성 과학자 프랭클린은 X선 회절 사진을 통해 DNA 구조를 연구하는 독보적인 기술을 가지고 있었다. 그녀는 DNA 구조에 가장 근접한 과학자였다. 최고 화질의 데이터를 얻기 위해 그녀는 더욱 세밀하고 정제된 실험 조건들을 만들어 나갔다.

1952년 5월 마침내 '51번' 사진을 촬영한 그녀는 DNA 구조 문제를 거의 해결할 수 있는 단계에 이른다. 그녀가 거둔 성과는 탁월했다. 그런데 윌킨스는 바로 그 '51번' 사진을 당시 케임브리지의 캐번디시 연구소(Department of Physics Cavendish Laboratory)의 J. 왓슨(James Watson, 1928~)과 F. 크릭(Francis Crick, 1916~2004)에게 넘겨줌으로써, 결과적으로 그들이 DNA의 이중나선구조를 밝히는 데 중요한 단서를 제공하게 된다. 이들이 처음으로 규명한 DNA의 이중나선구조는 나선의 뼈대는 인산과 당으로 되어 있고 나선 안쪽으로는 네 가지 염기와 수소 결합을 이루는데, 한쪽 가닥에 달린 염기가 다른 가닥에 달린 염기와 수소 결합을 하면서 염기쌍을 이룬다. 이때 염기는 아데닌과 티민, 구아닌과 시토신이 각각 쌍을 이룬다. 이 염기 순서가 바로 생명체의 유전정보를 전달해주는 핵심이었던 것이다. 마침내 1953년 4월 25일 왓슨과 크릭은 「핵산의 분자구조: 디옥시리보핵산의 구조(Molecular structure of Nucleic Acids: A Structure for Deoxyribose Nucleic Acid)」라는 128줄로 이루어진 짧은 논문을 《네이처》에 발표하면서 생명의 비밀을 밝혀냈다.

그리고 1972년 미국의 P. 버그(Paul Berg, 1926~)는 바이러스와 대장균의 DNA를 연결하여 최초의 재조합 DNA를 만드는 데 성공한다. 이 기술의 발견은 이제 인간이 마음만 먹으면 특정한 DNA를 멋대로 재단하여 재조합할 수 있는 시대가 열린다는 것을 의미했다. 그리고 1970년대 말에는 DNA의 염기 서열에 대한 해독이 시작되는데, DNA의 염기 서열은 손가락의 지문처럼 사람마다 다르기 때문에, 그 차이를 밝히는 것은 다른 사람과 구별되는 특정한 개인의 신체 정보를 확인하는 것과 같다. 만약 이러한 기술을 의학 분야에 응용하게 되면 획기적인 치료방법이 될 것으로 전망된다. 그동안 유전적인 질병에 대해서는 특별히 효과적인 치료법이 알려지지 않았는데, 만약 질병에 걸린 부위의 유전자를 변형시키거나 삭제 또는 교환할 수 있다면, 유전자가 조작된 건강한 그 세포는 환자의 몸속에서 일생 동안 분열을 계속하게 될 것이다. 그 결과 질병은 치유된다.

이처럼 20세기 후반에 화려하게 등장한 '분자생물학'은 미래의 과학을 책임질 주도적인 위치에 올라선다.

2) 'DNA 차별시대'는 도래하는가? – 〈가타카(GATTACA)〉(1997)

영화 〈가타카〉[133]에서는 유전적 완전성과 불완전성에 의해서 구분되는 두 부류의 인간이 존재하는 세상으로 미래 사회를 그리고 있다. 지금의 인간처럼 자연스럽게 태어나 자동적으로 열등하게 취급받는 유전자를 지닌 하류계층과 태어나기 전에 이미 잘 디자인되어 우수한 유전자를 가지게 된 상류계층으로 철저히 구분되어 차별적인 대우가 아주 당연시되는 세상 속에서 사람들은 살아간다.

주인공 빈센트(에단 호크 분)는 유전적 관리가 전혀 없이 자연스럽게 태어났지만, 그의 동생 안톤(로렌 딘 분)은 태어나기 전에 이미 의사와 상담하여 유전적으로 우수한 형질만 선택되었다. 안톤은 질병이라든지 탈모, 폭력성, 알코올 중독과 같은 부정적인 유전적 요소들은 사전에 철저히 제거되고, 완벽한 형질만을 가지도록 디자인되어 태어났다. 예상한 대로 형 빈센트는 성장하는 동안 모든 면에서 동생 안톤에 비해 열등했다. 그는 자주 아팠고, 발육도 느렸다. 그러나 빈센트는 결코 포기할 수 없는 꿈, 우주항공회사 가타카의 우주비행사가 되는 꿈을 가지고 있었다. 물론 그에게는 이룰 수 없는 꿈이다. '엘리트 집합소'인 가타카는 우수한 유전자를 가진 이들만이 입사할 수 있는 항공회사였기 때문이다. 그에게는 애당초 기회조차 주어지지 않았다. 그럼에도 빈센트는 가타카의 청소부로 일하면서, 자신의 꿈에 한 발자국씩 다가가기 시작한다. 과연 그는 자신의 꿈을 이룰 수 있을 것인가? 아니면 타고난 운명대로 일평생 청소부의 삶을 살 것인가?

---

133 〈가타카〉라는 영화 제목은 DNA를 구성하는 네 개의 염기인 아데닌 · 티민 · 시토신 · 구아닌에서 각각 A, T, C, G를 따온 것이다. 이 영화에서는 우리의 주인공 빈센트가 자신의 꿈을 실현시키기 위해 입사하는 우주항공회사의 이름이기도 하다.

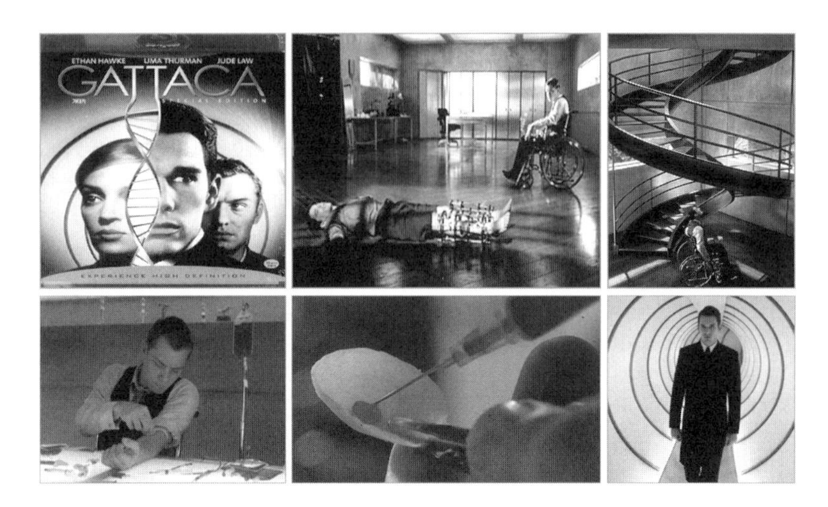

빈센트는 제롬(주드 로 분)으로서 새로운 인생을 살아가기 위해 브로커의 치밀한 계획에 따라 철저하게 준비하고(제롬의 키를 맞추기 위해 빈센트는 키를 늘리는 다리 절단 수술까지 감행한다), 제롬 역시 자신과 같은 신분으로 빈센트가 살아갈 수 있도록 매일 아침 신선한 자신의 샘플, 즉 혈액이나 소변, 머리카락 등을 채취하여 빈센트에게 제공한다.

1990년 10월에 공식적으로 시작된 '인간유전체연구(Human Genome Project, HGP)'는 인간의 몸에서 일어나는 생명현상을 관장하는 DNA에 들어 있는 모든 유전정보를 밝혀내기 위한 야심찬 계획이다. 유전자의 비밀이 담겨 있는 DNA는 아데닌(A), 티민(T), 구아닌(G), 시토신(C)의 4가지 염기가 나열된 이중나선구조다. 인간의 경우 60조 개의 세포 안에 대략 30억 개의 염기가 존재하는 것으로 추정되는데, 이 연구는 바로 이 30억 개의 염기가 어떤 순서로 배열되어 있는가를 밝히는 작업이었다. 미국의 주도하에 미 국립보건원과 유럽, 일본 등의 선진국이 참여한 초거대 프로젝트로서 애당초 15년 동안 진행될 예정이었지만, 그 시기를 앞당겨 2003년에 성공적으로 종료되었다. 이 프로젝트가 추진될 당시에는 인간의 유전자 수가 약 10만 개가 될 것으로 예상되었지만, 실제 결과는 3만 개 정도로 밝혀졌다. 이후 그 결과물인 '생명의 설계도'를 바탕으로 유전자의 기능을 밝혀내는 후속연구가 진행되고 있다.[134] 이제 인체에 대한 이해와 질병의 원인에 대한 연구, 나아가 유전자 치료법 개발 등 놀랄 만한 성과를 기대할 수 있게 되었다.

마침내 특정 유전자와 질병의 연관성에 관한 연구 결과가 언론을 통해 속속 보도되면서, 유전자에 대한 사회적 관심은 상당히 높아지고 있는 실정이다. 특히 유전자 분석을 통해 향후 특정 질병의 가능성을 예측하여, 사전에 체계적으로 관리함으로써 발병을 최소화할 수 있게 되었다. 만약 발병이 되더라도 각자의 유전적 특징에 맞는 효과적인 의약품 처방을 통해 부작용은 최소화하면서 치료효과를 극대화시킬 수도 있을 것이다. 바야흐로 건강 증진과 수명 연장을 위한 개인별 맞춤의학의 시대가 열리고 있다.[135]

그런데 유전정보는 신체적으로 개인의 과거 또는 현재의 병력, 건강상태, 특정 질병의 장래 발병 가능성뿐만 아니라 정신적 측면에서 개인의 유전소질에 근거한 성격까지 어느 정도 예측 가능한 정보로 알려져 있다. 이러한 유전적 특질은 변화하지 않으며 인위적으로 변경할 수도 없는 불변

134 유전정보가 곧바로 유용한 가치를 드러내지는 않는다. 분석된 유전자의 염기서열을 바탕으로 유전자의 작용을 밝혀냄으로써 다양한 생명공학적 응용이 가능해질 것으로 예상된다.

135 질병 대부분은 선천적 혹은 후천적인 환경에 의한 특정 질병 관련 유전자의 손상 및 돌연변이에 의해 발생한다고 알려져 있다. 특히 암은 대부분 후천적인 유전자 돌연변이가 그 원인인데, 암세포가 1cm까지 자라는 데는 약 15~20년이 걸린다. 만약 1cm 미만의 암세포를 미리 발견할 수 있다면 암의 치료와 예방에서 아주 효과적일 것이다. 그러나 최신 의학진단장비로도 1cm 미만의 초기 암세포의 발견은 매우 어렵다고 한다. 이때 유전자 분석을 통하면 특정 암의 발병 가능성을 정확하게 예측하여, 발병 가능성이 높게 나오는 특정 암에 대해서는 정기적으로 정밀하게 검사하여 진단하고, 사전에 잘 관리한다면 그 발병 가능성을 최소화할 수 있을 것이다. 그리고 대개의 경우 사람들마다 유전적 차이로 인하여 질병에 대한 감수성 및 의약품에 의한 반응 역시 각각 다르게 나타난다. 이때 각 개인별 치료 효과나 부작용의 위험을 유전정보를 통해 미리 알 수 있다면, 자신에게 가장 효과적인 약을 처방받음으로써 의료 비용도 절약하면서 치료 효과도 높일 수 있을 것이다.

성을 지닌다. 그리고 유전정보는 유전자가 가지는 생물학적 특성상 부모, 형제자매 및 후손의 생물학적 사실에 관한 정보까지 담고 있다. 예를 들어 어떤 사람에게 폐암 관련 유전자가 검출되었다면 그의 형제들이나 자식들도 그럴 가능성을 가지고 있는 것이다. 따라서 유전정보의 접근이나 보호는 특별히 신중해야 할 필요가 있다. 특히 특정 집단이나 종족에 대한 차별 혹은 낙인의 위험 또는 개인의 사회적 불평등을 초래할 가능성에 대해서는 항상 유념해야 할 것이다.

만약 고용이나 보험 가입 과정에서 유출된 유전정보의 결과가 이용되는 경우 큰 피해를 끼치는 상황이 발생할 수도 있다. 고용의 경우에 아예 채용되지 않거나 특정 업무에서 배제되는 등의 불이익을 받을 수 있다. 보험 가입의 경우에도 고율의 보험료를 물어야 하거나 보험 가입 자체가 아예 거부되는 사례가 종종 보고되기도 한다.[136] 가령 심장발작 유전자를 가진 사람이 빈센트처럼 비행기 조종사가 되길 원한다면, 과연 어떤 항공사가 그를 기꺼이 받아들일 수 있을 것인가? 물론 승객의 안전을 최우선으로 생각한다면 그를 애당초 배제시키는 것이 당연해 보이지만, 아직 발병도 하지 않았고, 반드시 발병할 것이라는 확신도 없는 상황에서 고용의 기회조차 주지 않는 것 또한 불공정하다. 그의 입장에서라면 충분히 억울할 수 있다. 보험 회사의 경우는 또 어떤가? 만약 유전적 결함의 사실이 알려지면 보험 회사들은 그에게 보험 가입의 기회를 줄 것인가? 무엇보다도 언

136 일리노이대학에서 행해진 연구에 의하면 기업이 취업과 관련한 결정을 내릴 때 장차 고용할 피고용자의 의무기록을 이용한다. 또한 미국 연방의회의 기술평가국에 따르면, 고용 관계에서도 고용주들은 심신쇠약, 심장발작, 헌팅턴무도병 등 특정 질병의 유전적 소인을 가지고 있는 근로자의 경우 이른바 '위험한' 근로자로 분류해 해고 또는 전보시키는 경우도 흔하다. 보험 가입의 경우에서도 고율의 보험료를 물어야 하거나 보험 가입 자체를 거부당할 수 있다. 현재 미국 내에서 의료보험 가입 신청자 가운데 16만 4,000명이 이미 유전병 등 의학적 문제로 의료보험 가입을 거절당하였다.

제 병에 걸릴지 모른다는 불안감(어쩌면 평생 동안 발병되지도 않을 수 있는데도 말이다!)을 가지고 살아야 하는 당사자의 삶은 어찌할 것인가? 이는 결코 가볍게 넘길 수 있는 사소한 문제들이 아니다.

3) 줄기세포, '성서의 기적'을 향하여 – 〈아일랜드(The Island)〉(2005)

생태적 재앙으로 인해 오염된 지구에서 가까스로 살아남은 생존자라 믿고 있는 링컨 6–에코(이완 맥그리거 분)와 조던 2–델타(스칼렛 요한슨 분)는 수백 명의 주민과 함께 잘 정돈되고 풍족한 환경에서 빈틈없는 통제를 받으며 살아가고 있다. 잠자리에서 일어나면서 몸 상태를 점검받고, 먹는 음식과 인간관계까지 관리받는 격리된 환경 속에서 사는 이들은 지구에서 유일하게 오염되지 않은 희망의 땅 '아일랜드'에 당첨이 되어 가기만을 바라고 있다. 아일랜드로 가는 것만이 그들의 유일한 희망이고 존재의 이유다. 그러나 실상은 이와 전혀 다르다. 그들은 스폰서[137]의 요구에 따라, 언제든지 사용 가능한 장기를 공급하기 위해 만들어진 복제인간들일 뿐이다. 자신들의 스폰서가 미래에 겪게 될 질병에 대비해서 이미 비싼 값을 지불하고, 발병 시 장기를 공급할 수 있도록 일종의 보험용으로 양육되고 있는 것이다. 그들은 철저히 스폰서의 도구에 불과하다. 물론 스폰서들도 복제인간의 사회를 알지 못한다. 이 모든 사실은 철저히 비밀로 붙여졌기 때문이다. 복제인간 비즈니스를 하는 메릭바이오테크 사의 대표인 메

---

137 훗날 앓게 될 질병이나 예상치 못한 사고로 인해 자신들의 장기나 조직이 필요할 때를 대비해 미리 엄청난 금액을 지불하고 장기를 마련해놓은 사람들이다. 영화에서 이들은 주로 전·현직 정치가나 연예계·스포츠 스타들, 혹은 전문직 종사자들 등 사회적으로 잘 알려진 사람들이고 경제력이 확실한 사람들로서 바로 메릭바이오테크 사의 주요 고객들이다. 결코 평범한 사람들이 아닌 이유는 장기를 복제하는 데 많은 비용이 드는 것으로 설정되어 있기 때문에 경제력이 뒷받침되지 않으면 이런 혜택을 누리는 것이 거의 불가능하다.

릭 박사(숀 빈 분)는 복제인간들이 단순히 장기를 생산하는 제품으로서만 의미를 가지며, 의식이 전혀 없는 식물인간 상태로 보존되어 있다고 거짓 홍보를 하고 있었기 때문이다. 결국 이 모든 사실을 알게 된 링컨 6-에코는 곧 아일랜드로 떠나게 될(곧 죽게 될) 조던 2-델타와 함께 그곳을 탈출하면서 메릭 박사가 고용한 청부살인업자(디몬 하운수 분)에게 추격을 당한다. 살기 위해서는 무조건 도망쳐야 한다. 과연 그들의 운명은 어떻게 될 것인가?

이 영화에서는 필요한 장기를 얻기 위해 활용되는 복제인간의 모습을 잘 보여주고 있다. 실제로도 오늘날 인간의 대체 장기를 얻기 위한 여러 연구들이 활발하게 이루어지고 있는데, 그중에서도 줄기세포(stem cell) 연구는 세계 각국에서 경쟁적으로 수행되고 있다. 또한 관련된 연구 성과가 발표될 때마다 큰 주목을 끈다.[138]

우리 몸에는 약 210여 종류의 세포 유형이 있다. 각각의 세포는 고유의 특성을 가지고 서로 유기적인 관계를 맺으면서 생명활동을 담당한다. 예를 들어 혈액세포는 백혈구와 적혈구, 혈소판으로 나뉘는데 이들은 각각의 기능을 가지면서 몸속 곳곳에 산소를 공급해주거나 병원체의 공격을

138 미국 오리건 보건과학대의 S. 미탈리포프(Shoukhrat Mitalipov) 교수 연구진이 생명과학 분야 최고 권위지인 《셀(*Cell*)》 인터넷판 5월 15일(2013년)자에 세계 최초로 피부세포를 이용한 복제배아줄기세포 배양에 성공했다고 발표하면서 전 세계적인 주목을 끌었다. 이들 연구진은 태아의 피부세포를 핵이 제거된 난자에 융합시켜 복제배아를 만들었고, 여기서 배아줄기세포를 얻는 데 성공했다고 밝혔다. 그들의 연구 성과가 알려지면서 세계 과학계는 "배아줄기세포복제가 사실상 불가능하다는 기존의 비관론을 잠재우고, 환자맞춤형 줄기세포 치료에 한발 다가섰다"며 높이 평가했다. 연구진은 실제로 복제배아줄기세포를 심장세포로 자라게 하는 데에도 성공했다고 주장했다. 특히 이 연구팀에 한국인 과학자 2명도 포함돼 있다는 사실이 알려지면서 국내에서도 큰 화제를 모았다. 그런데 이로부터 일주일도 채 지나지 않아 이 연구팀의 논문이 조작되었다는 의혹이 제기되었다.

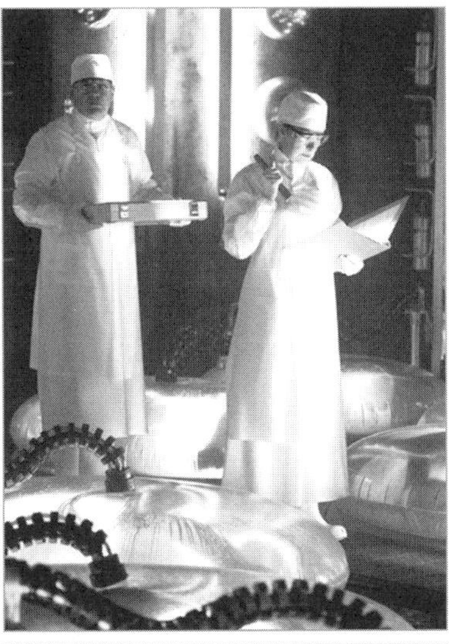

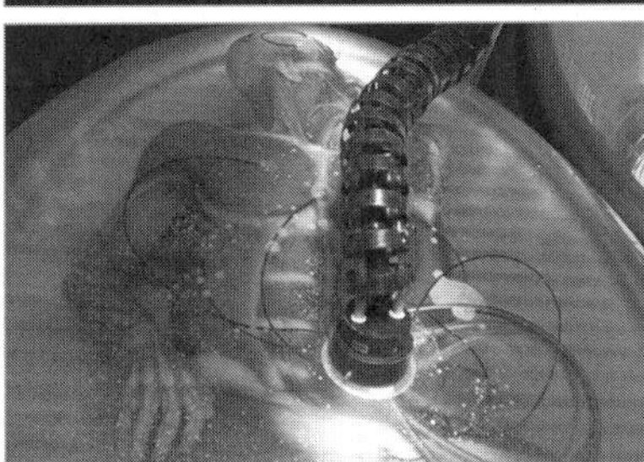

복제인간을 통해서 무병장수의 꿈의 이루려는 인간의 욕심은 끝이 없는 것일까? 영화 속 주인공의 대사처럼 인간은 살기 위해서라면 뭐든지 할 준비가 되어 있는 것일까? 도대체 인간은 어떤 존재일까?

막아내는 일을 한다. 모든 생명체가 그렇듯이 우리 몸을 구성하는 세포도 수명이 있어, 이들은 끊임없이 죽고 다시 새로운 세포가 만들어진다. 이때 줄기세포는 바로 몸을 구성하는 세포들의 기원이 되는 세포로서, 특정한 세포로 분화가 진행되지 않은 채 유지되다가 필요할 경우 신경, 혈액, 연골 등 몸을 구성하는 모든 종류의 세포로 분화된다. 가령 피부에 상처가 나면 시간이 지나면서 새로운 피부가 만들어지는데, 이는 피부 아래쪽에

피부세포를 만들어내는 줄기세포가 있기 때문이다. 독감에 걸리면 뇌에 있는 후각신경세포의 기능이 일시 정지되거나 없어져 냄새를 맡지 못하다가 독감이 다 나으면 다시 냄새를 맡을 수 있는 것도 후각을 담당하는 줄기세포가 재생되었기 때문이다. 이처럼 생물의 생명활동에 필요한 세포를 만들어주는 것이 바로 줄기세포다.

줄기세포는 그 기원과 특성에 따라 크게 성체줄기세포(adult stem cell)와 배아줄기세포(embryonic stem cell)로 구분된다. 출생 후부터 몸에 있는 여러 종류의 조직에 존재하는 성체줄기세포는 몸속에 극히 미량으로 존재하면서 항상 건강한 상태를 유지하는 데 필요로 하는 최소한의 세포를 제공해준다. 조직이나 기관의 항상성 유지와 재생 기능을 담당한다. 이는 신체 조직에 어떤 손상이 발생하면 다른 장기에 있던 줄기세포가 몰려와서 손상된 조직으로 변하는 분화의 유연성이 있다. 또한 성인의 몸속에 있기 때문에 자신의 세포를 자가 이식할 수 있다는 점에서 면역거부반응이 발생하지 않는다. 이에 반해 배아줄기세포는 초기 발생 단계의 배아에서 유래한 세포로 몸에 존재하는 모든 종류의 세포를 만들어낼 수 있는 만능성(pluripotency)이 있다. 이 때문에 배아줄기세포는 '만능세포'로 불리기도 한다. 즉 분열과 분화 과정을 거쳐 수백만 개의 분화된 세포를 형성함으로써 태아의 심장, 뼈, 피부 등 모든 조직과 기관을 만들어낸다. 마치 뱀파이어처럼 죽지도 늙지도 않고 적절한 배양 환경만 주어지면 계속 분열할 수 있는 세포다.

이러한 배아줄기세포의 가장 큰 매력은 바로 세포 손상으로 인해 나타나는 질환들을 근본적으로 치료할 수 있는 치료용 세포를 만들 수 있다는 점이다. 현재 불치병 또는 난치병으로 분류되는 질환의 대부분은 재생 불가능한 특정 세포나 조직이 고유한 기능을 잃어버림으로써 발생한다. 즉 세포나 조직의 변형 또는 노화로 인해 발병한다. 만약 이때 줄기세포를 이

용하여 정상 기능을 가진 세포로 대체할 수만 있다면 획기적인 치료 방법이 될 것으로 예상된다.[139]

그런데 이러한 놀라운 능력의 배아줄기세포의 결정적인 약점은 바로 질병 치료를 위해 배양된 세포가 환자 세포의 항원형과 일치해야만 치료에 이용할 수 있다는 점이다. 만약 면역거부반응이 일어난다면 제아무리 만능이라고 할지라도 무용지물이 되기 때문이다. 이때 치명적인 면역거부반응을 극복하기 위해 제시된 돌파구가 바로 '환자맞춤형 배아줄기세포'이다. 환자가 제공한 체세포에서 유래한 핵을 난자의 핵과 치환시켜 만든 수정란을 시험관에서 배반포 단계까지 배양하여 내세포괴를 얻는다면, 환자의 조직과 동일한 배아줄기세포를 획득할 수가 있다. 당연히 면역거부반응도 없다. 마침내 질병치료의 획기적인 가능성이 열리게 된 것이다.

그동안의 배아줄기세포 연구는 대체로 불임시술 뒤의 잔여 배아에서 출발했다. 폐기 처분될 잔여 배아를 제공자의 동의하에 연구에 이용해왔지만, 면역거부반응이라는 커다란 딜레마 앞에서 수많은 가능성들이 좌절되고 말았다. 여기서 한 단계 더 나아간 것이 바로 복제배아줄기세포를 활용한 연구다. 복제배아는 잔여 배아가 가진 많은 난점들을 해결해줄 만큼 충분히 매력적인 특징들을 가지고 있다.

그런데 이처럼 획기적인 장점을 지닌 체세포복제배아를 도대체 어떻게 취급해야 할 것인지에 대한 문제들이 조심스레 제기되면서 치열한 논쟁이 시작되었다. 과연 체세포복제배아는 생명체인가? 아니면 질병 치유나 생명

139 다소 비인간적(?)이지만, 인간의 몸을 자동차 몸체로 비유하면 이해가 쉬울 것이다. 우리의 몸이 자동차 몸체라면, 인간의 세포는 자동차의 부품에 해당한다. 따라서 세포의 변형이나 노화로 발병되는 것은 부품의 결함으로 인해 자동차가 고장 난 것과 같은 이치다. 이때 새로운 부품 교체로 자동차를 수리하는 방식으로 정상 기능의 세포로 대체할 수 있다면, 질병을 치유할 수 있게 된다.

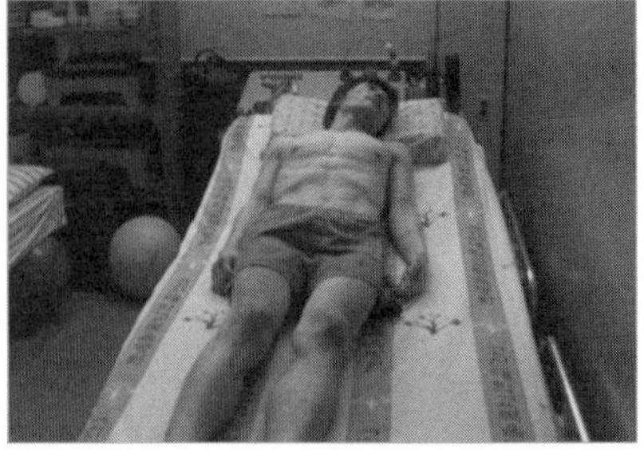

체세포복제배아줄기세포의 배양이 성공해서 치료에 활용될 수 있다면 오늘날 현대인들을 위협하는 질병들, 예를 들면 뇌졸중, 루게릭병, 심근경색, 척추 손상, 당뇨병, 퇴행성 관절염, 망막 질환 등 수많은 난치병들이 완치될 것으로 기대된다.

구제라는 중차대한 목적을 위해 희생될 만한 세포덩어리에 불과한 것인가?

한편에서는 배아가 아직 생명체가 아니며 하나의 세포덩어리에 불과하다는 입장을 고수한다. 그것은 인간의 개체성이 수정 후 14일에 해당되는 시점에서 시작된다는 주장에 근거를 두고 있는데, 이 시일이 지나야 비로소 착상이 완료되면서 향후 척추가 될 원시선(primitive streak)이 나타난다. 이 원시선의 출현은 배아가 더 이상 분열 없이 하나의 개체로 확정된다는 사실을 의미한다.[140] 그러나 다른 한편에서는 배아도 엄연한 생명체이기

140 일란성 쌍둥이는 수정란이 다시 분열함으로써 탄생한다. 그런데 원시선이 출현하면 배아가 하나의 개체로 이어지는 비가역적인 지점을 지나간 것에 해당하며, 그 상태에서는 세포를 떼어내도 그것이 다른 개체로 발생할 수 없다. 이제 쌍둥이의 가능성은 완전히 사라진다. 이

때문에 이를 조작하고 실험한 후 내버리는 것은 비도덕적 행위에 해당된다고 주장한다. 인간의 생명은 수정 후부터 연속성을 지니고 있는데, 이때 14일을 경계로 생명체 여부를 판단하는 것은 다분히 자의적이라는 입장이다. 단지 효용성만을 고려한 기준이라는 사실이다. 물론 어떤 입장으로든 위의 물음들에 간단하게 대답하기란 쉽지 않다. 사회 각계각층의 다양한 의견들이 수렴된 사회적 합의가 필요하다. 그리고 맞춤형 복제배아줄기세포를 얻기 위해서는 절대적으로 많은 수의 난자가 필요한데 난자의 속성상 수급이 결코 쉽지 않다.[141]

이와 관련해서 여성 몸의 상품화(예를 들어 난자 불법 매매 등)에 대한 논란 역시 일고 있다. 게다가 난자의 다량 채취 시 호르몬 투여로 인해 여성의 건강에 치명적인 영향을 미칠 수 있다는 사실도 지적되고 있다. 최근에는 난소 과자극 증후군(Ovarian Hyperstimulation Syndrome, OHSS)이 상당히 주목받고 있는데, 과배란 유도의 부작용으로 인해 호흡곤란, 신장 기능 약화, 난소 비대, 복통, 복부팽창, 복수(腹水) 등의 증상이 나타나는 것으로 알려져 있다. 특히 여러 차례 호르몬을 투여받은 여성이 나이가 들면 난소암에 걸릴 위험도 있다고 하니 더욱 주의해야 한다. 더 나아가 아직은 공상과학 소설이나 영화 속 이야기에 불과한 듯 보이지만, 만약에 핵치환 수정란을 여성의 자궁에 착상시켜 임신이 되면, 복제인간 탄생의 가능성마저 배제할 수 없는 상황이다. 실제로 복제양 돌리의 탄생 소식이 알려지자 복제인간을 만들겠다고 나서는 이들도 등장했다. 대표적인 예가 바로 이탈리아 출신의 생의학자이자 인공수정 전문의 S. 안티노리(Severino Antinori,

---

는 한 인간으로서 개체성이 확정됨을 의미한다. 따라서 수정 후 14일을 인간 생명의 시작으로 보는 입장에서는 이전 단계까지의 배아는 인간 개체가 아닌 세포의 덩어리로 간주한다.

141 황우석 연구팀의 경우에도 기증과 매매를 통해 확보한 2,220개가 넘는 난자를 활용했지만, 단 1개의 배아줄기세포도 수립하지 못했던 것으로 조사된 바 있다.

"체세포핵이식 방법으로 이미 복제인간 3명을 출산시켰다"라고 밝힌 바 있는 안티노리 박사는 2006년 7월 환갑이 지난 고령의 여성 P. 패런트(Patti Farrant, 62세)의 인공수정에 의한 출산으로 다시 한 번 화제를 불러일으켰다. 2006년 7월 8일자 영국 조간 《데일리 메일(*Daily Mail*)》 1면에 그녀의 출산 소식이 세계적인 특종으로 실렸다.

1945~) 박사이다. 그는 2001년 공식석상에서 인간복제계획을 공언했으며, 실제로 2002년 TV 방송에 출연해서 세 명의 체세포복제배아가 이미 여성의 자궁에 착상되어 자라고 있다고 주장했다. 이처럼 인간복제에 대한 논의가 증폭되자 2005년에 UN은 '인간복제금지선언'을 채택하였다.

요컨대 체세포복제배아줄기세포의 놀라운 가능성에도 불구하고 이러한 연구에 우려를 표명하는 입장에서는 복제배아줄기세포를 얻는 과정에서 사용되는 배아의 지위 문제와 난자수급의 문제, 그리고 인간복제의 가능성 등을 지속적으로 제기하고 있다. 이와 더불어 기술상의 문제점 역시 극복해야 할 과제로 남아 있다. 가령 임상 적용을 위해서는 배아줄기세포로부터 신체의 특정한 세포가 분화되고 증식되어야 하는데 이 과정을 조절하기가 쉽지 않다. 즉 세포 치료를 위한 '균질하면서도 단일한 특정 세포가 다량' 확보되어야 하는데, 순수한 세포를 얻기는커녕 여러 세포들이 섞여 있는 종양이 관찰되는 경우가 흔하다. 그리고 일부 유전자가 비정상적으로 발현되는 것도 빈번하다. 어떻게 보면 배아줄기세포는 어디로 튈지 예측하기 힘든 '럭비공'과 같다. '불로장생'이나 '무병장수'의 시절을 꿈꾸기에는 아직 갈 길이 멀다.

생각 읽기 7

7–1 이른바 '황우석 박사 스캔들'이라고 불리는 사건에 대한 자료를 찾아 보고, 그 사건의 핵심적인 쟁점들을 정리해서 발표해보자.

7–2 인간복제가 기술적으로 가능하다면 윤리적으로 허용 가능한가? 가능하다면 왜 가능한가? 가능하지 않다면 왜 가능하지 않은지 자신의 생각을 발표해보자.

강은주, 『체르노빌 후쿠시마 한국』, 아카이브, 2012.

고이데 히로아키, 김원식 · 고노 다이스케 옮김, 『은폐된 원자력 핵의 진실』, 녹색평론사, 2010.

고인석, 「사이버공동체에서 아바타의 존재론적 지위」, 《철학논총》 제53집 3권, 2008.

구승회, 『생태철학과 환경윤리』, 동국대학교출판부, 2001.

권혁길 외, 『공학윤리』, 인간사랑, 2007.

김명자, 『원자력 딜레마』, 사이언스북스, 2011.

김명진 외, 『탈핵』,이매진, 2011.

김문정, 「과연 핵에너지는 시대적 '위기'의 해법인가」, 《환경철학》 제14집, 2013.

______, 「디지털화된 개인정보와 '잊혀질 권리'」, 《철학논총》 제72집 2권, 2013.

______, 「핵에너지의 윤리적 검토-한스 요나스의 책임윤리를 중심으로」, 《철학논총》 제75집 1권, 2014.

김선희, 『사이버시대의 인격과 몸-사이버자아의 인격성 논의를 중심으로』, 아카넷, 2004.

김성대 편저, 『상식으로 꼭 알아야 할 그리스 로마 신화』, 삼양미디어, 2007.

김성천, 『소비자안전과 내부고발자 보호방안』, 한국소비자보호원. 2005.

김수진 외, 『기후변화의 유혹, 원자력』, 도요새, 2011.

김양현 · 임채광, 「기술재해와 엔지니어의 사회적 책임」, 《초등도덕교육》 제24집, 2007.
김은철 · 송성수, 「과학기술시대의 책임윤리를 찾아서: 한스 요나스의 『책임의 원칙』을 중심으로」, 《공학교육연구》 15(1), 2012.
김일방, 『환경윤리의 쟁점』, 서광사, 2005.
김장한, 「유전 역학적 연구와 생명윤리 및 개인정보보호」, 《한국역학회지》 29(1), 2009.
김재호, 『레이첼 카슨과 침묵의 봄』, 살림, 2009.
김진 외, 『공학윤리』, 철학과현실사, 2003.
김창준, 「부패방지법의 공익제보자 보호제도」, 서울대학교 행정대학원 한국정책지식센터 제232회 정책&지식포럼(공익제보자 보호제도 개선방안) 발제문, 2005. 11.
남명진, 「유전정보의 보호」, 《생명과학과 윤리》 18(3), 2005.
닐 포스트먼, 김균 옮김, 『테크노폴리』, 궁리, 2005.
다카기 진자부로, 김원식 옮김, 『원자력신화로부터의 해방』, 녹색평론사, 2001.
데이비드 C. 린드버그, 이종흡 옮김, 『서양과학의 기원들』, 나남, 2009.
데이비드 셍크, 정태석 · 유홍림 옮김, 『데이터 스모그–정보의 홍수 속에서 살아남기』, 민음사, 2000.
데자르뎅, J.R., 김명식 옮김, 『환경윤리』, 자작나무, 1999.
도성달, 『윤리학, 그 주제와 논점』, 한국학중앙연구원 출판부, 2011.
______ 외, 『과학기술시대의 삶의 양식과 윤리』, 울력, 2002.
랭던 위너, 손화철 옮김, 『길을 묻는 테크놀로지』, 씨아이알, 2010.
레이첼 카슨, 김은령 옮김, 『침묵의 봄』, 에코리브르, 2002.
렉 휘태커, 이명균 · 노명현 옮김, 『개인의 죽음』, 생각의 나무, 2001.

로버트 융크, 이필렬 옮김, 『원자력제국』, 따님, 1993.
리차드 세넷, 김홍식 옮김, 『장인』, 21세기북스, 2010.
리차드 스피넬로, 이태건 · 노병철 옮김, 『사이버 윤리』, 인간사랑, 2001.
마티아스 호르크스, 배명자 옮김, 『테크놀로지의 종말』, 21세기북스, 2009.
문재완, 「잊혀질 권리의 입법 현황과 향후 과제」, 《언론과 법》, 2011.
민윤영, 「인터넷 상에서 잊혀질 권리와 『개인정보보호법』에 대한 비교법적 고찰」, 《고려법학》 第63호, 2011.
박이문, 『과학, 축복인가 재앙인가』, 이화여자대학교출판부, 2009.
______, 『문명의 미래와 생태학적 세계관』, 당대, 19997.
박찬국, 『환경문제와 철학』, 집문당, 2004.
박태현, 『영화 속의 바이오테크놀로지』, 생각의 나무, 2008.
배그린 · 최경석, 「유전자 검사 및 연구에서의 동의 획득의 문제」, 《생명윤리정책연구》 3(1), 2009.
배원병 외 편저, 『PBL을 위한 공학윤리』, 북스힐, 2011.
백윤철 · 김상겸, 『미국의 의료정보 보호에 대한 연구』, 한국학술정보, 2006.
빅토어 마이어 쇤베르거, 구본권 옮김, 『잊혀질 권리』, 지식의 날개, 2011.
새뮤얼 C. 플러먼, 문은실 옮김, 『교양있는 엔지니어』, 생각의 나무, 2007.
손영호, 『테마로 읽는 세계사 산책』, 학지사, 2008.
손화철, 「공학윤리와 기술철학: 그 접점을 찾아서」, 《공학교육연구》 13(6), 2010.
______ · 송성수, 「공학윤리와 전문직 교육: 미시적 접근에서 거시적 접근으로」, 《철학》 91, 2007.
송성수, 「공학단체의 윤리강령에 관한 비교분석: 미국과 한국의 사례를 중심으로」, 《공학교육연구》 11(3), 2008a.

_____, 『공학윤리의 쟁점』, 생각의 힘, 2013.

_____, 「과학기술자의 사회적 책임에 관한 논의의 재검토」, 《공학교육연구》 11(2), 2008b.

심회기, 「유전자감식의 제문제: 유전자정보은행과 프라이버시 이슈들」, 《형사정책》 18(2), 2006.

알베르트 슈바이처, 배명자 옮김, 『물과 원시림 사이에서』, 21세기북스, 2009.

_____, 천병희 옮김, 『나의 생애와 사상』, 문예출판사, 1999.

양해림, 「생명공학시대 인간복제는 새로운 책임윤리를 요청하는가?-한스 요나스의 『기술 의료윤리』를 중심으로」, 《동서철학연구》 27호, 2002.

_____, 『사이버 공간과 윤리』(개정증보판), 충남대학교출판문화원, 2011.

_____, 『한스 요나스의 생태학적 사유읽기』, 충남대학교출판문화원, 2013.

_____ 외, 『과학기술시대의 공학윤리』, 철학과현실사, 2006.

엄기호, 『단속사회-쉴 새 없이 접속하고 끊임없이 차단한다』, 창비, 2014.

엘리자베스 클레망 외, 이정우 옮김, 『철학사전-인물들과 개념들』, 동녘, 1996.

연세과학기술과사회 연구포럼, 『멋진 신세계와 판도라의 상자』, 문학과지성사, 2009.

이대희 외, 『공학윤리』, 새문사, 2008.

이상욱, 「책임 있는 엔지니어를 위한 STS 교육의 몇 가지 쟁점」, 《공학교육연구》 15(1), 2012.

_____, 「투명성과 공익성: 바이오뱅크의 윤리적 쟁점」, 동아대학교 바이오뱅크와 생명윤리 학술대회, 2011년 11월.

_____ · 조은희 엮음, 『과학윤리 특강』, 사이언스북스, 2011.

이상헌, 『생태주의』, 책세상, 2011.
이상훈 외, 『사이버 생활양식에서 공공성 문제』, 철학과현실사, 2005.
이영희 · 김명진 · 김병수, 「인간 유전정보 보호와 시민참여」, 《과학기술학연구》 3(1), 2003.
이유택, 「요나스의 미래윤리와 책임」, 《동서철학연구》 36호, 2005.
이이다 데츠나리, 한승동 · 양은숙 옮김, 『원전 없는 미래로』, 도요새, 2012.
이인영, 「유전자검사와 유전자치료에 관한 쟁점사항과 사회적 수용도」, 《한림법학포럼》 16, 2005.
이장규 · 홍성욱, 『공학기술과 사회』, 지호, 2006.
이재진 · 구본권, 「인터넷상의 지속적 기사 유통으로 인한 피해의 법적 쟁점 "잊혀질 권리" 인정의 필요성에 대한 탐색적 연구」, 《한국방송학보》 제22권 3호, 2008.
이종원 · 홍성욱 외, 『필로테크놀로지를 말한다』, 해나무, 2008.
이진우, 『프라이버시의 철학』, 돌베개, 2009.
정규원, 「건강정보의 이차적 이용」, 《법학논총》 27(1), 2010.
정상기, 「생명과학기술과 기본권」, 《연세법학연구》 11(1), 2005.
정욱식, 『핵의 세계사』, 아카이브, 2012.
제레드 다이아몬드, 김진준 옮김, 『총, 균, 쇠-무기, 병균, 금속은 인류의 운명을 어떻게 바꿨는가』, 문학사상사, 2005.
제리 강, 조규범 옮김, 『사이버스페이스 프라이버시』, 진한M&B, 2004.
제임스 E. 매클렐란 3세 외, 전대호 옮김, 『과학과 기술로 본 세계사 강의』, 모티브, 2006.
제임스 레이첼스, 노혜련 외 옮김, 『도덕철학의 기초』, 나눔의 집, 2006.
조남두, 『현대인의 직업윤리』, 동문사, 2010.

존 브라이언트, 린다 바곳 라 벨, 존 설, 이원봉 옮김, 『생명과학의 윤리』, 아카넷, 2008.
주제 사라마구, 정영목 옮김, 『죽음의 중지』, 해냄, 2009.
철학사전편찬위원회, 『철학사전』, 중원문화, 2009.
최경희 · 송성수, 『과학기술로 세상 바로 읽기』, 북스힐, 2011.
최병갑, 『하이테크 시대의 공학윤리』, 비즈프레스, 2007.
프레더릭 페레, 박준호 옮김, 『기술철학』, 서광사, 2009.
플라톤, 강성훈 옮김, 『프로타고라스』, 이제이북스, 2012.
_____, 조대호 옮김, 『파이드로스』, 문예출판사, 2008.
피터 싱어, 김성한 옮김, 『동물해방』, 인간사랑, 1999.
필리프 사시에, 홍세화 옮김, 『왜 똘레랑스인가』, 상형문자, 2000.
필립 윌킨스, 김병화 옮김, 『신화와 전설-그 기원과 의미를 찾아서』, 21세기북스, 2010.
하승우, 『희망의 사회 윤리 똘레랑스』, 책세상, 2003.
한경희, 「전문직으로서 엔지니어 공학윤리」, 《공학교육》 18(1), 2011.
한국철학사상연구회, 『세계를 바꾼 아홉 가지 단어』, 동녘, 2010.
한면희, 『환경윤리』, 철학과현실사, 1997.
한병철, 김태환 옮김, 『투명사회』, 문학과지성사, 2014.
_____, 김태환 옮김, 『피로사회』, 문학과지성사, 2012.
한스 요나스, 이유택 옮김, 『기술 의학 윤리』, 솔, 2005.
_____, 이진우 옮김, 『책임의 원칙: 기술 시대의 생태학적 윤리』, 서광사, 1994.
한양대학교 과학철학교육위원회 편, 『과학기술인의 사회적 책임』, 한양대학교 출판부, 2008.
한양대학교 안산캠퍼스 공학대학 엮음, 『미래를 경영하는 공학인』, 한양대학교 출판부, 2005.
홍명신, 「서평: 잊혀질 권리」, 《문화경제연구》 제14권 2호, 2011.
홍병선 · 최현철, 『과학기술과 철학의 만남』, 연경문화사, 2011.
홍성욱, 『파놉티콘—정보사회 정보감옥』, 책세상, 2002.
_____, 『홍성욱의 과학에세이』, 동아시아, 2008.
홍정화, 「생명윤리 및 안전에 관한 법률과 유전자 윤리」, 《생명윤리》 11(1), 2010.
히로세 다카시, 김원식 옮김, 『원전을 멈춰라: 체르노빌이 예언한 후쿠시마』, 이음, 1989.

Charles B. Fleddermann, 이광수 · 이재성 옮김, 『공학윤리』, 홍릉과학출판사, 2009.
Charles E. Harris. Jr. 외, 김유신 외 옮김, 『과학과 공학윤리』, 북스힐, 2006.

Bayertz, K., *Verantwortung-Prinzip oder Problem?*, Darmstadt, 1995.
Hendel, J., "In Europe, a Right to Be Forgotten Trumps the Memory of the Internet," *The Atlantic*. Retrieved May 31, 2011.
Hoffman, D. E., "Time is of the Essence", *Foreign Policy*, April 12, 2010.
Jonas, H., *Das Prinzip Leben*, Frankfurt a. M., 1988.
_____, *Das Prinzip Verantwortung: Versuch einer Ethik für die technologische Zivilisation*, Frankfurt a. M., 1979.
_____, *Organismus und Freiheit*, Göttingen, 1973.
_____, *Technik, Medizin und Ethik: Praxis des Prinzips Verantwortung*, Frankfurt a. M., 1987.

Kristof, N. D., "A Nuclear 9/11", *The New York Times*, March 10, 2004.

Leopold, A., *A Sand County Almanac*, New York: Ballatine, 1970.

Martin, M. W. and Schinzinger, R., *Ethics in Engineering*, New York, 2004.

Mez, L., "Die Zukunft der Atomkraft nach Fukushima–Warum eine 'Renaissance der Atomenergie' ausbleiben wird," Friedrich–Ebert–Stiftung, 2011.

Passmore, J., *Man's Responsibility for Nature*, London, 1974.

Schweitzer, R., *Kultur und Ethik*, München, 1923

Werro, F., "The Right to inform v. the Right to be Forgotten: A Tran–satlantic Clash", Center for Transnational Legal Studies Collo–quium, Georgetown University, Research Paper No 2, 2009.

http://ec.europa.eu/justice/news/consulting_public/0006/com_2010_609_en.pdf

http://europa.eu/rapid/pressReleasesAction.do?reference=SPEECH/10/327&format=HTML&aged=0&language=EN&guiLanguage=en

http://www.nia.or.kr/bbs/board_list.asp?boardid=201111281502566361&order=010100

http://www.nytimes.com/imagepages/2005/10/10/opinion/1010opart.html

http://www.privacy.go.kr/inf/pol/ruleList.do

http://www.theatlantic.com/technology/archive/2011/02/in–europe–aright–to–be–forgotten–trumps–the–memory–of–the–internet/70643/

개정판
대학생을 위한
공학윤리

1판 1쇄 펴냄 | 2013년 2월 28일
개정판 1쇄 펴냄 | 2014년 8월 15일
개정판 6쇄 펴냄 | 2022년 2월 18일

지은이 | 김문정
펴낸이 | 김정호

책임편집 | 박수용

펴낸곳 | 아카넷
출판등록 2000년 1월 24일(제406-2000-000012호)
10881 경기도 파주시 회동길 445-3
대표전화 031-955-9511(편집) · 031-955-9514(주문) | 팩스 031-955-9519
www.acanet.co.kr

Printed in Seoul, Korea.

ISBN 978-89-5733-381-5 (03530)

이 도서의 국립중앙도서관 출판예정도서목록(CIP)은 서지정보유통지원시스템 홈페이지(http://seoji.nl.go.kr)와 국가자료공동목록시스템(http://www.nl.go.kr/kolisnet)에서 이용하실 수 있습니다.
(CIP제어번호: CIP2014023283)